大正 15 年導入の制服。布ベルトの欠損品だが、規定通り記章をすべて付けた状態。

昭和18〜19年頃の導入と推定される夏衣の後期型。ネクタイを外し開襟にした戦争末期の状態。

昭和 16 年導入の看護衣。この頃は看護帽と組み合わせる機会はほとんどなかった

太平洋戦争期によく見られる「防暑看護衣」と看護略帽。

太平洋戦争期の装具類。これに外套とマント（雨覆）を筒状に丸めて左肩から掛けた。

従軍に際し着替えなどを入れた衣服行李乙。

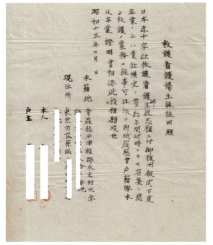

TRさんが提出した日赤看護婦養成所への受験願書の控え。

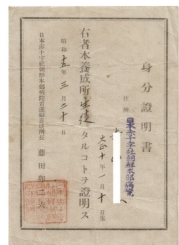

TRさんの看護婦生徒時代の身分証明書。

日赤朝鮮本部病院看護婦養成所の卒業証書。看護婦試験の合格證明書と同じ効力があった。

新米看護婦のTRさんに救護員を命じる辞令。

TRさんの認識証明書。陸軍が従軍を認めた赤十字の看護婦であることを国際的に証明する。

TRさんの従軍證明書。恩給に準じる慰労給付金を受給するのに必要で、戦後、班の書記が書いた。

日赤が設立されて以降に制定された各種従軍記章。

日赤の社員章。左から正社員、終身社員、特別社員。

勲八等瑞宝章と勲七等宝冠章。

日露戦争で日赤がつくった看護記念章。

明治から昭和にかけて、特に第二次世界大戦期に日本の陸海軍へ付き従って傷病兵らを看護したのは、主には日本赤十字社が派遣した救護員たる看護婦と、個別に採用された陸軍看護婦および海軍看護婦であった。

陸海軍人については、戦記ノンフィクション系はもちろん、兵士の被服や装具類、兵舎生活に至るまで詳細な解説本や研究書が数多ある。一方で、従軍看護婦にはこれに相当する一般書物は少なく、一人称の手記かそれを複数まとめたもの、女性が戦場に立つことの問題を含む社会論・ジェンダー論的な著述が主体であり、どんな人たちが看護婦になり、どういう根拠や経緯で従軍することになり、何を学んで何を着て、どういう身分で何をしていたのか──など基本的なしくみを総合的にまとめた研究書は見あたらないといっていいのが現状である。私が従軍看護婦というものに関心を抱いたのは1995年の夏だが、こうしたことが大きく影響している。

当時私は、名古屋に勤務していた下っ端記者で、毎年恒例の（？）終戦企画の担当者の一人であった。戦争経験者からお話を聞いて記事にするというやつで、私が見つけて取材したのは、日本赤十字社朝鮮本部出身で救護看護婦長として中国戦線に従軍しておられた方だった。

　どんな取材でも、ある程度は事前に勉強して行き、記事にする際には伺った話の内容を、できれば公的資料で裏取りする。ところが従軍看護婦については、インターネットなんてなかったころ、官公庁にも、書店にも、日赤にも、うまくまとまった資料がないことが間もなくわかった。

　元婦長さんは甲種救護看護婦で、「甲種」という部分に誇りを持っておられた。ところが「甲種」の何がすごいのかさえ、当時の私にはよく理解できない。看護衣の着こなし方などまで、せっかく深い貴重なお話をたくさん伺えたのに、裏取りが出来た表面的な部分しか記事に出来なかった。

　このことから、「よし、ないなら自分で調べて資料にまとめよう」という気になり、日赤本部や国会図書館、防衛庁資料室、骨董市などへ出かけては資料をコツコツ集め始めた。間もなく日赤救護看護婦とは別に陸軍看護婦という人たちがいたことを知り、「では海軍にもいたのだろう」と思ったら、いた。調べる範囲もどんどん広がって、そんなこんなで、資料収集、整理、執筆に２０年以上もかかってしまった。

　あくまで新聞記者の身分ではなく個人の趣味の範囲で、かつ労力的・時間的に本業へ影響しないようにだけは心がけた。仕事をしないで遊んでいると

思われるのも嫌だったからである。休暇などで時間が出来ればたまに、という程度の緩い取り組みようで、仕事が忙しくなれば、すっかり忘れて1〜2年何もしないということがざらにあった。だから、こんなにダラダラ時間がかかったのである。これでは苦節何年などという言葉は当てはまらない。

そんななかでも、日赤救護員の服制関係の歴代書類を保存した旧陸軍省の綴じ込み資料にポンと出会えたり、本文中に登場するTRさんの被服書類一式を入手できたりという幸運がまれにあり、途中で断念せずに済んだのだと思う。

本書は、私の「こんな本があったら良かったのにな」という姿を追うかたちで、論的な部分を廃し、日赤看護婦救護班の成り立ちとしくみ、看護婦育成、救護班組織、軍内部における身分、補充システム、給料と衣食住の待遇、被服と所持品、賞罰補償などの全般について、膨大な軍の通達や日赤の令規類、現存物品といった一次資料をもとに諸制度を解説してみた。制度の話だからどうしても内容が堅苦しくなってしまうので、TRさんが多数残した辞令などの書類を通して彼女の足跡（養成所入学〜卒業・救護員任用〜召集・従軍〜帰国・召集解除）をたどるかたちをとって人間味を出し、読者の視覚に訴えるべく写真や図表を多用して、文章もできるだけ平易になるよう心がけたつもりだ。それでも小難しい本になってしまった感はいなめない。

断続的な執筆に何年もかけたせいで、「支那事変」と「日中戦争」など、筆致や表現がまちまちになっているところも散見され、文脈が行きつ戻りつした部分もあったので、構成段階で懸命に直した。現在の議論や呼称にかかわらず文脈上の必要があれば「看護婦」「支那派遣軍」などと当時の呼称をそのまま用いており、「朝鮮人」という語も差別的な意図はまったくない。登場人物がイニシャルなのは、すでに亡くなっているなどの事情で、本書への実名掲載の許諾を得ていないためである。陸軍看護婦、海軍看護婦についても、日赤と同様に系統立ててまとめ、合わせて「これ一冊で従軍看護婦の基本的な事柄がすべてわかる」を目指した。

至らなかった点もあろうかと思いますが、ご容赦いただけましたら幸いです。多くのかたが従軍看護婦関係の体験記を読んだり、ドキュメンタリーを見たりする際の基礎知識となり、彼女たちが残した貴重な証言がいっそう重みを増して受け止められる一助になればと願うものであります。

日本の従軍看護婦

養成・派遣制度から
制服・靴下まで

西堀岳路 著

新紀元社

日本の従軍看護婦　目次

口絵 ・・・・・・・・・・・・ 1

はじめに・・・・・・・・・・ 9

1　日本赤十字社救護看護婦 ・・・・・・・ 13

2　日赤従軍看護婦の養成 ・・・・・・・・ 33

3　日赤看護婦の従軍 ・・・・・・・・・・ 75

4　服装と所持品 ・・・・・・・・・ 167

5　陸軍看護婦・・・・・・・・・・ 251

6　海軍看護婦・・・・・・・・ 291

7　その他の従軍看護婦・・・・・・・・・ 301

8　日赤戦時救護班 960 班の足跡・・・・・・・・ 305

　参考文献・資料 ・・・・・・・・・ 350

あとがき・・・・・・・・・・・・ 354

1
日本赤十字社救護看護婦

日本の従軍看護婦で大半を占めたのが、日本赤十字社が養成し派遣した看護婦たちである。そこで日本赤十字社から話を始めるが、その前に避けて通れないのが同社の歴史だ。なぜなら、日赤救護看護婦が負った従軍の義務は、日赤が誕生した経緯と密接に関係しているからである。

国際赤十字と日本赤十字社の略史

　看護婦や軍隊病院の起源については中世まで遡るなど諸説あるが、近代看護および看護婦教育についてはフローレンス・ナイチンゲール（1820 – 1910）を母、赤十字に関してはアンリ・デュナン（1828 – 1910）を父と位置づける関係書は多い。

　ナイチンゲールはご存じ1854年に始まったクリミア戦争に看護婦を募って従軍し、不眠不休の努力で野戦病院の衛生環境を改善して医学的な看護で多くの傷病兵を救い、専門教育を施した看護婦の重要性を世に知らしめた人である。他にも統計学など功績はいろいろあったが、彼女によって示された献身的な奉仕の精神は赤十字活動の根幹とされている。今も看護婦に贈られる最高の栄誉であるナイチンゲール記章にその名をとどめ、世界の看護婦たちの精神的支柱であり続けている。

　一方スイスの青年実業家だったデュナンは旅行中だった1859年、イタリア軍とオーストリア軍が激突して両軍合計約4万人が死傷したソルフェリーノの戦いに遭遇した。戦場一面に横たわる死傷者を見て、さらに近くの町カステリオーネの教会から街中へあふれ出て苦しんでいる負傷兵を目にして、デュナンは町民に呼びかけて看護のための篤志者を募り、自ら救護の先頭に立った。いちおう軍医や看護役はいたが、圧倒的に数が足らず、放置された負傷兵たちが苦しみながら次々に死んでいたからである。さらにデュナンは故郷ジュネーブの人々に手紙を書いて、救援のための人員や物資を送るように頼んだ。

　この経験を基に、それぞれの国で平素から負傷兵救援のための物資や人員

を組織的にそろえておき、さらに各国が野戦病院とそこの医療従事者を尊重し合う国際的な約束を結ぶことはできないか——そう考えるようになった彼は、やがて各国横断的な篤志救援組織の創設を思い立つ。1862年、「ソルフェリーノの想い出」を出版し、交戦国か否かにかかわらず、敵か味方かを問わずこぞって駆けつけ、戦時傷病兵を救護する国際的組織の必要性を訴えた。

　これに真っ先に反応し行動を起こしたのが、故郷ジュネーブの人たちであった。出版翌年の1863年2月、ジュネーブの博愛団体のひとつ公益協会がデュナンの提案を検討する会議を開き、提案を実現するために動き出すことを決めた。そしてデュナンと、法律家や将軍、医師ら5人からなる研究委員会を立ち上げた（世にいう五人委員会）。それぞれ医学的、国際法的検討を進め、デュナンはデュフール将軍の紹介を助けにヨーロッパ各国を回り、プロシャ王やフランス皇帝に謁見して理解を求めた。ちょうど各国の軍総司令官たる王や皇帝にとっても、会戦の規模拡大にともない膨大な数が発生するようになっていた負傷兵の処置は悩みの種であったので、ほとんどの元首が委員会の招集に代表者を送ることを約束した。そしてなんとその年の10月には、ジュネーブに16カ国の代表が集まったのである。そこで各国とも平時に戦時救護組織を整備しておくことや、戦場における負傷者は国籍を問わず救護されなければならず病院や救護従事者は各国間で尊重されるよう約束を交わすこと、などが受諾され、国際赤十字が誕生した。その旗章は、スイスの国旗の赤白を反転させた赤十字とされた。翌年8月には外交会議という形で16カ国が再びジュネーブに参集し、前年に取り決めた内容をジュネーブ条約として締結した。

　国際赤十字委員会はジュネーブに置かれ、スイス人だけで構成した。中立性が求められたのと、各国代表で構成していては利害がからみ物事を即断できないからである。また自国の救護団体を赤十字へ加盟させるには、その国がジュネーブ条約に加盟している必要があった。赤十字旗と従事者を尊重する規定に属していないと理念を実現できないからである。軍隊が国に属しているのだから、その救護団体はまず国家から承認されている必要があった。

赤十字が戦時の活動をするには軍部からも存在と役割を認められていなければならなかった。

現在でも赤十字国際員会（ICRC）の15〜25人の理事はすべてスイス人である。またICRCが紛争地域における活動を使命としているのに対し、非紛争地域で活動し、各国赤十字（赤新月社などを含む）を支援する国際赤十字赤新月社連盟の前身である国際赤十字社連盟も、第一次世界大戦後の1919年に設立された。

佐野常民

さてジュネーブ条約が成立した1864年は、日本では元治元年で幕末、新撰組の池田屋事件や幕府による第一次長州征伐があった年である。日本赤十字誕生のきっかけは、明治維新のひずみから薩摩藩士が1877（明治10）年2月14日に蜂起して始まった西南戦争であった。

田原坂などの激戦地における戦死傷者の多さや戦火に巻き込まれた住民の苦難を知った元老院議員の佐野常民（1823 – 1902）と大給恒（1839 – 1910）は、日本でも赤十字社と同様の組織が必要であると痛感した。2人は賛同者を募り、欧州留学で赤十字の組織や働きを学んでいた佐野が同志36人を「博愛社」に組織した。ところが博愛社創設を政府に届け出たところ「賊軍の救護も行うとは忠義に反する」などという理由で却下されてしまった。あきらめなかった佐野と大給は、山県有朋に根回しして、熊本の政府軍司令部に旧知だった征討総督・有栖川宮熾仁親王を直接訪ねるという挙にでたのである。「賊軍といえども皇国の人民であり、皇家の赤子であり、負傷したまま死を待つ者を捨てて顧みないのは人情の忍びざるところでございます」という訴えに、親王は博愛社の創設を許可しただけでなく、現地活動も認めたのである。この日という5月1日を、日赤は本社創設記念日としている。

熾仁親王は後に日本赤十字社総長を長く務めることになり、博愛社創設を知った明治天皇も趣旨に賛同し、金1千円を下賜。明治12年には麻布にあった御用邸の一部を博愛社の事務所に貸し下げ、さらに19年には皇室地付属地3千坪を、21年には南豊島御料地を病院用地として下賜した。昭憲皇太后は明治16年から年300円の下賜を始めた。こうした皇室の理解をもって、日本は明治19年11月、ジュネーブ条約に正式加入。翌20年5月20日、組織名を日本赤十字社と改めた。佐野は博愛社からスライドして初代日赤社長に就任した。このように明治初期に博愛社～日赤が国家の後ろ盾で組織拡大を続けることができたのは、近代国家の建設と、欧米との不平等条約の解消を悲願とした当時の日本において、赤十字活動が、文明国であることを海外へアピールするのに適したアイテムだったからだともいわれている。

日赤の救護班と戦時派遣略史

ここから日赤の戦時派遣略史に移るが、以後の章もずっと救護班を軸に話を進めたいので、救護班の編成史を中心に記述する。

西南戦争後の博愛社は皇室の恩恵に浴しつつ組織と人員、装備と施設の充実を図ったが、西南戦争の時のように戦地へ医師や看護人（男性）を送り込み、派遣病院を開設して負傷者の救護にあたることを前提としていた。派遣病院は患者およそ100人を救療するのに必要な人員を1単位とし、監督社員1人を組長に医員長1人、通信報告と医務会計課員各1人、医員1人、1～3等看護人7人、看護手40人の計52人だった。

名を日本赤十字社と改めて2年後、看護婦の養成を決定し、第1回生の入学を翌年に控えた明治22年には、1個師団あたりの傷病兵の発生を1200人と見積もり、1個師団の兵站域に対しては患者100人を収容する病院を12個、数個師団をもって編成した軍の兵站域には200人を収容する病院18個を開設することを計画。師団レベルの1個派遣病院には医師3人、調剤師1人、会計担当者1人、看護婦取締1人、看護婦18人の計24人を1単位として送り込む計

画を立てた。1個師団の兵站域には派遣病院12個だから、1個師団あたりでは監事長や監事を加えて計295人となる計算だった。日赤側ではこの人員のほか、治療機械や包帯類、患者用寝具を準備し、患者運搬要員や薬品、糧食は師団兵站部に頼るプランであった。

・日清戦争（1894－95年）〜看護婦も叙勲対象に

　その最初の派遣は日清戦争だったが、西南戦争時とは違ってすでに軍側でも軍医を含む衛生隊が発達してきており、軍が開設する病院とならんで日赤が派遣病院を開設することは業務に重複が多く、補給や患者の収容搬出を煩雑にするだけなのがすぐに判明した。何より患者輸送もすべて自前でやるには日赤の人員不足がはっきりしたのである。そこで軍が命令（明治27年8月1日付）や訓令を発して日赤に求めたのは、軍の指揮下に入る補助的な役割としての人員と資材の提供であった。日赤は患者100人に対し、医長（医師）1人、医員（医師）3人、調剤員1人、看護婦取締1人、看護婦20人、磨工1人、理事員1人、書記1人、会計1人、使丁2人、役夫6人の計38人を1単位として派遣することにした。

　こうして最初に第1陣を派遣するため看護婦から20人の志願者を募った際、患者らと看護婦の間の性的不祥事の発生を極度に恐れた日赤では①規律を重んじて従順な者②品行方正で社旨をよく守る者③技術に熟達した者、に加え「なるべく年をとり、かつ美貌ならざる者」というおかしな条件をつけたのである。これに応募することは「私はブスなオバハンです」というようなものなのに、使命感から看護婦たちは続々と志願した。だが結局、軍が看護婦＝女性の能力を低くみていたこと、清国が赤十字条約を批准していないことなどから看護婦の戦地派遣は軍から許されず、戦地へ行ったのは陸軍看護卒の経験がある看護人編成の3個班だけで、看護婦編成の救護班は広島陸軍病院など国内の陸軍病院、予備病院の勤務に限られた。しかし章頭で述べたように看護婦の不足が歴然とし、養成中の生徒の教程短縮ではとうてい足らなかったため、日赤以外の病院から看護婦を募り、中等教育を受けた子女の志願

者を短期速成して看護婦に仕立てた。派遣者総数は明治27年8月から翌年12月の17カ月間に1553人。うち看護婦長は7人、看護婦は658人で、東京や名古屋、大阪などの予備病院では送られてきた清国兵捕虜も救護した。なお当時の写真をつぶさに見たが、派遣された看護婦は決して美貌ならざる者たちではない、というのが筆者の率直な感想である。そしてこのうち、京都支部の岩崎ユキさん（19）ら4人が、患者からうつされた伝染病がもとで亡くなっている。

昭憲皇太后

戦争中に陸軍予備病院を視察した美子皇后（昭憲皇太后）は、随行した軍医総監へ「その功績大いに賞すべし。なお一層奮励をなせ」とのお言葉をかけた。それで戦後、それまで日本と外国の女性皇族くらいしか受章していなかった女性用勲章「宝冠章」が10人の看護婦に授与されることになって、一般女性へ叙勲の道が拓かれた。この看護婦たちへの叙勲のため1～5等までしかなかった宝冠章に、6～8等が制定されたのは明治29年。それは軍人が天皇の股肱（頼りとする家臣）とされたのに対し、従軍看護婦が「皇后の股肱」と位置づけられることになる象徴的なできごとであった。高山盈子、新島八重子、大久保晃の看護婦取締3人が勲七等で、他は勲八等だった。

これらのことは、看護婦の活躍が大々的に報道されたことも手伝って、それまで病院へ行く習慣をもたず看護婦なるものも知らなかった国民に、女性の職業としての看護婦を強く印象づけた。「火筒の響き遠ざかる　跡には虫も声立てず」に始まり、「味方の兵の上のみか言も通わぬあだ迄も　いとねんごろに看護する　心の色は赤十字」と結ばれる有名な「婦人従軍歌」（菊間義清作詞、奥好義作曲）がつくられたのも、この戦争においてであった。

戦後、日清戦争の教訓から日赤は明治31年、自前で患者輸送もする派遣病

院設置式の計画をやめ、救護班を編成して軍が開設した病院へ派遣したり、軍の患者輸送を幇助したりすることに主任務を切り替えた。ただ医員（医師）を班長として編成しており、必要に応じて簡易的な病院を開設することもできるユニットにはしてあった。この時の救護班は医員2、調剤助手1、看護人長1または看護婦長1、看護人または看護婦10（うち看護婦伍長1）、事務員1、人夫2の計17人を基本定数とし、1個師団に対して20個班を派遣する内容だった。また海軍のための救護班、病院船に対する救護班編成、救護人による患者輸送段列なども整備し、いずれも常備編成団体として戦時に備えることとした。明治32年には東京の本部が20個のほか、京都と大阪、海軍鎮守府があるなどの5港や陸軍師団司令部所在地を抱える15支部が、それぞれ各6個班（看護婦班4個と看護人班2個）ずつを常時整備しておくなどの割り当てを定めた。そして毎年10月（後に9月末日）に翌年度1カ年分の「戦時準備総覧報告書」を作成して陸海軍大臣へ提出することにしたのである。

　しかし常備救護班といっても、軍隊のように一団がどこかへ駐屯しているわけではなく、あくまで書類上のことで要員は日常、病院や診療所で勤務し、日赤が名簿をもって管理していた。要員はあらかじめ指名されており、戦時に勤務地や家庭から応召してきて班を実際に編成した。そのため日赤は、各要員が出征可能な状況かどうか、定員を満たすことが出来るのかどうかを常に管理していなければならなかった。

・北清事変（1900年）～初めての病院船勤務

　日清戦争後に世界列強が清国へ侵出するなか、外国人（西洋文化、キリスト教も）の排斥を唱える義和団が民衆を巻き込んで膨張し、北京を占領したり、外国公使を殺害したりしたため日本などが出兵した北清事変（いわゆる義和団の乱）が発生した時の日赤は、常備救護班制へ移行中の態勢ではあったが、いずれも常備班から看護人救護班5個、看護婦救護班7個、病院船2隻など計約491人（うち看護婦長19人、看護婦193人）を派遣した。日清戦争で看護婦が派遣されたのは国内の軍病院に限られていたが、この事変で初め

て、主に患者を大陸から国内へ搬送する病院船へ乗り組むこととなった。日清戦争の派遣経験で、心配したような不祥事が発生しなかったことと、技量的にも看護婦が高く評価されたためである。

　そして1901（明治34）年12月2日、勅令第223号で「日本赤十字社条例」が公布され、日赤と国との関係も初めて明確にされた。

第一条　日本赤十字社ハ陸軍大臣海軍大臣ノ指定スル範囲内ニ於テ陸海軍ノ
　　　　戦時衛生勤務ヲ幇助スルコトヲ得
第二条　日本赤十字社社長及副社長ノ就任ニ付テハ勅許ヲ与ヘラルヘシ
第三条　陸軍大臣海軍大臣ハ第一条ノ目的為日本赤十字社ヲ監督ス
第四条　第一条ノ勤務ニ服スル日本赤十字社ノ救護員ハ陸海軍ノ紀律ヲ守リ
　　　　命令ニ服スルノ義務ヲ負フ
第五条　戦時ニ於ケル日本赤十字社ノ人員材料ノ官設鉄道ニ於ケル輸送ハ陸
　　　　海軍人及軍用品ニ準スヘシ
第六条　戦時服務中日本赤十字社ノ理事員、医員、調剤員及看護婦監督ハ陸
　　　　海軍将校相当官ノ待遇ニ、書記、調剤員補、看護婦長、看護人長及
　　　　輸長ハ下士ノ待遇ニ、看護婦、看護人及輸送人ハ卒ノ待遇ニ準ス
第七条　戦時ニ於ケル日本赤十字社救護員ノ宿舎糧食舟車馬ハ場合ニ依リ官
　　　　給トス

　これにより、それまで日赤という民間団体による任意の篤志活動だった看護婦らの従軍が、天皇の名において認められることとなり、また看護婦長は下士官待遇、看護婦は兵卒待遇で、規律や命令に従わなければならないといった軍隊の中における地位も確定された。これにより、第2次世界大戦終結までの日赤の進路が定まったと言ってもいいだろう。

　また日赤は平時から陸海軍大臣の監督下に置かれることにもなり、これを軍部の横暴を表現するのに用いる研究家もいるが、そもそも国際赤十字自体が戦時軍隊救護を目的に創設されたものであるから、当時の国家とその国の

赤十字の関係でいえば、どこも似たりよったりであった。むしろ1888（明治21）年7月、死傷者500人以上を出した会津磐梯山噴火で美子皇后が「医員を派遣し救護せよ」との門旨を日赤社長へ伝え救護員を被災者救護へ差し向けたことが、赤十字による世界で初めての組織的な災害救護活動（平時救護活動）となったくらいである。国際赤十字が平時、戦地ではない場所での災害派遣救護を正式任務としたのが1919（大正8）年になってからなのを考えると、皇后のこの見識の高さを日本人は誇ってよいと思う。

なお美子皇后は1912（明治45）年、国際赤十字へ10万円（現在の3億5千万円相当か）を下賜。現在も昭憲皇太后基金（Empress Shoken Fund）として、世界の災害や感染症に苦しむ人々の救済などに役立てられている。

話をもどすと、この条例発布によって翌明治35年、従軍する際に宣誓することにより軍属の身分となることになった。同時に、陸軍刑法や陸軍懲罰令に従って処罰もされることになった。

こうした派遣構想の根本的な転換、常備救護班制度の導入に基づいて日赤は明治36年、新たな「戦時救護規則」をまとめた。これによると医員2、調剤員1、看護人長または看護婦長2、看護人または看護婦20（うち看護伍長改め組長1）、書記1の計26人を1個常備班の定数とした。また病院船は甲乙2隻ずつ整備することにして救護団体としては男女混成とし、患者100人を収療するか200人を航送できる甲種船は理事1、医員4、調剤員1、書記2、調剤員補2、看護婦長2、看護人長2、看護婦20、看護人20の計54人とした。この半分の能力の乙種船では理事1、医員3、調剤員1、書記1、調剤員補1、看護婦長1、看護人長1、看護婦10、看護人10の計29人とした。この救護班、病院船、患者輸送段列の総称を救護団体というが、これまで常備救護班と書いてきたのは、正確には常備救護団体の一種類ということになる。そしてその要員を救護団体編成定員といい、これがおおむね第二次世界大戦終結までの基本的な編成方法となった。第123救護班などというふうに班へ番号がふられるようになったのもこの時からで、第1〜98が看護婦編成班、99〜116が看護人（男性）編成班だった。

なお救護団体の編成定員を救護員というのだが、救護員は女性の場合、看護婦長や看護婦から適格者を選抜して任命することになっていた（医員や薬剤員は志願制だった）。こうした理屈から、常備団体（主には救護班）の整備を決めたことをうけ、明治36年に

日露戦争で病院船上の看護婦ら

は救護員任用規則もつくられた。救護員の任用は常備団体編成定員に基づいて人数を決めていった。

・日露戦争（1904－05年）～女性も靖国神社へ合祀

　救護員任用規則も定まった翌年の2月には日露戦争が始まった。この戦争では2年生の生徒も動員されて看護婦編成の救護班78個が佐世保などの海軍病院、東京、仙台、名古屋などの陸軍病院や予備病院、要塞病院へ派遣されたほか、日赤が建造した常備団体の病院船2隻（博愛丸、弘済丸）に加え、横浜丸、ロセッタ丸、大連丸など18隻も病院船に改装されて、初度配置として看護婦救護班計23個、看護人との混成班計15個が乗り組んだ。男性の救護人班32個は、陸軍の第1軍～第4軍に分散して属し、開戦直後から満州の戦場に赴いた。救護人班は軍隊と共に移動しながら仮包帯所や野戦病院で働き、戦場で負傷者収容にあたることもあったから、派遣救護班中、多くの犠牲者を出した。

　つまり、この戦争でも看護婦班の派遣先は、北清事変に続き病院船と内地の病院だった。ただし、中国や樺太の停泊港で船を下りて、波止場の施設で乗船待機中の患者を一時的に看護したり、患者の乗船を助けたりはした。この戦争において、国外で組織的に居住勤務したという公式記録はない。師団司令部所在地など戦地の後方に設けられる兵站病院へ看護婦を派遣してはど

うかという話が当初はあったが、「婦人ノ海ヲ越エ戦地ニ至ルハ交戦中之ヲ許ス場合ナカリシ」との意見が勝ったとのことである。

日赤の派遣記録は救護人班と看護婦班とを区別せず、単に第〇〇救護班として「戦歴」を記しているため、たとえば第99班を例に挙げ看護婦たちが鳳凰城や上柳家子、奉天、鉄嶺まで軍を追って最前線を渡り歩いたかのように誤って記述してしまっている高名な本もあるが、これらの班は、実は男性の救護人班である。

こうして総計152個団体、計5170人（うち看護婦長256人、看護婦2526人）が派遣され、捕虜となったロシア兵2万8957人を含む111万220人の救護にあたった。特に捕虜ロシア将兵らは、彼女たちの分け隔てない手厚い看護に感激し、感謝のしるしとして出し合った手持ち金を日赤へ寄付して帰国していったそうである。日露戦争で、派遣救護員のうち看護婦長と看護婦が半数以上に達した。戦争中から、看護婦長を中心とした看護婦たちに病棟の管理運営が任されるようになった。

しかし一方で救護員も108人が亡くなった。うち婦長と看護婦は19人で、いずれも患者からうつされた伝染病や過労がもとで引き起こされた病気が原因だったが、公務疾患として軍人の一等症にあたる戦病死の扱いをうけた。そして女性では初めて、日清戦争で亡くなった4人とともに靖国神社へ合祀されたのであった。これは当時の日本社会においては大変な名誉とされ、看護婦として国へ命を捧げれば女性も軍人と同じ地位を得られるようになったことを意味した。

この戦争でも軍からの派遣要請に対し、またも看護婦が不足したため、日露戦争中は生徒の養成期間を3カ月〜1年に短縮して繰り上げ卒業させ、それでも不足したので日赤以外の機関で看護婦免状を得た人を臨時に採用して、新たに31個の臨時救護班を編成した。速成で看護婦にさせられた生徒たちは戦後、改めて補備教育を受けて知識技能の補完に努めたのであった。

さて、日露戦争後、日本陸海軍はひたすら軍拡の道をひた走る。明治40年

にはロシアから得た満州の権益を確保するなどの帝国国防方針が定められ、陸軍は新たな師団をせっせと増設し、海軍は戦艦8隻と巡洋戦艦8隻を根幹とする「八八艦隊」構想に向け建艦に着手する。そんな時代背景が生んだに違いない新たな日本赤十字社条例が明治43年5月、勅令228号で公布された。

第一条　日本赤十字社ハ救護員ヲ養成シ救護材料ヲ準備シ陸軍大臣海軍大臣ノ定ムル所ニ依リ陸海軍ノ戦時衛生勤務ヲ幇助ス

第二条　日本赤十字社社長及副社長ハ陸軍大臣海軍大臣ノ奉請ニ依リ勅任ス

第三条　陸軍大臣海軍大臣ハ第一条ノ目的ノ為日本赤十字社ヲ監督ス日本赤十字社ニ於テ病院ヲ開設移転又ハ閉鎖セシムルトキハ陸軍大臣海軍大臣ノ認可ヲ受クヘシ

第四条　陸軍大臣海軍大臣ハ日本赤十字社ノ申請ニ依リ陸軍衛生部将校相当官海軍軍医官ヲ日本赤十字社病院ニ派遣シ患者ノ診断治療其ノ他救護員ノ養成ニ関スル事務ヲ幇助スルコトヲ得

第五条　陸軍大臣海軍大臣ハ日本赤十字社救護員ノ服制ヲ認可シ之ニ帯剣セシムルコトヲ得

第六条　陸軍大臣海軍大臣ハ何時ニテモ官吏ヲ派シ日本赤十字社ノ資産帳簿等ヲ検査セシムルコトヲ得

第七条　陸軍大臣海軍大臣ハ何時ニテモ日本赤十字社ニ命シテ其ノ事業ニ関スル諸般ノ状況ヲ報告セシウムルコトヲ得

第八条　陸海軍ノ戦時衛生勤務ニ服スル日本赤十字社救護員ハ陸海軍ノ紀律ヲ守リ命令ニ服スルノ義務ヲ負フ

第九条　陸海軍ノ戦時衛生勤務ニ服スル日本赤十字社救護員及救護材料等ノ官用輸送機関ニ依ル輸送ハ陸海軍人及軍用品ニ準ス

第十条　陸海軍ノ戦時衛生勤務ニ服スル日本赤十字社ノ理事員医員調剤員及看護婦監督ノ待遇ハ陸海軍将校相当官ニ、書記調剤員補看護婦長看護人長及輸長ノ待遇ハ下士ニ、看護婦看護人及輸送人ノ待遇ハ兵

卒ニ準ス

第十一条　陸海軍ノ戦時衛生勤務ニ服スル日本赤十字社救護員ノ宿舎糧食
　　　　舟車馬ハ戦地ニ在リテハ場合ニ依リ之ヲ官給スルコトヲ得

　ここで特筆するべきは、陸海軍の戦時衛生勤務の幇助について述べた第一
条の変化で、旧条例では「幇助スルコトヲ得」（幇助することができる）とな
っていたのが「幇助ス」（幇助すること）になっている点だ。つまり日赤看護
婦の従軍が、天皇の命令に基づくものと解釈される根拠となったものである。
この日本赤十字社条例は昭和13年9月9日、勅令635号で「日本赤十字社
令」と、タイトルからして命令になった。ちなみにその細部は、下士が下士
官に、兵卒が兵に（たとえば一等卒が一等兵に）に改名された昭和6年の階
級呼称の変更に合わせた文言の改訂が主だったので、ここで紹介するだけに
とどめる。

　明治43年の新条例全般を読んで感じるのは、日赤に対する軍の管理統制が
強化されたことだろう。平時の病院開設や移転、閉鎖に陸海軍大臣の許可が
必要になっただけでなく、いつでも軍が日赤の資産状況や帳簿を検査したり、
事業について報告させたりできるようにし、制服や看護衣などの服制も陸海
軍の許認可制としたのである。

・第一次世界大戦とシベリア出兵（1914－18－20年）〜初の海外派遣
　1914（大正3）年7月にヨーロッパで始まった第一次世界大戦で、日赤看
護婦班が初めて海外へ派遣されて活動した。途中参戦した日本にとっての大
戦は、ドイツ帝国領だった中国・黄海沿岸の青島および南洋諸島の占領作戦
とドイツ通商破壊艦の追跡、艦隊を地中海へ派遣しての対潜水艦活動などで
あった。日赤は軍の要請を受け、日赤病院船の博愛丸と弘済丸を出動させた
ほか、佐世保海軍病院へ看護婦班を派遣した。

　青島攻略戦は、11月7日にドイツ軍が降伏するまでの1週間ほどで終わっ
た。日赤は、看護婦編成の第84班（福岡支部）と第88班（佐賀支部）を派

出し、両班は軍の輸送船で 21 日に沙子口に上陸。ドイツ軍が接収して使っていた徳華高等学校病院と（ドイツの）総督府病院に分かれて勤務した。間もなく徳華高等学校病院は日本陸軍の青島守備隊病院となり、両班ともこちらで翌 1915 年 1 月 22 日の勤務解除まで働いた。帰国は 22 日。両班で看護婦長は計 4 人、看護婦は計 40 人で、これが史上初の看護婦班の戦地派遣となった。すでに内地陸海軍病院、病院船での勤務実績によりじゅうぶん従軍に堪えられると認められていたので、批判や心配論はなりを潜め、当然の流れのような戦地進出であった。

　また欧州交戦国の赤十字の要請で、イギリスへ救護員 26 人（うち看護婦 22 人、他は医員や書記、通訳ら）が 1914 年 11 月から 16 ヶ月間、フランスへ 30 人（うち看護婦 22 人、他は同）が 1914 年 11 月から 22 ヶ月間、ロシアへは 20 人（うち看護婦 13 人、同）が 1914 年 10 月から 19 ヶ月間派遣された。この派遣では、外国で風土や言葉のほか人情の機微も異なり、まして諸外国の救護班と肩を並べて活動するのであるから、外国看護婦との比較に堪え成果を上げなくてはならぬと、いずれも臨時班編成とし、全国から要員を選抜した。人選は厳格を極め、外国語の素養があって技術面でも優秀で、身体強健、精神的にも堅実でなければならないとされた。この看護婦たちの技量と心遣い、規律正しい行動、細やかな看護は現地でも高く評価され、フランスとロシアでは要望に応じて 2 回も帰還を延期したほどだった。

　1914（大正 3）年 9 月から翌年 1 月までは、病院船博愛丸と弘済丸によるイギリス兵やドイツ兵捕虜の救護も行われた。これに従事した救護員は 118 人（うち看護婦は 70 人）で、このころは日赤看護婦の従軍といえば主に病院船勤務だった。

　大戦は 1917 年、革命によりロシアが連合国勢から脱落した。共産主義の拡大を防ぐためにボリシェヴィキ政権をつぶさねばと、日本やアメリカ、イギリスなどが派兵したのがシベリア出兵である。日本は最終的に 7 万 3000 人を派兵し、バイカル湖畔まで兵を進めて赤軍兵や民兵（パルチザン）と戦った。

　陸軍の要請に応じた日赤は同年 7 月、「東部シベリア派遣臨時救護班」の沿

シベリア出兵での救護の様子

海州（ロシアの日本海沿岸部）派遣を決めた。総勢106人からなるが、看護人長6人、看護人61人などで男性ばかりだった。まず男性の班を派遣して事態の状況をみてから、看護婦班を派遣するのが日清戦争以来のやり方だった。

この第一次の派遣班の活動が軌道にのってきた9月、陸軍の要請もあって日赤は看護婦と看護人の混成班を編成し、第一班を同月27日に、第二班を10月25日にウラジオストクへ派遣した。現地では日赤の救護病院を開設する一方、陸軍兵站病院で勤務した。当初は派遣期間を6カ月と見込んでいたが、出兵が長期化したため、ウラジオ組は1919（大正8）年11月、第二次の2個班と交代した。これ以降ウラジオへは、看護婦長と看護婦で編成された看護婦班のみが派遣されることになった。男女混成で同一の作業に従事させると「取り扱い上不都合を生じやすい」ためだったという。

一方、シベリア出兵で日本軍は、日露戦争で獲得した南樺太から兵を進めて北樺太も占領した。日本人移住者が流入したため1921（大正10）年6月、陸軍は救護班を派遣して居留民救療を求めた。翌月に「サハリン州亜港（アレクサンドロフスク）派遣臨時救護班」として派遣された14人の救護員のうち、看護婦長と看護婦は計10人だった。

これら青島とウラジオ、サハリン派遣で看護婦たちは、看護能力はもちろん、軍隊内における行動、体力や事務処理能力も高い評価を受けた。それまで前線における救護活動は看護人組織が行うべきとされていたが、看護婦もその任務に堪えるだけの力があるということになり、以後、看護婦班の海外派遣が「全面解禁」となったのである。

1　日本赤十字社救護看護婦

・満州事変（1931 － 32 年）〜海外派遣が常態化

　満州は奉天郊外の柳条湖で 1931（昭和 6）年 9 月 18 日、南満州鉄道（満
鉄）の線路が爆破された。日本軍の一部将校による自作自演の謀略だったが、
これを口実に陸軍は満州一帯を占領し、「満州帝国」建国へ突き進んだ。

　9 月 19 日から満州赤十字委員部が奉天城内外を巡回して救護にあたったと
されるが、救護員の男女比はわからない。11 月 27 日には満州赤十字で看護
婦長 1、看護婦 20 人を主体とした 24 人の臨時第 1 救護班が編成され、遼陽
衛戍病院に勤務した。続く臨時第 2 救護班は同じ人数構成が日赤本部で編成
され、鉄嶺衛戍病院で救護活動にあたった。零下 20 度まで下がる酷寒のなか、
看護婦たちは日中 12 時間と 3 日に 2 回も回ってくる夜勤をこなしたという。
関連して起きた第 1 次上海事変と合わせ、陸海軍に計 26 個班（看護婦長計
40 人、看護婦計 540 人など）が派遣された。第一次世界大戦での派遣は、ド
イツ帝国軍が降伏し戦闘が終結してからの派遣であったが、満州事変からは
まだ情勢不安が残る地、戦闘が再開されかねない「戦地」への派遣の始まり
となった。

・日中戦争と太平洋戦争（1937 － 45 年）〜とうとう戦場でも勤務

　北京郊外の蘆溝橋で昭和 12 年 7 月 7 日夜、何者かから受けた射撃に日本軍
が反撃して戦闘となり、日中の現地交渉も実らず拡大したのが日中戦争（支
那事変）で、この戦争が何だかんだで昭和 16 年 12 月 8 日の真珠湾攻撃につ
ながる国際情勢を生み出した。大日本帝国は蘆溝橋事件から 2 カ月後に設定
した臨時軍事費特別会計で昭和 20 年までの全戦争を戦い、統合して大東亜戦
争と称した。しかし本書は戦後の慣習に従って、日中戦争、太平洋戦争と書
き分けることにする。

　さて、陸軍が新たな動員を下令した 7 月 28 日、陸軍は陸支密第 93 号を日
赤へ発し、陸軍病院船甲 1 隻と乙 2 隻の衛生要員として 7 個班（計 199 人）
の派遣を要請した。この後これを筆頭に昭和 20 年の終戦まで、病院船、内地
の陸海軍病院、中国戦線や満州、太平洋戦線などの外地陸海軍病院へ計 960

29

班、計 3 万 3156 人が派遣されることとなった。うち看護婦長は 1888 人、看護婦は 2 万 9562 人だった。このころはもう救護班イコール看護婦編成であり、医員が足らないため班長を婦長が務めるのがふつうとなり、書記と使丁のほかは、みんな女性というのが一般的だった。

　しかしこの陸海軍の要求に応えるには、看護婦の数は足らなすぎた。日赤はさっそく昭和 12 年度から看護婦生徒の募集を年 2 回とし、その後も卒業を繰り上げ、さらに修業年限を 2 年に短縮した養成制度をつくり、日赤以外の看護婦もかき集めて次々に戦場へ派遣した。派遣先は満州と中国の全戦域におよび、戦闘がまだ終わっていない状態での勤務開始もあり、まさに「従軍」の呈となった。そこでは連続 30 時間にも及ぶ激務が常態化し、早くも昭和 12 年 10 月 1 日には病院船あめりか丸に勤務していた宮崎まき看護婦長（28歳）が過労とコレラで戦病死した。その後も過労からくる結核性疾患、コレラなど伝染病をうつされての戦病死が相次いだ。

　看護婦たちの派遣先は陸軍病院か、そこから少し前線に近い兵站病院とされ、最前線（火線）付近の野戦病院などでは勤務しないことになってはいた。そして満州事変や第 1 次上海事変までの派遣先は、まだ硝煙のにおいが残りつつとはいえ、いちおう戦闘が終結し平定された場所での勤務であった。しかし日中戦争以降は、まだ敵が残っていて銃撃や砲撃が行われているエリアに急ぎ設けられた兵站病院へも派遣されるようになった。派遣先への移動中でも、病院勤務中でも、看護婦たちが銃撃や空襲に遭うことが多発した。看護婦を移送してきた輸送船が、上陸目的地沖で機雷に触れて大破したこともある。特に太平洋戦争後期には戦況の劣勢から前線も後方もなくなり、赤十字マークをかかげた病院が空襲され、敗走中のジャングルで敵の襲撃も受けた。看護婦は爆撃で即死し、銃弾や飢餓、熱病に斃れ、病院船とともに海へ沈み、満州などで終戦時に自決する者もいたのは数多の手記や証言にある通りである。また中国東北部でソ連軍の捕虜となった看護婦たちには、戦後も中国人民解放軍で働かされ、昭和 30 年代にやっと帰国を果たした人もあった。日中戦争〜太平洋戦争で亡くなった救護員は、日赤による昭和 20 年末の

集計で 1187 人。書記らも含まれるが、ほとんどが看護婦長と看護婦であった。

　こうした彼女たちの苦闘については、ご本人の手記や先輩研究者たちの労作が多く残っているので敢えて本書では扱わない。なぜ、どうやって彼女たちは戦地へ行き、あんなめに遭うことになったのか、手記の前提となる制度面を研究するのが目的だからである。

2
日赤従軍看護婦の養成

東北地方にはまだ雪の残る1940（昭和15）年3月2日、青森県に実家があり、東京市荏原区の親類（おそらく）宅へ身を寄せていた、19歳になったばかりの女性——イニシャルでTRさんとしておこう——へ日本赤十字社朝鮮本部から、救護看護婦養成所の合格通知が届いた。当時、朝鮮半島は日本の植民地で、日赤も置かれていたのである。また、後々詳しく述べるが、日本全国の都道府県（沖縄県を覗く）にそれぞれ日赤支部はあったものの、すべてに看護婦養成所があるわけではなく、さらに朝鮮本部病院と台湾支部病院の看護婦養成所は必要な人員を現地邦人だけで充足できなかった。そこで、養成所がある支部や朝鮮本部、台湾本部へ合格者（または受験者）の振り分けが行われていたのである。

　TRさんは、東京での看護婦養成、つまり日赤病院（昭和16年1月1日に日赤中央病院と改称。以下、ややこしいので時代に関係なく中央病院と表記し、必要に応じ日赤病院とする。各地の支部病院も同様に昭和18年1月1日から、所在地名を冠する○○赤十字病院などと改めたが、中央病院との関係性を示すため基本的に表現を支部病院で統一する）の養成所を希望して受験していた。中央病院も支部病院も、原則的にそれぞれ所在地がある府県内から生徒を採用することになっていたので、時系列から、そのために上京してきたのかもしれない。そんなTRさんに、朝鮮本部からの手紙が通知についていた。

　「拝啓　今度日本赤十字社の救護看護婦生徒を志願せられ御受験の結果合格せられました事を御喜び申上ます」と始まる手紙は、大要、次の内容である。

　まず、本社の養成でも、各県の支部や朝鮮本部の養成でも、卒業後の資格や進路に少しも異なることはないこと。次いで、朝鮮には加藤清正の故事のような虎はいないこと、朝鮮本部のある京城（現在のソウル）は人口80万人、うち邦人が20万人もいて、飛行機なら東京を朝出て午後4時には着き、陸路でも関釜連絡船を使えば足かけ2日で着くこと、春〜秋は内地の気候と大差なく、冬は少し寒いが湿気が少なく過ごしやすいこと、桜と紅葉は日本より美しいことなど、外地への不安を和らげつつ懸命に朝鮮の魅力を紹介してい

る。

　そして家族ともよく話し合って、同封された入学證書に保証人と連名し、3月15日までに「京城府南山町3丁目」の朝鮮本部まで郵送するよう求めている。最後には「若し御都合で朝鮮に入学せられない時はすぐ御知らせ下さい。」とある。戦時下なのに嫌なら断ることもできたのが少し驚きだし、手紙の内容から朝鮮本部が看護婦生徒を集めるのに苦労していた様子も垣間見える。

　こうしてTRさんは朝鮮半島へ渡り、3年間の看護婦教育を受けることになる。後にTRさんは戦時救護班員として華北の、それもかなり北の方へ「出征」。かの地の陸軍病院で勤務し、昭和21年に無事、復員する。その際TRさんは、個人貸与のスーツケース「衣服行李乙」へ詰め込んで衣服や書類を大量に持ち帰ってきた。その書類などを基にTRさんの足取りを追いながら、日赤従軍看護婦の諸制度について、昭和時代を中心に研究していきたい。

条件は世につれ　養成所の入学資格

　さて、TRさんが合格した昭和15年当時は、昭和8年に制定された「日本赤十字社救護看護婦救護看護婦長養成規則」により、入学資格者は年齢17〜25歳未満、ただし高等女学校卒業者は16歳でも可、身長145㌢以上、高等女学校卒業または同等以上の学力を有する者とされていた。修業年限は3年間である。

　日赤は1890（明治23）年に看護婦養成所第1回生を迎えたが、この時は年齢20〜30歳、普通の文字を読み、文を作り、算術の心得のある者というのが条件で、修学年限は1年半。さらに、その後2年間の日赤病院勤務を義務づけ、これを実習期間とした。学制が公布されてまだ18年、第1回生がおおむね学童期だった明治8年の女子の小学校就学率は18.6パーセントという時代だったから、具体的な学歴は問えなかったのだろう。ちなみに第1回の募集はわずか10人で、受験者23人から選ばれた合格者には江戸時代の生まれが3

中央病院の看護婦生徒（明治30年代）。
足袋に草履ばき

人いた。士族8人、平民2人という構成で、学校制度による学歴はなくても、それなりに手習い経験のある女性たちだったとみられる。

その後の入学資格は、女子の就学率や学歴の向上、体格の向上につれて変遷していく。看護婦養成開始3年後の明治26年には、年齢制限は変わらないものの、就学率が上がってきたため高等小学校卒業または同等以上となり、身体測定が全国的に浸透してきたこともあって身長制限が設けられ4尺6寸（約139.4㌢）以上とされた。

明治30年には満18〜20歳と年齢制限だけが変更され、それは明治37年に満17〜30歳と変わり、同時に身長は4尺6寸5分（約140.9㌢）に。明治42年には年齢が16〜30歳となった。大正6年には16〜25歳、4尺7寸（約142.2㌢）、昭和5年には年齢と身長はそのままで、学力のみ37年ぶりに改正されて「高等小学校卒業又ハ高等女学校第二学年以上ノ課程ヲ修業シタ者又ハ同等以上」となった。日露戦争後、急激に女子中等教育の普及がすすんだためと考えられる。日赤としても、入学者の素養が高まっていくことは望ましいことであった。教育する看護学も20世紀に入ると日進月歩で、どんどん複雑になり、技術が高度化してきたからである。修学年限が3年になったのは明治29年から。学力条件から高等小学校が消えたのは、TRさんが受験した際に用いられていた昭和8年の養成規則からだった。

さらにTRさんが入学した後の昭和15年末、戦時に対応した短期速成コー

スの乙種救護看護婦課程が設けられたため、従来の課程は甲種となり、新たに乙種のために14〜20歳未満、身長140㌢以上、学力は昭和5年の規則と同じ条件が適用された。乙種制度については後で改めて述べるが、TRさんが生徒になってからできた制度なので彼女が入学した時にこの区別はなく、そのまま一般の3年課程を学んだのだが、卒業時は甲種救護看護婦を名乗ることになった。

カラダが第一　志願手続きと試験内容

日本赤十字社本部救護看護婦生徒志願者案内

　日赤看護婦は養成が始まった明治時代から今日にいたるまで志願制である。日赤本部病院と各地の支部とでは違っただろうが、昭和10年ごろの入学倍率は数倍から十数倍だったと伝えられる。

　生徒志願者はまず、書式の定まった願書に、履歴書と戸籍謄本、最終学歴の卒業証明書または卒業見込みの者は在学証明書をつけて本部または支部へ提出することになっていた。「救護看護婦長・救護看護婦養成規則」の抜粋を原文のまま記載した折りたたみの「日本赤十字社本部救護看護婦生徒志願者案内」＝写真＝という受験・入学案内書もあり、請求すれば有料で郵送されてきた。

　願書は「救護看護婦生徒採用願」といい、日本赤十字社長殿または支部長あて、「日本赤十字社救護看護婦生徒志願ニ付御採用被成下度卒業ノ上ハ貴社規定ノ誓約年間何時ニテモ招集ニ応シ救護ノ業務ニ従事可仕依テ別紙履歴書戸籍謄本及卒業証明書（在学証明書）相添此段相願候也」と書くことになっていた。本人の署名捺印だけでなく、戸主の署名捺印も必要だった。TRさんも父・安太郎さんの署名捺印を得て2月某日に提出している。

　その際、案内にも記されているが①身体強健でない者②操行が不良な者③

破産者でまだ復権していない者④禁錮以上の刑に処せられた者⑤修業年間において家事に係累がある者（たとえば扶養家族がいるとか、家業を手伝わなくてはならないとかの意味）⑥夫がある者——は採用されないとなっていた。

履歴書については特記するべきはないが、養成規則と案内書にある記載例の最後に「一、修業年間家事ニ係累ナシ」と書くことになっているのは、上記⑤に関連してのことだろう。「右ノ通相違無之候也」と日付を入れ、都道府県名と族柄、戸主氏名に次いで続柄、本人署名と書くようになっていた。

日赤が1回にどのくらいの人数を生徒に採用していたのかというと、3年課程で入学したTRさんが昭和18年3月に卒業した時の人数が本部47人、各支部99人の計146人。在学中に多少の退学者があったとして、この期生の入学時は全国（内地と朝鮮、台湾、関東州）で150人くらいいたのだろう。

卒業人数でみると、前述のとおり第1回生の10人からスタートし（この時は入学した全員が卒業したらしい）、全体傾向として少しずつ増え続けて初めて全国計が50人を超えたのが1899（明治32）年3月の卒業生で、100人超となったのは1919（大正8）年だった。軍縮の影響でその後2ケタ台後半の数で推移したものの、日中戦争の勃発で爆発的に増やされた。日中戦争が始まった昭和12年の入学生が卒業するのは順当なら昭和15年だが、この年は3月と10月の2回、卒業式をして第62回生と第63回生の計194人を送り出している。

これもあとで詳しく書くが、そもそも日赤の平時の最重要事業は、救護班を整えて戦時に備えることであった（日本赤十字社社則）。陸海軍の常設規模に合わせた数の救護班を「常備救護班」として、これに必要な人員と資材をそろえておくのである。この常備救護班は本部支部ごとに2〜6個を編成しておくよう割り当てがあり、各年の生徒採用数は、平時においては看護婦組織の場合、1個常備救護班につき3人と決められていた。看護婦養成所のある支部病院は養成所がない支部の採用者も受け入れて養成したので、たいていが

1支部の1学年あたりが30人ほどになったのだ。

願書を受理された生徒志願者が最初に受けなければならないのは身体検査であった。つまり丈夫な人を選んでおいて、学科試験を受けさせたのである。

昭和15年2月に改正された救護員生徒志願者身体検査規程などによれば「身体強健、発育佳良にして救護勤務に堪ゆべき者」を選抜するためのもので、原則的に日赤診療機関にて行うが、日赤が最寄りの陸軍病院または地方病院に委託することもできた。

検査官には医師があてられ、まず身長測定から行われた。合格ラインはこのころの募集要項にもあった「145ギ以上」で、髷を結っている場合は、身長から差し引くことになっていた。昭和12年当時の18歳女性の平均身長が150.89ギだったから、徴兵検査と同じように合格ラインを平均より低く取って合格者を増やすねらいがあったものか。

その次は体重で、これは着衣分を除き41.0キログラム以上が合格とされた。以下、「胸囲（左右乳頭の直下で測ることになっていた）および呼吸縮張差測定」「視力、弁色力および視器検査」「聴能、聴器、鼻腔、口腔および咽頭検査」「関節運動検査」「一般構造及び各部検査」と続き、結果を甲種〜丙種に振り分けた。徴兵検査と同じく、看護婦にも「甲種合格」という用語があったのである。看護婦の場合、甲種とは体格優良なる者、乙種は体格が甲種に次いで優良なる者で、ここまでが合格、採用であった。不合格の丙種は身長および体重不足、「疾病変常」ある者で「但シ身長及体重不足スルモ将来発育ノ見込アル者ハ乙種ト為スコトヲ得」とされた。検査途中で不合格になる項目があったら、それ以降は「検査を続けるに及ばず」と追い返されてしまうこともあった。

丙種に該当する疾病変常とは①全身発育不全な者、遺伝性疾病の証跡ある者②精神機能に障害ある者、神経系疾患で急治の見込みなき者③腋臭、広汎な慢性皮膚病、黴毒を患っている者④奇形欠損瘢痕などにして醜形甚だしく運動に妨げある者⑤伝染性眼疾を患っている者または矯正視力が0.7に満たない者⑥10ジオプトリー（眼球の光の屈折度合い＝乱視の度数）以上の屈折

異常ある者、著しき色盲ある者⑦両耳の難聴および聾ある者⑧吃、唖ならびに著しく咀嚼および言語の機能に妨げがある者⑨悪性腫瘍並びに機能に妨げがある新生物（？）を患う者⑩内臓疾患で急治の見込みなき者⑪これらのほか、修学上に妨げがある疾病にかかり急治の見込みなき者——が規程には列挙されている。現在の人権感覚やノーマライゼーションの理念からして問題がある項目もあるが、おおむね兵士の徴兵検査の不合格項目と同じである。検査官は、検査後に一人ひとりの「身体調査表」を作成することになっているが、その用紙をみると胸部レントゲン検査、血液沈降速度検査のほか、「言語・精神」も調べることになっていたようだ。なお「陰部、肛門」の検査は「通常之ヲ行ハス」問診で済ませることになっていた。

　身体検査に合格すると、次は学科試験と試問である。戦前は2日に分けて実施することもあったようだが、戦争が始まってからは1日で全部やっていた。昭和8年の養成規則では、「高等女学校卒業ノ程度」の出題で、科目は国語、理科、数学。日中戦争3年目の昭和15年に改正された規則では、これが国語と作文だけになっている。1人でも多くの看護婦を戦地へ送り出さなければならない時期であったので、合格者を増やすため簡単にしたのだといわれている。試問とは面接試験のことで、受け答えを通して「思考表現ノ健全ナル」や「家庭ノ事情」をみたという。

　学科試験は成績順に上からその年度の養成定員分をとった。

花嫁修業？もあった志望動機

　では、どんな女性が看護婦養成所を志願したのだろうか。『近代日本看護史』（亀山美知子著）などの研究書によると、おおむね時代ごとに次のような傾向があったようだ。

　明治時代は、中期〜後期にかけて女性の社会進出が始まり、看護婦の仕事も「学士なみの給料を得る婦人職業」としてもてはやされるようになった。こうして学問に関心がある女性、社会的向上心を抱く女性が目指せる数少な

い職業として、看護婦が人気を集めた。一方で、志願者のなかには、家庭が貧しく独立して生計を立てなくてはならない人も、このころにはいた。

大正15年の広島市の調査では、生活補助など経済的理由を目的とする女性は電話交換手、事務員、教員に多いが、保母や産婆、看護婦には少なかった。嫁入り準備という理由では事務員やタイピスト、看護婦に多く、教員や保母には少ない。趣味・修養が動機というのは保母、教員、看護婦くらいのもの、などとなっている。従軍を目的に看護婦を養成している日赤にとって、養成所を卒業するとすぐに結婚してしまう人が多いことは頭の痛い問題だったようだ。特に婚姻年齢が低い地方では深刻で、支部から本社へ、入学年齢の引き下げを求める要望が何度か出されている。「花嫁修業」にわざわざ日赤看護婦養成所を選ぶ人がそれなりにいたのは、日本赤十字社看護婦とあれば身体健康と思想情操の健全は折り紙付きだし、華道や茶道、簡単な武道（長刀術）もひととおり修めているとあって、良縁を期待できるからであろう。

全体に貧しく女性の地位が低かった当時の日本社会において、看護婦は給料もらいながら勉強できて資格を取得でき、社会進出も可能な数少ない職業であった。時代が下って軍国主義一辺倒の昭和時代に入ると、「お国のため」という志望動機が多くを占めるようになる。そこでは女性の身でも国に奉仕し、叙勲や靖国神社への合祀など軍人と同等の名誉を受けることが出来るという点に価値を見いだされた。男の子が将来の夢に軍人を思い描くのと同じように、女子は従軍看護婦にあこがれる時代だったのである。ムラから次々に若者が出征していくなか、親から「うちは女の子ばかりで肩身が狭い。長女のおまえだけでも看護婦になってお国にご奉公しておくれ」などと諭されて志願した人も多い。

戦争も押し詰まった昭和19年、緊急学徒勤労動員方策要綱や女子挺身隊勤労令などが矢継ぎ早に出され、高等女学校3年生以上は軍需工場などで働かされることになった。しかし半面、看護婦の養成所へ入れば、女子は勤労動員が免除されることになっていた。このため大阪帝大医学部付属医院厚生女子部の昭和20年の入学志願者は定員80人のところ300人も殺到した。「軍需

工場へ動員されるよりは、少しでも勉強のできるところへ行きたい」という
切ない思いが激しい競争率をうみだしたと、同大は分析している。

　ちなみにTRさんは、家郷で地元医師会が主宰する看護婦講習会に出席し
ていたほどだったから、看護婦という仕事に強い憧れをもって養成所を志願
した人だったに違いない。

希望の養成所へ入れない入学

　昭和15年3月2日付の合格通知を受け取ったTRさんは、入学の手続きを
しなければならなかった。もちろん、希望した東京の日赤中央病院看護婦養
成所ではなく、朝鮮本部病院の養成所で学ぶ決心もしたうえで……。

　まずは本人身元証明書を居住地の市区町村役場から発行してもらい、公民
権を有する者を含む2人を保証人とした入学証書（市区町村役場が発行する
保証人公民権証明書を添付）とともに入学先の朝鮮本部へ郵送しなければな
らない。こうした書類を郵送すると、朝鮮本部からは入学に不可欠な入学通
知書と身分証明書（fig.1）が折り返し送られてくる。

　本人身元証明書は、採用されない条件にあたる者ではないことを保証する
もので、「破産ノ宣告ヲ受ケタルコトナシ（受タルコトアルモ復権ヲ得タリ）」
と「懲役又ハ禁錮ニ処セラレタルコトナシ」を行政に証明してもらうもので
ある。これで受験時の身体検査で「身体強健ナラザル者」でないことは判明
しているし、面接試験で「操行」も観察してあり、すでに履歴書で「家事ニ
係累アル者」でないことを誓わせたので条件はすべてクリアできることにな
る。

　3銭の収入印紙を貼る入学詔書は、保証人が、誓って本人に養成所の規則
を守ってみだりに退学などをしないようにさせ、退学処分などの際には保証
人が学費の返還に連帯して応じることを約束するものであった。

もちろんTRさんはこれらの手続きをしたのであろう。朝鮮本部から3月18
日付で入学通知書が送られてきた。身分証明書と旅費運賃割引証も同封され

42

ていた。身分証明書の発行日は3月20日。13・3×9㌢の鳥子紙に「右者本養成所生徒タルコトヲ證明ス」とあって朝鮮本部病院看護婦養成所長の氏名と角印が入っている。

通知書は入学御準備案内書も兼ねていて、身分証明書を示して割引証を駅に提出し、

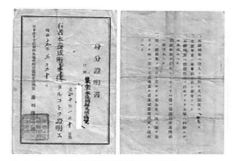

fig.1　TRさんの看護婦生徒時代の身分証明書

朝鮮本部病院がある朝鮮・京城までの切符を立て替えて購入すること（急行券は移動当日、朝鮮本部が用意する）、携行品は寝具（布団、寝衣、肌襦袢）、日用品、服下着、白靴下類にとどめて手回り品のほかは手荷物として朝鮮本部病院へ送ること、などと指示が書かれている。

切符は買ったが、各自で朝鮮へ渡るのではなかった。当時の人たちに海外旅行の経験はまずないし、不案内が原因による遠路道中の事故を防ぐためであろう、3月31日午前9時に東京市芝区の日本赤十字社へ集合することになっていた。TRさんたちは朝鮮本部の職員に引率されて、同日午後3時に東京駅から特急富士に乗り、翌4月1日朝に下関で下車し浜吉旅館で休憩した。ここで山口・九州方面からの入学者と合流した同期生計27人は、午後10時半に関釜連絡船に乗り、2日朝に釜山へ着いてからは特急列車で京城を目指した。その後はおそらく、朝鮮本部病院の寄宿舎へ案内されたのだろう。入学式は一律4月1日と決まっていたが、TRさんたちは翌3日であったらしい。

ところで冒頭の章で出た合格者の振り分けについてであるが、そこで書いたとおり支部は全都道府県庁所在地に、朝鮮と台湾、関東州（中国の遼東半島）にもそれぞれ本部や支部、病院などが設置されていたが、すべての支部病院で看護婦を養成できるわけではなかった。一方では救護団体分担表により常備救護班を支部ごとに2～6個ずつ整備することが義務づけられており、各支部はそれぞれ定員を満たしておく責任を負っていた。そこで養成所を持

TRさんが学んだ日赤朝鮮本部病院

たない支部は費用を出して、養成所のある病院へ合格者を送り込み養成してもらっていたのである。これを生徒養成配属区分といい、それを定めたものを生徒養成配属区分表といった。昭和8年当時は、大正6年制定の規程と区分表が使われていたようなので以下に紹介する。同年以降に新設された支部はあったのだが、改正、追加された形跡は見あたらない。表によれば、たとえば福島県出身で福島支部から合格通知を受けたXさんがいたとすると、彼女は東京の日赤中央病院で養成されることになっており、生徒の間も看護婦になってからも福島支部の所属だった。

赤十字社病院／本部と東京、神奈川、埼玉、千葉、茨城、愛知、静岡、山梨、宮城、福島、岩手、青森支部
北海道支部病院／北海道支部
大阪支部病院／大阪、長崎、岡山、広島、山口、福岡、大分支部
兵庫支部姫路病院／兵庫、熊本支部
群馬支部病院／群馬、栃木支部
三重支部山田病院／三重、岐阜支部
滋賀支部病院／滋賀、京都支部

長野支部病院／長野、新潟支部、福井支部

岩手支部病院／岩手、青森支部

秋田支部病院／秋田、山形支部

富山支部病院／富山、石川支部

鳥取支部病院／鳥取、島根支部

和歌山支部病院／和歌山、奈良支部

香川支部病院／香川、徳島、高知、宮崎、佐賀支部

愛媛支部病院／愛媛、鹿児島、沖縄支部

台湾支部病院／台湾支部

朝鮮本部病院／朝鮮本部

奉天病院／満洲

　さらに採用人員定数に充たない場合があれば本部や各支部、朝鮮本部、関東州委員部の相互で「融通ニ依リ之カ充足ヲ図ルモノトス」（救護看護婦生徒救護看護婦長候補生養成規則）となっていた。特に台湾支部と朝鮮本部は、時期により異なるが台湾人や朝鮮人の採用は全合格者の1～2割までとして残りは邦人とするよう定めがあったが、それでも現地邦人枠が定員割れすることもあったので、他の支部から合格者を差し向けてもらうことが多かった。その人員も上記規則によれば、学科試験成績の順位で採用に至らなかった者を本部や支部の補欠補充人員または融通人員とするため、入学期の30日以内までに改めて身体検査をして採用することになっていた。

　この大正6年の規程は、2年制の乙種救護看護婦課程が導入された昭和15年12月に大きく変更されるが、詳しくは、ずっとあとの「乙種救護看護婦」の章に乙種の配属区分と共にまとめたのでご覧頂きたい。

お小遣いはいくら？　学費と給与

　TRさんたちは、入学式の前に被服を支給された。生徒の被服は、後で返却する義務のある「貸与品」と、もらいっぱなしでオーケーの「給与品」からなっていた。昭和15年当時の養成規則だと、貸与品は帽（制服用ではなく通学用の麦わら帽子のことか？）1個、衣服（紺色の制服。襟留付）1枚、外套1枚、雨覆（マント）1枚で、給与品は看護帽2個、看護衣3著、靴（院内用の短靴？）1足だった。実習や実務練習で消耗の激しい物は給与品だったわけだ。このうち看護帽は1カ月に2個ずつもらえることになっていたが、完成品をもらえるのは初回限りで、以降は寒冷紗などの原材料を支給され、マニュアルに従って自作することになっていた。看護衣は9カ月に1著、靴は1年半に1足を新たにもらうことができた。ただし修理すれば使用に耐えると判定されれば、本当に使えなくなるまで新たな支給を見合すことにもなっていた。

　入学案内のところでも触れたが学費は支給され、昭和初期の大不況の時代に多くの女性が日赤看護婦を志願する動機にもなった。学費は手当と寄宿料からなり、これも昭和15年当時でみると生徒手当は月7円以内、寄宿料は月13円以内と定められていた。「以内」というのは、全国各地の養成所の地域事情や物価に合わせて、それぞれ決めることになっていたからだ。寄宿料は1日3回の食費込みだったので、聞くところによると何だかんだで月5円くらいはお小遣いになったようである。ちなみに昭和15年ごろは、コーヒー1杯15銭、ラーメン1杯16銭、白米10㌕3円30銭という時代である。

　なお入学や退学、帰郷など月あたりの修学が規定数に満たない場合は、日割り計算の支給となった。希望して帰郷療養する場合は全額支給停止、勤務などに起因する傷痍疾病が原因だったら60日間まで全額支給された。

軍人勅諭も学んだカリキュラム

　日本赤十字社の看護婦教育は、精神教育に重点を置いていたのが特徴だった。1909（明治42）年、ロンドンで開かれた国際看護婦協会大会に日本は初めて参加したが、これに出席した日赤病院看護婦監督・萩原タケは「わが国の看護婦の特徴を言葉で表すとすれば、それは『規律』であります」と報告した。実際、第一次世界大戦などでも日赤看護婦たちは、看護技術の高さとともに、統制のとれた規律正しい行動が海外から高い評価を得ている。

　日赤看護婦が初めて従軍したのは日清戦争であったが、その際、当局が最も懸念したのは看護婦の貞操問題であった。当時の資料を見ると、心配されたのは手込めにされるなどの性的被害に遭うことと、陸海軍人と恋愛関係に陥ることの両方だったようである。第1班が救護活動に入るにあたり、これを率いた日赤看護婦取締の高山盈子（1843 - 1903）が20人の班員に「もし不祥事があったら自分は生きて帰らぬつもりであるが、あなた方はどうか」と迫り、看護婦たちが「私たちも同じ覚悟です」と誓った話は、後世まで養成所で語り継がれた。精神教育の重要性は、皇室を総裁にいただく組織として「不祥事」を起こさせないために重要だったという側面もあったのだ。日中戦争の時代になっても、厳しくしつけられた日赤看護婦たちは、軍医ら男性の部屋へ入る際に必ず扉を開けたままにしていたという。

　そもそも博愛社を創設し日赤へ育てた初代社長の佐野常民が精神教育に熱心であった。当時の封建的な日本社会において、看護婦を社会的職業として定着させるには様々な偏見と闘わなくてはならなかった。看護婦育成を成功させるには、患者とのトラブル、なかでも性的不祥事は絶対に避けなくてはならなかった。明治24年に濃尾地震の被災地へ看護婦を派遣するにあたり佐野社長が行った訓示が発展し、その後若干かみを変えながら明治後期に完成したとされるのが「救護員十訓」であり、少なくとも大正末ごろから昭和期に至る内容は以下のとおりである。

博愛ニシテ懇篤親切ナルヘキコト

誠実勤勉ニシテ和協ニ力（つと）ムヘキコト

忍耐ニシテ寛裕ナルヘキコト

志操堅実ニシテ克己自制ニ力ムヘキコト

恭謙ニシテ自重ナルヘキコト

謹慎ニシテ紀律ヲ重ムスヘキコト

勇敢ニシテ沈著ナルヘキコト

敏活ニシテ周密ナルヘキコト

質素ニシテ廉潔ナルヘキコト

温和ニシテ容義ヲ整フヘキコト

　以上は教養所講堂にも大きく掲示され、戦前の看護婦生徒はこれをすべて暗誦して、実践につとめた。こうしたことが海外から、とりわけ外国人患者からの好評価につながったと言っていいだろう。戦後も、カタカナの部分を平仮名に代えて「赤十字看護婦十訓」と称し、日赤看護大や看護専門学校で「看護婦が守るべき心構え」として教え込まれていたという。

　カリキュラムの方であるが、明治23年に看護婦教育を始めたころは専用の教科書がなく、陸軍の看護卒用「看護術教科書」を用い、軍医を教官に招いたという。また先に看護婦養成を始めていた東京帝国大学病院などで養成された看護婦がすでに日赤病院にはいて、彼女たちは日赤内で「従来看護婦」と呼ばれ教官も務めた。明治27年ごろには日赤独自の「看護婦教程」が、同29年にはこれを発展させた「看護学教程」が編纂された。いずれも後に陸軍軍医総監となる足立寛軍医の著である。また軍隊内で行動するため、陸海軍人の階級、服制、礼式なども科目に加えた。さらに医療や社会情勢の進歩、変化に合わせて、また日清や日露の戦争経験もふまえて教程も進化した。1910（明治43）年4月の新年度からは『甲種看護学教程』上・下巻が使われるようになった。なお、ここでいう甲種とは、看護人（男性）用の看護学教

程を乙種として区別したもので、後世の甲種看護婦、乙種看護婦とは関係ない。

しかしそのうち、軍の要求にこたえるべく常備救護団体の定員数を満たすため看護婦をたくさん養成するのはいいが、平時においては供給過多となり、全員が支部も含め日赤の病院に就職できないということになってきた。日赤以外の病院へ勤務する日赤出身者を「冗員」といったが、一般医療機関も盛んに看護婦養成を始めると、冗員の就職先も狭まってきた。そこで大正デモクラシーのウネリのなか、国民に疾病予防や公衆衛生に対する関心が芽生えてきた時流に合わせ、日赤は中央病院に「看護婦外勤部」を設置した。富裕層～中流家庭以上で自宅にお抱えの看護婦を持つ人が増えてきたからである。また何人かは皇居にも常駐していた。これら派出看護婦は日赤の管理下にあり、もちろん救護団体定員で戦時には召集されることになっていた。また公衆衛生思想の発達は、尋常小学校や高等女学校などへ常勤する学校看護婦、工場や事業所の工場看護婦、さらにはそれらの間を定期的に回る巡回看護婦、農村看護婦といったニュータイプを生み出し、それらは社会看護婦と総称されて日赤看護婦らの貴重な「就職先」となった。こうなると、もはや傷病兵相手だけではなくなってくるので、日赤看護婦にも公衆衛生学や予防学、小児科や産科婦人科の知識が重要になってきた。また正規の教育を受けていないのに看護婦を自称して看護料を荒稼ぎする者や、白衣姿で派遣先との性行為を売りにする風俗業者も世にでてきたので、内務省は大正4年、省令「看護婦規則」を制定し、看護婦について全国統一の試験を実施する免許制とした。これで看護婦は「公衆ノ需ニ応ジ傷病者又ハ褥婦看護ノ業務ヲ為ス女子」と、初めて資格職業として公的に地位が定められたと言っていい。こうして日赤看護婦の教程には新たに「個人衛生」「看護婦ニ必要ナル法規」「看護婦ニ必要ナル社会事業」といった科目も採り入れられることになった。そんな諸事情から1935（昭和10）年、それまでの集大成のようなかたちで『看護婦教程草案（救護看護婦用）』が編纂された。下記のような計10冊の大著となり、生徒たちは戦後の昭和22年までこれで学んでいた。

第一冊　赤十字事業ノ要領・陸海軍の制規及衛生勤務ノ要領

第二冊　解剖及生理・衛生

第三冊　伝染病及其他ノ主ナル疾患細菌学大意・消毒法

第四冊　看護・臨床検査・手術介助

第五冊　救急法・繃帯・按摩法

第六冊　薬物及調剤・医療器械

第七冊　附図（医療器械）

第八冊　看護歴史

第九冊　外傷・治療介助

第十冊　患者ノ食餌・患者ノ輸送

　昭和15年4月1日付入学のTRさんたちは、卒業まで、上記の教科書群を使って、15年2月に改正された養成細則（昭和9年3月制定）に付属する救護看護婦生徒教授課程表に基づいて教育された。教育時数概定表がこの頃はなかったので時間配分がわからないが、課程表は表1の通りだった。

　1年生のうちに看護法や繃帯法、患者運搬法などの基本をまとめてたたき込まれ、後はヒタスラ実務練習…つまり病棟に入り現役看護婦の指導の下で働いて実務を学んでいくというカリキュラム構成である。このやり方は、派遣する看護婦が不足した際に、あとは現地で…と、繰り上げ卒業させることができる利点もあった。表のうち体操や音楽、外国語にマルが入っていないのは、履修させるどうかを各養成所の判断に任されていた科目だったからである。

　各学年は「左組」「右組」の2学級に分けられ、だいたい第1学年の4〜5月は基礎教育期間で学術科のみを行い、6月以降に学術科目の理解を助けるため左右各組を隔日交互で午前中、病室見学させた。第2〜3学年は実務練習と並行させて所定の科目を履修し、公衆衛生看護婦に必要な学科と既習学術科

表1　昭和9年〜15年度　看護婦生徒カリキュラム

	第1学年			第2学年			第3学年		
	1学期	2学期	3学期	1学期	2学期	3学期	1学期	2学期	3学期
修身（作法を含む）	○	○	○	○	○	○	○	○	○
実務練習			○	○	○	○	○	○	○
国語	○	○	○						
赤十字事業の要領	○	○							
陸海軍の制規及び衛生勤務の要領	○	○							
看護歴史	○								
人体の構造及びその作用	○								
衛生学	○								
細菌学大意及び消毒法	○								
包帯法	○	○	○						
患者運搬法	○	○	○						
看護法		○							
治療介助		○							
手術介助		○							
伝染病およびその他の疾病		○							
食餌法		○	○						
按摩法			○						
医療器械解説			○						
外傷			○						
救急法			○						
薬物及び調剤			○						
心理学							○		
看護婦に必要なる法規								○	
看護婦に必要なる社会事業									○
体操									
音楽									
外国語									

目の復習をやっていた。実務練習は各学年を6個班に分け、順番に5個班は病室、1個班は外来診察所の各科へ配属させた。陸海軍病院の見学もあった。

　教授課程表は乙種課程を導入した影響で、昭和16年度から大幅に改訂され、この年4月の3年課程（甲種救護看護婦）新入生から適用された。同課程の「教授課程表」だけでなく、時間配分がわかるようにと17年度の教育時数概定表にある甲種の最低標準授業時間数も合体させて作成したのが表2である。

　これ以前にはなく新たに加わった科目名を太字表記したが、ほとんどは「学校衛生」「環境および産業衛生大意」「母性および乳幼児衛生大意」「衛生法規大意」といった社会看護婦系の授業である。これらは乙種課程が導入されたため、甲種への優遇措置として卒業時に養護訓導や保健婦の資格を取得

表2　昭和16年度以降　甲種看護婦カリキュラム

	第 1 学 年				第 2 学 年				第 3 学 年			
	1学期	2学期	3学期	時間	1学期	2学期	3学期	時間	1学期	2学期	3学期	時間
訓話	○	○	○	60	○	○	○	20	○	○	○	20
修身（作法を含む）	○	○	○	40	○	○	○	20	○	○	○	20
公民科	○	○	○	40	○	○	○	10	○	○	○	10
国語	○	○	○	20								
赤十字事業の要領	○	○	○	60								
陸海軍の制規及び衛生勤務の要領	○	○	○	60								
看護歴史	○			15								
解剖学及び生理学大意	○	○		30								
衛生学総論	○			20								
学校衛生					○	○	○	120	○	○	○	120
環境及び産業衛生大意					○	○		40				
母性及び乳幼児衛生大意					○	○		40				
細菌学大意及び消毒法	○	○		40	○	○		20	○	○		20
包帯法	○	○		60								
患者運搬法	○	○	○	100								
看護法					○	○		60	○			20					20
治療介助					○	○		60				
手術介助					○	○		50	○	○		20	○			20
慢性伝染病予防並びに寄生虫予防大意		○	○	40	○			20				
急性伝染病及び一般主要疾病	○	○		40	○			20				
栄養大意及び食餌法			○	30	○			10				
按摩法			○	25								
医療器械解説			○	20	○			10				10
外傷			○	20								
救急法		○	○	40								
薬物及び調剤			○	20								
教育					○	○	○	120	○	○	○	120
心理学										○		20
衛生法規大意						○		20				
社会事業及び社会保険大意						○		20				
体操						○	○	15	○	○	○	15
音楽						○	○	15	○	○		15
復習					○	○	○	60	○	○	○	60

できるようにしたものであった。医学、看護の進歩にも合わせた。「解剖学及び生理学大意」は、「人体の構造及びその作用」が進化したものらしく、「伝染病およびその他の疾病」は「急性伝染及び一般主要疾病」になって、「慢性伝染病予防並びに寄生虫予防大意」が分離独立した。「修身」に加えて「訓話」が増え、精神教育による思想統制が強化された様子もうかがえる。

　3年間で合計2040時間。やはり2年生からは実習が主体となり病棟勤務も

入ってくるため、基本を1年生のうちに仕込んでおく体系は変わらない。学校衛生や産業衛生、乳幼児衛生といった平時の社会看護婦に求められる（卒業後、日赤の病院に就職しなくても生きていける）実践的な科目も、2年生から始まる。これに昭和16年までは外国語（英語）もあり、1年生は必修で、2年生以上は選択科目となっていた。台湾や朝鮮、満州においては、それらご当地の言語を教えることもあった。ドイツ語またはフランス語は、必要に応じて簡単な医学用語について「教育スルコトヲ得」とされた。

　次いで名前だけでわかりにくい科目をひろって「救護員教育要領」（昭和17年改正版）などにもとづき授業内容をひもといてみてみよう。

訓話：1年生でみっちり仕込まれ、2年、3年になってもかなりの時間を割く。精神訓話は「生徒養成上ノ骨子」とされ、教育勅語、総裁（皇族）の御諭旨、修身十訓を体得、赤十字社の歴史的業績や先輩看護婦の善行美談を通じて日赤の主義の理解を徹底させるというもので、病院幹部による訓話、院外講師の修養講話が主体。病院勤務で疲れた体に「眠気との戦い」がシンドそうな授業である。

修身：メインはお作法の実習である。「婦徳ノ高揚」「容儀ヲ正シクシ言語動作ヲ優美ニシテ応待ヲ円滑ナラシム」目的で、生け花や接客、茶道、長刀などが行われた。裁縫は衣類の縫い方、裁ち方を習熟させるもので、特に、貸与や給与された衣類の節約、補修に役立つと重要視された。

公民科：「本社救護員精神ノ完成」を目的に、日赤と国との関係を座学で教わり、公共奉仕、共同生活の訓練を通じて個人の徳性を養うこととされた。

国語：その名の通り。普通の言語、文章を了解し、正確かつ「自由ニ思想ヲ発表スル能力」を伸ばす。

陸海軍ノ制規および衛生勤務の要領：戦時陸海軍の制度や規則に従って、軍隊内で傷病兵を看護するのが任務の日赤ならではの授業で、これがあるかないかが一般病院の看護婦養成所との決定的な違いであった。つまり軍人と一緒に軍人相手の勤務するのであるから、陸海軍の組織や軍人の上下関係、戦時衛生に関する諸制度や規則類と、それらの運用方法について知らないと仕

事に円滑さを欠くこと間違いなしなので、重要な授業であった。軍人勅諭を暗誦して軍人の考え方や価値観の理解に努め、階級章などの服制や、相手の身分に応じてどの順序で報告するのかなどについても覚えておくことが求められた。

衛生学総論：健康増進と疾病予防で、軍隊内だけでなく一般民衆衛生にも応用できるよう授業された。学校衛生や産業衛生にも通じる科目である。

細菌学大意および消毒法：病原菌の一般概要を学び、予防消毒の技術を実習する。甲種課程の生徒は微生物の培養や検索、それに使う機器類の操作にも習熟した。

繃帯法：まず基本技術を確実にし、その後応用的技能の練習に入った。

患者運搬法：悪名高い（？）担架術で、「重要ナル規律教練」とされた。まず徒手にて姿勢、服装、言語（号令）、動作、歩度などを矯正し、規律正しい団体運動を反復練習する。次いで担架を2〜4人で持ち、号令に従ってペアの者が一糸乱れぬよう歩いたり走ったり、またしゃがんだり立ったりという教練でしごかれた。患者の載せ下ろしも練習した。

看護法、治療介助、手術介助：学科を基に、すべて実習本位とされた。この延長線上に病棟勤務があり、投薬補助や注射薬の接種、手術の助手も行った。甲種課程では、臨床および病理諸検索法、簡単な治療施術、特殊疾病の検査方法など診療助手が務まる技術を習得した。

慢性伝染病予防及び一般主要疾病：前者は結核、癩、トラホームで、後者は腸寄生虫病の予防に重点をおいた。

栄養大意ならびに食餌法：栄養学と患者食の調理実習。

医療器械解説：名称や用途、格納保全方法を学び、手入れ方法を実習した。甲種課程では主要機器の操作助手が務まるレベルが求められた。

外傷、救急法：軍隊救護で最も重要な看護技術である。外傷やガス傷などの戦傷、不慮の傷病に対しての応急処置を実習訓練で体得した。特に人工呼吸法、止血法、創傷に対する応急繃帯や副木装着法などについては、一般人や兵士に指導できるよう訓練された。

薬物および調剤：座学と実習で、臨時の調剤助手を務めることができるようにした。

教育：主に学校看護婦になるためのもので、児童心理、論理、学校管理、教育史、教育制度、学校衛生法規などを学び、学校における衛生部門の指導者を目指した。

心理学：傷病者の心意に関する事項。看護活動に応用することを目的とした。

衛生法規大意：軍隊看護に関してはもちろん、一般看護婦（社会看護婦）に関係する法規。

社会事業および社会保険大意：平時事業における医療保護、災害救護、結核予防、児童妊婦および乳幼児保護などに従事するのに必要な養護訓導、保健婦になるための知識。

体操：バランスの取れた身体の発達を促し、体力の増進を図ることが目的。「適度ノ遊戯等ヲ併セ行ナフヲ有利トス」とあり、球技などもした。

音楽：唱歌を含め平易な歌曲を歌ったが、御歌「四海の国」と社歌を覚え斉唱することが本当の目的だったらしい。

　15年度以前と16年度以降のカリキュラムを比較して特筆大するべきは、単に科目数が増えだけではなく、実務練習が16年度以降のカリキュラム表から外へ抜け出たことであった。それはやらなくて良くなったのではなく、表の授業や実習を受けつつ、別に病棟で働くことを意味したのであって、親切がアダといっては言い過ぎか、これに社会看護婦系の科目が増えたのだから、生徒は一層ハードなスケジュールを課せられることになったのであった。

　次に養成の流れをみてみると、3年課程は3学期制で、入学は全国一律4月1日。第1学期は4月1日～8月31日、第2学期は9月1日～12月31日、第3学期は1月1日～3月31日となっていて、これを3回繰り返した。授業や実習がない日、つまり休暇日は、大祭祝日、日曜日、皇后陛下御誕辰、靖国神社例

祭日、本社創立日（5月1日）で、夏休みと年末年始の休みも養成所長である病院長の判断により適宜与えられることになっていた。

　生徒は所定の授業時数の3分の1以上を欠席すると、進級や卒業が出来なかった。また素行不良で改悛がみられない者、傷痍疾病や学業不良で卒業のメドがなくなった者には退学が命ぜられ、自己都合で中途退学する者と学業不良による退学者には、それまで支給した学費を返納させられた。傷痍疾病の場合、学んでいる養成所がある病院であれば、社費で治療が受けられた。

　生徒たちの成績をはかるのは試験であり、整列は成績順だった。救護看護婦生徒救護看護婦長候補生養成細則（昭和15年2月〜）によると各学期末に試験があり、学科は口述または筆記、術科は実地応用で行われた。学科と術科は100点満点で、60点以上の得点を及第とした。実務練習は、平素の勤務成績をもって試験の代わりとし、操行（勤務以外のふだんの行い）と合わせて優、良、可、否で査定した。可以上が及第である。ただ、学科や術科試験で1科目に限り30点以上〜50点未満を取ってしまった場合、操行や実務練習の成績が良ければ及第とみなしてもらえるという特典（？）制度もあった。そして1〜3学期の成績点数の平均を年間成績として、学年末試験はなかった。この各学期末の成績とそれから算出した年間成績は表にして、それぞれ所属する支部へ通報されることになっていた。養成所のある支部病院へ生徒を送り出している支部としては、「あいつ頑張ってるなあ」と見守るほか、なかったのである。けがや病気その他やむを得ない事情で試験を受けることが出来なかった生徒には、追試が実施された。

　このころの時間割表を見つけることが出来なかったが、1年生で年間200時間以上、週28〜30時間の授業をすることになっていたので、月〜土曜日で平均すると1日5時間ということになる（実務練習を除く）。2年生以上で月または週あたりの授業時間の規定がないのは、実務練習が主体になるからであった。これは早い話が病院勤務のことで、明番（あけばん、午前1時〜正午）、昼間（ちゅうかん、正午〜午後6時）、宵番（よいばん、午後6時〜午前1時）と通常（午前6時〜午後6時）のどれかに輪番交代で入った。午後6時

に現役看護婦たちは帰ってしまうため夜勤帯は生徒だけの勤務となる。規則だと日曜日は全休できるはずなのに、隔週で半日ずつしか休めなくなったという。

しかしそれでもこれは平時の話。日中戦争が始まってからは、常備救護団体に所属している病院勤務の現役看護婦が出征して根こそぎいなくなり、卒業生も即、救護班入りという状態になってしまった。そのため代わりに生徒たちが病院勤務の主力とならざるを得なくなった。わずかにいる看護婦も応召した補充員で、人数的に生徒の指揮監督を務めるのが精いっぱいという有り様だったという。この実態を反映し、昭和13年3月に定められた病院職員臨時特別給与規程で、3学年生を看護婦代用として勤務させる場合には月額30円の臨時特別手当を支給することになった。これは日赤の病院勤務看護婦の最下級本俸35円よりやや安い額である。昭和16年3月には、看護婦代用生徒が勤務のため傷痍、疾病し、身体を毀損あるいは身体の一部機能に障害が発生したり、死んでしまったりした場合には扶助弔慰金が支払われることにもなった。免状を持たない生徒たちも、第一線に立っていたのであった。

実務練習に話を戻すと、これは勤務能力と態度が学年成績となるため、生徒は常に評価を気にせざるをえず、特に先輩の顔色もうかがわなくてはならない下級生は早めに勤務に入り、下番時間を超えて勤務するのが当たり前だった。昭和16年度以降の入学生は、この勤務をしながら社会系科目がさらに増えた授業を受け、学期末試験にパスし続けなければならない。このあまりのハードさに過労のため病気になり、亡くなってしまう生徒も出たほどだった。

しかも前述のように同年度で3年間に計2040時間確保されていた教育時数だったが、戦況の悪化によりどんどん削られていくことになる。最大の理由は、次々に救護班を編成しなければならなかったための繰り上げ卒業で、記録上は昭和16年に3年生の授業を5カ月繰り上げたのが、大規模な繰り上げの最初だったらしい。このため本来の卒業時期である17年3月は、3年課程卒業生が全国で16人という事態にもなった。昭和18年10月には16年4月に

57

入学した甲種生徒も5カ月繰り上げ卒業させ、同時に17年4月の入学生は1年も繰り上げることが決定した。甲種生徒の養成期間が事実上、2年間に短縮されてしまったのである。生徒の養成期間は規則により3分の2以下に短縮できないことになっていたため、3年課程の2年生までもが戦地へ動員されることはなかったが、代わりに病院勤務は「看護婦代用生徒」として2年生が担うこととなった。

これにより、教育時数は2040時間から1840時間へ減少することになった。主に削られたのは、衛生学総論や学校衛生、母性および乳幼児衛生大意など社会看護婦系の科目である。

1年もの繰り上げ卒業が当たり前になってくると、日赤は従軍看護婦の基本といっていい看護法や患者運搬法、外傷について若干だが時間数を増加させ、1年生のカリキュラムに押し込んだ。もうこうなると暗記主体の詰め込み教育にならざるをえず、無理難題なのは承知のうえ。とにかく、救護班へ組み込まれても即戦力となるよう、必死の対策である。

しかしそうした努力もむなしく、さらに授業に悪影響を与える事態になってゆく。空襲の激化である。自分たちが学ぶ病院や宿舎を守るための防空演習に時間を取られただけでなく、建物の解体や防空壕掘り、そのための資材運びにもかり出された。夜は空襲警報のたびに、患者を避難させるため生徒も病院へ駆けつけなくてはならず、雑嚢を肩から提げ、もんぺと編上靴をはいたままベッドで眠るのが常態化した。そしてついに病院や宿舎へ直撃弾の被害が発生するにいたり、本部病院は昭和20年7月、甲乙など1千人もいた全生徒のうち千葉、福島、山梨、埼玉支部籍の甲種生徒を地方病院へ疎開させた。そこでの授業時間には食糧難から「農耕」が行われることになっており、病院敷地内でナスやトマト、枝豆などを栽培した。さらに山菜採り、リュックを担いでの食糧買い出しに出向いた生徒の話も残されている。そして終戦間近になると、「欠配休暇」も連発された。もはや教育どころではなくなっていったのである。

厳しかった上下関係～生徒の生活

　日赤病院の寄宿舎は、看護婦の養成が始まった翌年の1891（明治24）年、渋谷の病院敷地内に造られた。このときつくられた「寄宿舎規則」が、その後も若干の変更を加えられながら終戦後も続いた。

　主な内容は、食事は必ず食堂で摂り居室へ運んではいけない、階段や浴室の清掃は1週間交代で行う、本社および病院職員の他は男子の入室を禁じる、親族及び知人の面会は取締に申し出て応接所で会う、舎内において唱歌および高声または猥芸にわたる談話をしないこと、室内は常に整頓し物品を散逸させない、火の元には厳重に注意すること、洗濯物は必ず一定の場所に干し窓や手すりに掛けないこと、室外に紙くずや塵芥を捨ててはいけない——など。　休みはカリキュラムの章で書いたように、ふだんは毎週日曜で、外出も出来た。取締の許可を得て、出門證を受けてそれを門衛に渡し、帰院時にそれを返してもらって返納することになっていた。物品を持ち出すのも許可制であった。

　昭和11年3月、中央病院（東京・渋谷）の養成所は鉄筋5階建ての教育施設「教場」と、これにつながる3階建て3棟の宿舎「養心寮」からなる新しい建物になった。生徒の居室は、かつて畳に布団を敷き、窓辺の座卓に座布団を並べて自習していた10人ほどの相部屋から、2人くらいの相部屋に変わり、ベッドや勉強机、洗面台なども設置された。食堂も、木製の長机と長いすから、丸テーブルといすに、調理実習室も居酒屋の厨房風から、ガスコンロをならべた洋式に変わった。この宿舎で生徒たちは、朝には洗面所で顔を洗い、すぐ隣の髪結室でトレードマークのお団子結びを結った。修身を学ぶ作法室も生花や茶道向けの畳敷きと、テーブルマナーなどを修める洋式作法室に分かれた。浴場はタイル張りで清潔感があった。

　このような「教場」や「養心寮」で、あるいは地方支部の養成所で生徒たちは、どんな生活をしていたのだろうか。このあたりは、残されている手記

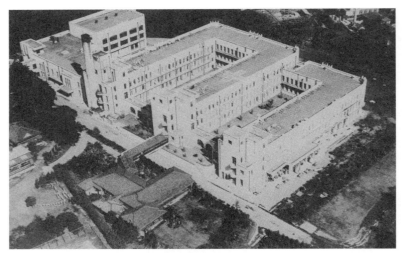

昭和11年3月に完成した日赤中央病院(東京・渋谷)の看護婦養成所。左上の5階建て部分が教育施設の「教場」で、3階建ての右3棟が宿舎「養心寮」。

両縁に色がつき正誤がひと目で分かる練習用繃帯で繃帯術を学ぶ生徒(左)と、調理実習を受ける生徒。それまでの割烹の厨房のようだった調理実習室だったが、新築の養成所では、ガスコンロの並ぶ近代的な設備となった。

2 日赤従軍看護婦の養成

看護婦生徒の訓練の様子。左はOGたちが「あれはキツかった」と回想する担架運搬で、2ないし4人での呼吸を合わせて走ったり、歩いたりしながら自在に向きを変えることができるようになる必要があった。服装は体操服と運動靴。右は座学で、黒板に野戦病院などと書き出されている。

兵士なみに防毒面を着けて。看護衣姿でも、野外訓練では黒色靴下に編上靴をはいた。この防毒面は軍用ではなく、日赤または養成所の備品と思われる。修身の授業の主体はお作法で、右写真は貴賓にお茶を出す練習らしい。他に長刀などの武術も練習し、華道や茶道もひととおり学んだ。

61

や体験談からうかがい知るしかないので、いくつか引用してみよう。

　「仕事とか実習がつらいのではなく、外出が月に2回しかなく、しかも12時からの半日だけだったことである。門限に1分でも遅れると叱られるので、いかにして遅れないか、(外出は2人以上の同伴でないと許可されなかったので) いかにして一人で外出しようか、ということに専念した」(昭和13年入学生、看護短大90年史)。そこで彼女たちは単独行動を楽しむため、病院の外へ出ると「じゃ十字屋ベーカリーで○時にね」などと約束して散った。そこで再び集まり、何食わぬ顔をして隊伍を組み病院へもどる算段である。この体験談の記述者は「時計を見て9時1分前だと始末書を書かないで済むのでほっとしたものです」と結んでいる。

　濃紺色の帽子と制服、黒色の靴下と革靴という彼女たちの姿を人は「渋谷のカラス」と呼んだ。冬でも白色サージに紺色襟のセーラー服を着た東京女学館の生徒が「渋谷の白鳥」と呼ばれていたこともあり、「カラス」の呼称を肯定的に受け止めていた生徒は少ないようだ。

　「1年生の間は、自然に恵まれた西の寮の10人部屋だった。定期試験の時は、消灯時間が決まっているので、窓が白む頃になると布団のなかから亀のように首を出しそっと勉強した。2年生になると4人部屋でベッド生活になった。ほとんど勤務で、4人が顔を合わせることはめったになかった。一番の楽しみは日曜日の外出。円い外出帽に紺色の制服なので『渋谷のカラス』とみんなで言った」(昭和14年4月入学生、同)。西の寮は、畳の下にスチームが通っていたので、勤めを終えて早めに布団を敷いておくと、暖まって安眠できたという。

　寮は躾の場でもあった。規律を求められる女性ばかりの集団生活となれば、先輩、後輩の上下関係も厳しく、これに強烈な印象を受けた人たちも多かったようだ。学年の違いで、食堂での食事の順番、風呂の洗い場の位置まで決められていたという。

　「火鉢を囲んでお餅を焼いたり、試験勉強をしたり。室の中だけは厳しさも

なくいたって和やかなものでした。しかし一歩外へ出ると1年生は頭の下げっぱなし、もし欠礼でもしようものなら上級生に呼びつけられ、散々お説教をされました。作法は学科で一応は躾られていましたが、寄宿舎内では上級生に対しての言葉の使い方から返事の仕方などの対人関係にいたるまで、実際的に躾られました」「寄宿舎に入れば草履の脱ぎ方、事務所へ行けば挨拶の仕方を教えられました。最も厳しかったのは、日に2回ずつ私物検査があり、机の引き出しから戸棚まで調べられ、乱雑にしていると『あなたのところの戸棚は整頓されていませんでしたよ』と言われた」（大正14年入学生、同）

　1人のミスもすべて連帯責任をとらされるところなども軍隊同様であった。特に戦時中となると、軍隊化が猛烈に進んだようである。
　「階級ばかりやかましく、それは全く軍隊生活と同じであり、先輩には礼儀を尽くし、言葉、動作、態度すべてに万全の注意が必要であった。1年生の頃には廊下で誰かに会えば、常に直立不動、ずいぶん手前で停止し、帽子の十字は正しいか、胸のボタンは外れていないか確かめて、相手の顔を見て正しく敬礼した。もし歩きながら礼でもしたら、それこそ生意気な奴だとにらまれたものである。
　夜は棒のようになった足を畳んだ布団の上に上げてやすみ、朝は目もあかないほど疲れていても教練は欠かせない。教練中、立ったまま居眠りしている人さえあった。学科は、保健婦や養護訓導の資格をとるための教科が増えて、詰め込み授業でどんどん進むので、定期試験の時は、消灯をすぎてもおちおち寝てはいられず、トイレのそばの洗面所や電気時計の下、常夜灯の下でノートを広げたり、暗記している人の姿もみられた（中略）『人の嫌がる日赤へ、志願で入る馬鹿もある』。これは軍隊を揶揄した歌の替え唄であるが、半ば自嘲的にこんな歌がうたわれながらも強く耐え抜いた私たちだった」（内容からすると昭和16年度以降の入学生らしい。日本看護史Ⅰにあった引用）
　「生徒としての生活は軍隊生活と変わりなく、絶対服従の生活の明け暮れ

でした。1年生から3年生まで講堂に集まり、教壇に立たされてタコを釣られたものでした。身に覚えのないことで叱られ、弁明しようとすれば『上級生に向かって口答えをする』と叱られ、黙っておれば『この子はしぶとい』と言われ、泣けば『その涙は後悔の涙か、くやし涙か』と問い詰められて、小雀が鷹ににらまれたような自分の意思なき人形でした。そうやって育てられてゆく友情、クラス愛、団結は、痛めつけられれば痛めつけられるほど強くなりました」(昭和18年入学生、私たちと戦争4)

臨時募集看護婦生徒、乙種救護看護婦

　日中戦争が昭和12年7月7日に勃発すると、さっそく28日には陸軍から7個救護班の派遣が求められ、翌月にはさらに35個班もが出征していった。日清、日露戦争の教訓から看護婦不足に陥ることを見越した日赤は12月5日、臨時募集救護看護婦生徒を採用した。後の63回生である。すでに62回生が1年生にいるのだから1カ年度に2期生ずつ養成することにしたわけで、生徒数が倍増して教員にも施設にも多大な負荷がかかることになるが、入学時期を半年ずらすことによってしのごうとした。翌昭和13年にも春に64回生が、秋に65回生が採用されている。

　なお今ごろのお断りで恐縮だが、日赤看護婦養成所における第〇回生という呼び方は卒業年次であって、在校中の生徒や入学年次には用いなかったらしい。資料では「第〇年度生」とか「第〇年度入学生」などと出てくるが、面倒なので本稿では区別せず、生徒にも第〇回生という呼び名を使っている。

　さて、これら臨時募集された「後期生」たちの学年度は12月5日〜翌年11月30日とされ、3年後の11月末に卒業式を迎えることとなった。しかし従来の3年課程に変わりはないので、カリキュラムは昭和8年の教授課程表と基本的には同じだった。ただ、戦争が始まってからは前期生、後期生とも「看護歴史」や「看護婦に必要なる社会事業」など軍隊救護にあまり関係なく、

看護婦資格を定めた内務省令「看護婦規則」にも反しない範囲の科目が徐々に省かれていった。

この臨時募集救護看護婦生徒も、63、65、67回生が入学して終わった。昭和15年12月26日に養成規則が改正されて、乙種救護看護婦制度が導入されたからである。これはいわば2年課程の短期間速成コースで、日中戦争の長期化から、「後期生」の採用という策では解決がつかないと日赤がつくった新型の看護婦であった。

これにより、それまでの3年課程は「甲種救護看護婦」と称されるようになった。規則によると甲種は「平戦両時ヲ通シ本社看護婦ノ骨幹ニシテ看護婦長ヲ補佐シ一般看護婦ヲ指導シ上下一体看護ノ全体成績ヲ収ムヘキ楔子タラシムヘキモノナルヲ以テ其ノ教育目標ハ幹部看護婦ノ育成ニ置クヲ要ス」となっている。つまり日赤看護婦の本流・根幹であって、看護婦長など将来の幹部看護婦になることを念頭に教育するというのであるが、これは特に従来の教育目標と大きく変わっているわけではない。

これに対し乙種の方はといえば「戦時準備事業ノ完遂上欠クヘカラサル充足要員ナルヲ以テ各人共ニ救護看護婦ノ中堅タル如ク救護員トシテ必要ナル効果ヲ等一線上ニ導クヲ要シ」と、戦時補充要員であることを明確にしている。しかし、あからさまな穴埋め役では生徒のモチベーションもあがらないだろうと、規則に「将来ノ抽出指導ト実歴練成ニ依リ優秀ナル幹部看護婦ノ候補者タリ得ル如キ素質ノ育成ニ置クヲ要ス」という一文も加えた。実際には戦時派遣されて1年以上精勤した者のうち勤務成績優秀者を選んで甲種に再採用していた。昭和19年6月からは、志操、品行、勤務成績優秀者らの格上げを制度化した。考え方としては短期速成の補充要員だが、戦地での勤務を第3学年の実務練習と見なす、ということだったようだ。

乙種課程開始により本部や支部ごとの再採用人員の最低限度人数も改正され、1カ年度に甲種計1342人、乙種計989人とされた。

乙種の募集要項は、年齢14歳から20歳で、あとは大正6～昭和5年の条件を復活させて身長140ボ以上、体重35ボ以上、高等小学校卒業または高等女

学校第2学年以上の課程を就業した者か同等以上、とされた。入学試験は身体検査、試問、学科試験（国語、作文）で、高等小学校卒業程度のレベルだった。14歳といえば高等女学校の2年生を終える年齢で、2年課程で養成所を卒業すると16歳で救護看護婦になることになる。一方で1915（大正4）年に内務省が初めて、看護婦を資格として制定した全国統一の「看護婦規則」では、看護婦になれるのは満18歳以上とされていた。この内務省令「看護婦規則」は昭和16年10月に改正され、資格年齢が17歳に引き下げられるが、それでも乙種は卒業後「規定年齢違反」状態になりうる。そこで日赤は乙種課程の導入に際し、「軍の要請に基づき看護婦定数増加の必要がある」として「看護婦規則」による看護婦免状を、甲種看護婦と同様、乙種にも交付するよう各府県知事へ要請した。看護婦規則では免状の交付権限が各道府県知事にあったからである。資格年齢は昭和19年3月、16歳に改正された。

　学費の支給、被服の貸与、給与などは甲種と同じであった。

　こうして乙種課程が昭和16年4月からスタートするにあたり、日赤は乙種の生徒養成配属区分をつくり、甲種と合わせて表全体を大幅に改訂して16年1月1日から適用した（表3）。

　見てのとおり、支部によっては甲種と乙種の担当が異なり、甲種だけ、乙種だけという支部もある。以前の表には出てこなかった新しい支部が乙種のみを担任している傾向がある。先に記述した入学の章で生徒養成配属区分を説明した際、そこで昭和16年度以降の区分表を紹介せずここへ持ってきたのは、乙種課程の表と一緒にして、支部ごとの甲種、乙種それぞれの担当割を一覧にしたかったからである。なお病院名は昭和17年12月、それまで長く支部の病院について道府県名を冠して○○支部病院と呼んでいたのをやめ、所在地か最寄りの大きな都市名を冠することになる。ついでに言うと、それまで大都市部や師団司令部所在地などにあった衛戍病院も昭和12年3月1日、陸軍病院と全国的に改名された。

　配属区分表と同時に、乙種用の教授課程表、科目時間概定表もつくられた

表3　救護看護婦生徒養成配属区分表（昭和16年1月1日～）

病　院　名	配　属　区　分	
	甲　　　種	乙　　　種
中央病院	本部、東京、神奈川、埼玉、千葉、山梨、福島	本部、東京、神奈川
北海道旭川病院	北海道、青森	
北海道野付牛病院		北海道、青森
京都支部病院	京都、熊本	京都、熊本
大阪支部病院	大阪、長崎、福岡、大分	大阪、長崎、福岡、大分
兵庫姫路病院	兵庫	兵庫
新潟長岡病院	新潟	新潟
埼玉支部病院		埼玉、千葉
群馬支部病院	群馬	群馬
茨城支部病院	茨城	茨城、栃木
三重山田病院	三重、愛知	三重
愛知支部病院		愛知、奈良
静岡支部病院	静岡	静岡
滋賀支部病院	滋賀、岐阜	滋賀
岐阜斐太病院		岐阜
長野支部病院	長野、石川	
長野諏訪病院	長野、山梨、山形	
宮城石巻病院	宮城、栃木	
宮城仙台病院		宮城
岩手支部病院	岩手	岩手、福島
秋田支部病院	秋田、山形	秋田
福井支部病院	福井	福井
富山支部病院	富山	富山、石川
鳥取支部病院	鳥取	鳥取
島根支部病院	島根	島根
岡山支部病院	岡山	岡山
広島支部病院	広島、宮崎	広島、宮崎
山口支部病院	山口、佐賀、鹿児島	山口、佐賀、鹿児島
和歌山支部病院	和歌山、奈良	和歌山
香川支部病院	香川、徳島	香川、徳島
愛媛支部病院	愛媛、沖縄	愛媛、沖縄
高知支部病院	高知	高知
台湾支部病院	台湾	台湾
朝鮮本部病院	朝鮮	朝鮮
大連病院	関東州	関東州

（表4）。

　この表では、あえて甲種の科目表に乙種の履修時間を入れて、甲種と乙種
の履修科目の違いを示してみた。また※印は「甲、乙両種生徒ヲ同時ニ教育

表4 乙種救護看護婦カリキュラム

	時　　間		
	第1学年	第2学年	増　減
訓話	70	30	0
修身（作法を含む）	60	30	10
公民科			
国語	50		30
赤十字事業の要領	60 ※		0
陸海軍の制規及び衛生勤務の要領	60 ※		0
看護歴史			
解剖学及び生理学大意	30		0
衛生学総論	20		0
学校衛生	20		-220
環境及び産業衛生大意		40 ※	0
母性及び乳幼児衛生大意		40 ※	0
細菌学大意及び消毒法	30		-50
繃帯法	60		0
患者運搬法	100 ※		0
看護法	50		-50
治療介助	50		-10
手術介助	50		-40
慢性伝染病予防 並びに寄生虫予防大意	30	20	-10
急性伝染病及び一般主要疾病	30	20	-10
栄養学大意及び食餌法	30 ※	10 ※	0
按摩法	30		5
医療器械解説	20		-20
外傷	20		0
救急法	30		-10
薬物及び調剤	20 ※		0
教育			
心理学			
衛生法規大意		20 ※	0
社会事業及び社会保険大意		20 ※	0
体操			
音楽			
復習		90	-30

シ得ル」と甲乙種両方の生徒が一緒に授業を受けた科目。右端の列は、甲種3カ年の科目ごとの合計授業時間数と乙種2カ年の合計授業時間数を比較してみたもので、0は甲種と同じ教育時間でプラスマイナスゼロという意味、空欄は乙種は履修しないという意味である。

こうしてみると、公衆衛生分野など社会看護婦系の授業の多くが乙種で省略されたり、大幅に短縮されたりしていることがわかる。もともと3年生は大半が病棟での実務練習だったこともあり、従軍看護婦として必要な科目は、ほとんど甲種と時間数が変わらない。国語の授業時間が突出して増えているのは、「高等小学校卒業程度」の学力の生徒たちに、看護記録など医療関係の書類の作成や読解が出来るようにする必要があると考えたものか。あとは内務省令「看護婦規則」が求める類の科目を履修させて、看護婦免状を得られるよう調整もしてあるようだ。

日赤の記録（社史稿）によると乙種の養成数は昭和16年に85人、17年54人、18年864人、19年1124人、20年1275人の計3402人となっている。終戦とともに、その必要がなくなったとして乙種救護看護婦課程は募集を停止し、終戦時の在学生だった4回生が昭和21年3月に卒業したのを最後に廃止された。4回生には補習授業を施し、旧甲種との差が出ないよう処置したという。

免状所持者を「改造」～臨時救護看護婦

臨時救護看護婦とは日赤以外の機関で養成されて看護婦免状を所持している看護婦を募集し、短期間の教育の後、日赤救護看護婦に任用する制度である。

このやり方は日赤内で深刻な看護婦不足に陥った日清戦争の時からあったが、制度として募集と養成が始まったのは、日中戦が始まって3年目の昭和14年からであった（日赤の記録によっては15年から、としているものもある）。実はこのころ、日赤では救護看護婦の応召率の低下という問題をかかえていたようなのである。前出亀山氏の研究によると、特に家庭に入った者、50歳以上の者などのほか、日赤を含め何らかの医療機関に勤める者の応召率が低かったという。臨時救護看護婦の本格養成は、相次ぐ動員に応じるための緊急増員のほかに、定数の欠員補充という意味合いもあったことになる。

1928（昭和3）年ごろの看護学校数は347もあり、看護婦数は全国におおよそ4万8千人。同時期の日赤の常備団体定員の充足数が4800人ほどだったから、補充へあてるのに一般看護婦は魅力的なグループであった。

　臨時救護看護婦は、年2〜3回、生徒というかたちで中央病院と各支部の病院が、それぞれ割り当てられた人数を採用した。たとえば昭和18年度には、中央病院160人、大阪支部病院130人、長野と山口各90人など30カ所（台北、京城、大連を含む）計1500人との記録がある。採用資格は、身体検査と学科試験、試問であったが、さすがに看護婦免状所持者が対象とあって、学科試験は「人体の構造及びその作用」「消毒法」「看護法」であり、実務試験形式がとられたという。採用後は、甲種の救護看護婦生徒養成配属区分表に従って各病院へ配属された。この時点で看護婦としては日赤採用という身分になっており、法令上と契約上、日赤の病院で働くことはできた。

　彼女たちをまず生徒として採用したのは、救護看護婦へ任用するために3カ月間の補備教育をほどこすことになっていたからである。公立の病院付属養成所や一般の看護婦学校出身の看護婦たちは、日赤出身看護婦が重んじる「規律正しい集団行動」に慣れていないし、必要がなかったから軍隊救護に従事するための特別な知識や技術も学んでいない。補備とはそうしたことを身につけさせるための教育で、授業科目は「修身（赤十字精神に関する事項）」「赤十字事業の大要」「陸海軍の制規および衛生勤務の要領」「実務練習」「患者運搬法」。敵味方を区別しない戦時救護の根幹である赤十字精神を十分にたたき込み、日本赤十字社の組織や成り立ちを理解させ、陸海軍隊のなかで軍人の患者を看るためのノウハウを学ばせたのである。そのため臨時救護看護婦生徒の実務練習では、おおむね2週間「陸軍又ハ海軍ノ衛生機関」で実務見学も行った。陸軍病院や海軍病院へ働きに出て軍隊特有の衛生勤務を実地で学ばせられるわけだ。甲種や乙種の生徒も実務練習の一環として2週間〜1カ月くらい通い、または泊まり込みしながら陸海軍病院で働くが、ふだんから軍事教育を受けていない一般看護婦出身者には「素人じゃないんだから習うより慣れろ」式の荒修業であったろう。また日赤式の患者運搬法は、

団体行動を学ばせるのに好適と考えられていたようだ。

　一方で日赤救護看護婦に任用されると応召義務年限が発生するが、甲乙種救護看護婦が任用後12年だったのに対し、臨時救護看護婦は5年と負担を小さくして応募しやすくしてあった。そして任用後は、生徒として採用した支部が編成する救護班の定員となり、戦地へ送られていった。

　採用人数であるが、日赤社史稿には昭和15年から載っており、この年が753人、昭和16年1288人、17年0人、18年2502人、19年3108人、20年1986人の計9637人。なかには出征した日赤の看護婦の穴埋め的に国内各地の日赤病院で勤務した人もいたらしく、救護看護婦へ任用された人は計7095人で、それでも昭和11年～20年の救護看護婦任用者の総計1万9367人の36.6％を占めるに至った。もちろん任用されてからは名実ともに日赤救護看護婦であったので、この人たちも日赤の戦地派遣者数や戦没者数に数えられた。

～卒業～　国家試験なしで免状交付？

　ひさびさ登場のTRさん。昭和15年度の「前期」入学生だった彼女は、2年生になった4月に67回生にあたる後輩たちと乙種救護看護婦生徒1回生が入ってきたが、入学年次に従い昭和8年の教授課程表に従ったカリキュラムで、これまで記述してきたような学術と実習を修め、つらい実務練習に従事し、担架訓練をやり遂げた。同級生たちより1～2歳お姉さんだった彼女には、それゆえの苦労もあったに違いないが、入学年次で決定される先輩後輩の厳しい上下関係が基盤となる内務もこなして、ようやく3年生の3月までこぎつけた。

　本来なら、内務省令「看護婦規則」が定め地方長官（道府県知事や総督など）が実施する看護婦試験を前年の秋に受けているべきなのだが、実は、日赤養成所の生徒はこれを受けなくても良いことになっていた。通常なら看護婦試験の合格証明書を添付して道府県知事（東京府の場合は警視総監）へ申請しないと看護婦免状は交付されない。しかし日赤では養成所の卒業証書を

京城赤十字病院長がTRさんに授与した卒業證書(左)と、別の人の、大正8年の看護婦免状。日赤の卒業証書は、他の養成機関と異なり、科目ごとの教授の署名が入らない。大量の書類を持ち帰ったTRさんだったが、そのなかに免状だけが含まれていなかった。復員後の就職に必要で、抜き取ったためと思われる。戦前の免状の交付者は知事ら地方長官で、規定により印刷のヒナ型自体は全国で統一され、日赤出身かどうかで違いはない。いちいち族籍が入るのは、大正末ごろまで。昭和期になると、「大正四年～」の前に「ヲ諭認シ」の一言が印刷されるようになり、その上の空欄に、指定養成所出身なら「○○看護婦養成所卒業証書」、一般養成所で国家試験を受けた人なら「看護婦試験合格証明書」と記入する様式になった。

示して申請すれば免状が下付されたのである。しかも個々で申請するのではなく、養成所がまとめてやっていて、卒業時かその直後に本人へ免状が渡るように手はずされていたようだ。実態としては、3年生の第3学期末試験が卒業試験を兼ねていた。

　内務省令「看護婦規則」によると、看護婦とは公衆の需要に応じて傷病者または褥婦看護の業務を為す女子のことで、その資格は①看護婦試験に合格した者②地方長官の指定した学校または講習所を卒業した者、のいずれかで地方長官から免許を下付された者(第2条)を指していた。「無試験免状」が可能だったのは、日赤の看護婦養成所が②に該当していたからである。

　この卒業すれば無試験で看護婦免状を下付される「地方長官指定の養成機関」というのは全国にけっこうあり、内務省による1928(昭和3)年の調査では、全国の看護学校347のうち、173もあった。たとえば東京府内(昭和18年から東京都)では、東京帝国大学医科大学付属病院、同付属病院分院、伝染病研究所、東京府立松沢病院、東京市施療病院、東京市駒込病院、東京市

養育院、日本赤十字社病院（昭和16年から日本赤十字社中央病院）、東京慈恵会病院、済世会病院、順天堂医院、泉橋慈善病院、東京鉄道病院、東京警察病院、東京市療養所看護婦講習所、日本医学専門学校付属医院看護婦講習所、慶応大学医学部付属病院看護婦養成所、聖路加国際病院、日本産婆看護婦学校本科が、指定看護婦養成学校（病院）であった。

　そういうことで昭和18年3月下旬、すでに支部病院規則の改正により日本赤十字社朝鮮本部病院から名を改めた京城赤十字病院で、（日赤全体で同一カウントの）66回生の卒業式が挙行され、TRさんは「日本赤十字社甲種救護看護婦生徒ノ課程ヲ卒業シタルコトヲ證ス」と墨痕鮮やかな3月31日付の卒業證書を看護婦養成所長でもあった病院長から授与されたのであった。朝鮮総督名で下付された看護婦免状も同日付だったはずである。しかしTRさん、この時点ではまだ「日本赤十字社救護看護婦」にはなっておらず、戦地派遣のための召集を受ける身分でもなかったのである。

3
日赤看護婦の従軍

従軍するのは救護員へ任用された人

　TRさんが復員して持ち帰ってきた書類のなかにＡ４サイズの辞令があった（fig.2）。昭和18年4月1日、つまり京城赤十字病院看護婦養成所を卒業して、あっぱれ看護婦となった翌日の日付で、朝鮮本部がTRさんに「日本赤十字社甲種救護看護婦ヲ命ス」るものである。日赤では救護員である看護婦のことを特に救護看護婦と呼んだ。つまり一定年間の応召義務があり戦地へ派遣されるのは救護看護婦ら救護員であって、日赤では看護婦の資格を得ることと、救護員に任用されることは制度上、別の次元の話であった。実際、生徒時代に適用されていた救護看護婦生徒救護看護婦長候補生養成規則や同細則とは別に「日本赤十字社救護員任用規則」というのがあり、日赤内部で看護婦から選抜して救護員を任命するシステムになっていたのである。そして救護看護婦を命じるこの辞令は、すなわち新品看護婦のTRさんが救護員に任用されたことを意味するものであった（日本赤十字社救護員任用及解職辞令書式ノ件）。「救護員ヲ命ス」としなかったのは、救護看護婦長や救護書記ら救護員の他の職種と区別するためである。

　日赤の戦時救護は、救護団体（救護班、病院船、病院列車、救護自動車、救護航空機＝昭和17年段階）をもって執行すること、と戦時活動の根幹である「日本赤十字社戦時救護規則」で定められており（第4条）、この救護団体と日赤社内へ設置される救護本部を構成する人員を救護員と称した（第31条）。そしてその救護員は救護員任用規則（昭和17年改正版）などによれば、次のような人たちだった。

fig.2　救護看護婦の辞令

日赤内

救護総長…日本赤十字社社長。戦時救護事業全体の統括責任者。

救護本部長…陸軍大臣または海軍大臣の認可を得て社長が嘱託。救護総長の意を受け救護団体を指揮し、救護員勤務を監督するほか、救護に関する事務を掌理する。陸軍に関しては野戦衛生長官、海軍に関しては海軍医務局長の指揮を受ける。

救護本部副長…救護本部長を補佐して、本部長に事故があった時は代行する。

救護部部長…救護本部長の下で部員以下を指揮監督し、分掌の事務を処理する。

救護部部員…日赤の職員から任用する。

救護部課員…本社の職員または職員だった者、官庁その他で庶務または会計に従事者経験のある者を任用した。

救護団体の構成員

将校待遇者

救護医員、救護薬剤員…救護医員は、救護班や病院船で班長や船医長を務め、衛生勤務では所属する陸海軍医官の指揮を受けながら、救護員の監督や事務処理にあたった。45歳未満で医師免許、薬剤師免許を所持する者で①大学令による医科大学の課程を卒業した者またはこれと同等の学力を有する者②専門学校令による医学校、薬学校の課程の卒業者またはこれと同等の学力をもつ者で日赤への志願制だったが、救護員登録すると5年間の応召義務年限が生じる一方、「縛り」の意味合いで月額36円の手当金が支給された。昭和初期には女子医員も登場した。

救護看護婦監督…上長の命を受け救護看護婦長以下を監督する。

下士官待遇者

救護看護婦副監督…救護看護婦監督を補佐し、監督に事故の場合は代行する。

救護書記…救護班において庶務、会計、普通材料（衛生材料ではないもの）の出納保管を行う。任用条件は救護部課員と同じ。

救護薬剤員補…医員や薬剤員の下で調剤を補助し、衛生材料の出納管理をする。45歳未満で、陸海軍の衛生部下士官だった者か、1年以上病院や薬局で調剤助手の経験がある者を採用した。

救護看護婦長…看護に従事し、救護看護婦を監督指導する。日赤の看護婦長適認證を所持する者から任用することになっていた。

兵待遇者

救護看護婦…上長の命を受け看護および病室内の雑務に従事する。日赤規定の甲種または乙種の卒業証書を所持する者から任用する。戦時または事変時において、一般看護婦に所用の教育をほどこし臨時救護看護婦として使用することもありえる。

　救護団体を構成する救護員には、戦時や事変時に際して日赤が発する召集に応じる義務があり、それは平時の演習や点呼においても同等であった。このへんは後の召集に関する章で詳しく述べる。また救護員に任用されると、セットで日赤の内規である救護員懲罰規則の適用も受けることとなった。

　救護員の任用を希望するには、まず「救護員任用願」と履歴書、戸籍謄本を提出し、身体検査を受けることになっていたが、「本社職員ヨリ又ハ本社養成ノ者ヲ卒業後直ニ任用スル場合ハ此ノ限リニ在ラス」と同じ条文内にあって、こうした任用手続きや条件は、医員や薬剤員、書記、臨時救護看護婦ら

3 日赤看護婦の従軍

を日赤外部から登用する場合のものであったらしい。同時に①帝国の国籍を有しない者②身体強健でない者③素行修らない者④家資分散または破算の宣告を受けまだ復権してない者または従前に身代限の処分を受けて弁償の義務を終えていない者⑤禁錮以上の刑に処せられた者⑥常備兵役や補充兵役に関係ある者、は任用されないことになっていたが、これも⑥などは救護員に男女それぞれがいたための条文であって、主に部外出身者向けだった。日赤看護婦は養成所入学の時点で、①～⑤のような条件はクリアされていなければならなかったからである。

fig.3　TRさんの誓約書

　「日本赤十字社救護看護婦生徒救護看護婦長候補生養成規則」が目指したのは、タイトルどおり単なる看護婦の養成ではなく、救護員たる看護婦の「生産」であった。病院さえ救護員を養成するために設置するのだと設置規定でうたっている。したがって、あくまで制度上は看護婦から救護員を任用することにはなっていたが、看護婦養成所を卒業すると全員が自動的にそのまま救護員へ任用されるのが実態だった。また、そうしなければ養成所の意味がなかったのである。

　TRさんは救護看護婦の辞令を受ける前日の3月31日、つまり卒業証書の日付でfig.3のような誓約書へ署名捺印していた。「貴社ノ主旨ヲ体認シ諸規則厳重ニ相守ルハ勿論召集ノ際ハ速ニ之ニ応シ救護ノ義務ニ従事可仕候也」と日赤社長に誓い、戦時救護規則や召集規則、懲罰規則などに従って特に召集には必ず応じると約束するものである。TRさんに出された辞令は、これを受けたものだったのだ。

　規則では任用と同時に個々が保管・携帯する救護員手帳を支給されることになっており、そのなかでも同じ様式の誓約のページがあった。写真はそれ

をスキャンしたものである。

それにしても卒業・免状取得の翌日に救護員へ任用とは、ずいぶんあわただしい印象だが、これは何もTRさんのケースが戦時中ゆえだからではなかった。もともと、そういうことになっていたのである。卒業式はたいてい3月下旬であったが、養成細則で生徒の各学年…3年生も…の学年末は3月31日となっていかたら、卒業日は3月31日となる。一方、「救護看護婦看護人初任日付一定ノ件」（大正4年3月発令）で、初めて救

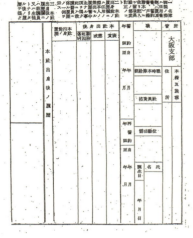

fig.4　救護員名簿の用紙

護員へ任用する日付は、卒業翌月の1日と定められていたのだ。それでこういうスケジュールになったのであり、任用するには誓約書への署名捺印が必要だったから卒業当日に書かせたのである。

また臨時救護看護婦など外部から任用される人たちとは異なり、甲乙を問わず日赤の看護婦養成所でイチから育った「純チャン」卒業生が救護員任用のための新たな教育を受けることもなかった。軍隊救護に求められる特殊な勉強や訓練をそれまでミッチリしてきたばかりなのだし、何よりこのタイトな日程では無理であろう。

卒業生に誓約書を書かせた本部または支部では、入学時に提出させた戸籍謄本とともに保管し、これらをもとにして全国統一のヒナ型による一人1枚の「救護員名簿」（fig.4は大阪支部の用紙）を作成して常備救護団体の構成員に加えたり、新たに編成する救護班の要員にしたりと区分けしてファイルへ綴じ込んだ。

こうして今やTRさんは、救護員手帳を持つ救護看護婦となり、むこう12

年間、いつ召集され戦地へ送られるかわからない身となったのである。

定員割れ続出？　日赤の救護班派遣体制

　ここまで一人の女性が従軍義務を負った日赤救護看護婦になるまでの過程をみてきた。一方の日赤側では、どんな態勢をとっていたのだろうか。

　日赤が1個師団あたりの予想患者数を算出し、それを基に常備救護班を編成していたことはすでに書いたとおりであり、各支部の編成担任は**表5**のようになっていた（本部は当初、救護人班のみを担当していた）。

　この大正〜昭和期のような番号制救護班システムができたのは日露戦争直前で、1個班が救護医員（班長）、救護書記、看護婦長、看護婦の計23人（これに救護調剤員や磨工らが入ることも）という第2次世界大戦期までのユニットの基本形が定まったのは日露戦争後であった。必要人数については、博愛社の時代から予想傷病者何人に対して看護婦は何人が必要といった計算方法が生きていて、班編成を導入した際に陸軍なら1個師団あたり10個班前後が必要と積算した。

　日露戦争前年の明治36年には、こうしたことどもを定めた「日本赤十字社戦時救護規則」が制定された。同規則はその後、日露戦争と第一次世界大戦の経験を踏まえて改正され、日中戦争までは基本的に大正11年制定の規則に基づいて、救護班の人員と資材の整備が進められたのである。

　これにより日露戦争後に増やされた陸軍常備師団（近衛師団＋18個師団）に合わせ、必要な救護班を陸軍に対しては177個（看護婦組織167個、看護人組織10個）、海軍に対しては12個、これに日赤所有の病院船2隻を加え、病院列車も編成することにした。そして、この救護班に必要な総人員＝救護員を医員496人、看護婦長460人、看護婦6930人、看護人360人などとはじいた。この177個班（後に179個班へ増えた）を整備し、必要な計8274人の救護員をそろえておくことが日赤の最重要目標となった。

表5　常備班整備分担表

支部	救護班		支部	救護班
北海道	第2　第6　第102　第7		山 形	第54　第55　第154
東 京	第1　第4　第5　第101　第164 第165		秋 田	第56　第57　第129
京 都	第3　第8　第9　第103		福 井	第58　第59　第130
大 阪	第10　第11　第104　第138 第166　第167		石 川	第60　第61　第111 第155
神奈川	第12　第13　第105　第139		富 山	第62　第63　第131 第156
兵 庫	第14　第15　第106　第140 第168　第169		鳥 取	第64　第65
長 崎	第16　第17　第107　第141		島 根	第66　第67
新 潟	第18　第19　第99　第100 第142　第143		岡 山	第68　第69　第132 第157
埼 玉	第20　第21　第117　第144		広 島	第70　第71　第112 第172　第173
群 馬	第22　第23　第118		山 口	第72　第73　第133　第158
千 葉	第24　第25　第119　第145		和歌山	第74　第75　第159
茨 城	第26　第27　第120　第146		徳 島	第76　第77　第134
栃 木	第28　第29　第121		香 川	第78　第79　第113
奈 良	第30　第31		愛 媛	第80　第81　第135　第160
三 重	第32　第33　第122　第147		高 知	第82　第83
愛 知	第34　第35　第108　第148 第170　第171		福 岡	第84　第85　第114　第161 第174　第175
静 岡	第36　第37　第123　第149		大 分	第86　第87　第136　第162
山 梨	第38　第39		佐 賀	第88　第89
滋 賀	第40　第41　第124　第150		熊 本	第90　第91　第115　第163
岐 阜	第42　第43　第125		宮 崎	第92　第93
長 野	第44　第45　第126　第151 第152		鹿児島	第94　第95　第137
宮 城	第46　第47　第109		沖 縄	第96
福 島	第48　第49　第127　第153		台 湾	第97　第98　第116
岩 手	第50　第51　第128		朝 鮮	第176　第177
青 森	第52　第53　第110		満 州	第178　第179
合 計				179個班

　しかし規則制定翌年の大正12年末に確保できていた救護員は4628人で、3638人（約44％）も不足していたことになる。平時においてこの差を埋めようにも予算や教員数、施設設備の問題から簡単にはできず、途中軍縮による師団削減にも助けられて、昭和10年末にようやく定数マイナス900人というところまでこぎつけた段階で、日中戦争が始まったのだった。日中戦争では開戦1年目から師団の新設が行われるなど陸海軍が急膨張したため、求められる看護婦派遣も増加。たちまち救護班要員は払底し、日赤はあれやこれや

の方法をひねり出すようにして救護看護婦の養成につとめることになる。

　昭和期の看護婦組織の救護班編成は戦時救護規則第8条により、班長…救護医員1、班員…救護看護婦長1と救護看護婦20人の計22人が基本と定められていた。ただ医師である医員は不足しがちであったので、そうした場合には看護婦長をもう1人増員するなどして班長に充てた。この基本形に救護薬剤員、救護書記、通訳、使丁をオプションで配属させることができたが、医者と看護婦だけの構成では班の帳簿事務や雑用をするに困るので、実態として書記はほとんど必ず配属されていた。

　同様に病院船編成は、病院船医長…医長1、乗組員…救護部部員1、救護医員5、救護薬剤員1、救護看護婦監督1、救護書記4、救護薬剤員補1、救護看護婦長2、救護看護婦50、磨工1の計67人を基本単位とした。これに役夫若干、通訳などが加わることがあった。日赤の病院船は博愛丸と弘済丸の2隻があり、船の運航に関しては別の乗組員編成があった。戦時中に陸海軍が民間船を徴用して病院船へ艤装したような病院船では陸海軍に備われたその船固有の船員が船を運航した。食事も、船の厨夫がつくってくれた。

　病院列車は常備2列車が編成準備されていたが、戦地では臨機応変に軍から指定された列車または車両を日赤が借り受けて患者輸送に任じた。こちらは医長…救護医長1、乗組員…救護部部員1、救護医員1、救護薬剤員1、救護書記1、救護薬剤員補1、救護看護婦長2、救護看護婦20の計28人が一単位で、病院船編成を小ぶりにした感じである。必要に応じ、役夫や通訳をつけたが、厨夫も配属することが出来たのは列車ならでは、であろう。

　時々でてくる「臨時第○○救護班」とは、任務や勤務場所、派遣時期に特殊性があるなどして、常備救護班の外に編成される班というのが本来の意味で、概して定員より人数が多く、複数の支部にまたがって要員を集める変則的な編成方法を採ることが多かった。「臨時」だけに短期間の派遣が前提だった。

　常備救護班は、陸軍部隊のようにどこかにまとまって駐屯しているわけではなく、ふだんの救護員たちは、それぞれ病院で勤務していたり、家庭の人

だったりした。そのため編成は、あくまで前出の「救護員名簿」を各支部が集めて分類する書類上の作業であった。そして班の定員を満たし次第、社長へ別途報告する一方、毎年8月に各救護班における救護薬剤員や書記、婦長、看護婦の充足具合を人数で示す「救護団体配属人員表」を報告することになっていた。これを基に日赤本社は毎年9月31日に、翌年4月1日から1年間の戦時救護準備報告書(充足見込みを含む)を作成し、陸軍に対するものは陸軍大臣に、海軍に対するものは海軍大臣へ提出することになっていた。救護員の充足率が低い支部では、青田刈り的に入学後1年6カ月たった看護婦生徒の名を使って救護員名簿を仮埋めすることが認められていた。

たくさんあった召集制度

「日本赤十字社救護員任用規則」によって、救護団体を構成する救護員には日赤の召集に応じなければならない義務年限があり、この期間中(在職年限という)は平時の演習や点呼の召集についても同等であった。同時に定限年齢(解任定年となる年齢)もあって、救護医員と救護薬剤員、救護書記の定年は55歳で、応召義務年限がこれに達するまでの5年間、救護看護婦が50歳になるまでの間の12年間、臨時救護看護婦が50歳までの間の5年間となっていた。在職年限は任用された月から起算し、満期はその月末日とした。

養成所卒業直後に任用された看護婦を第一次誓約者といい、常備救護班の中核構成員とされて、戦時中では新設救護班へ直行した。少壮気鋭であり、最新の看護知識や技術を修得しているとみなされたからである。ただ、最も一般的に18歳で養成所へ入学し3年過程を終えて21歳で任用された人の場合、12年の応召義務年限が終わるのは33歳であり、定限年齢の50歳までまだずいぶん間がある。実際に平時では病院勤務や外勤部勤務をもっと続けたいという人もいたし、救護看護婦長適任證を取得していて責任感から任用継続を希望する人もいて、そんな人たちには申請により50歳になるまでの間の再任用が認められていた。こうした人たちは再誓約者と呼ばれ、常備救護団

体構成員とはならず主に社会事業へ従事したが、同時に、戦争になって増設する救護班の予備人員や、現役看護婦が出征して病院で発生する欠員の補充要員にもなっていた。再度の在職年限の途中でも50歳になったら救護員を解除されるが、その時に召集中であったら満期召集解除になるまで定限年齢を自動延長された。

　50歳未満で在職年限中に解職されるのは、傷痍疾病により勤務に堪えられなくなるか、任用条件から外れた場合であった。後者はたとえば、外国人と結婚して日本国籍でなくなったとか、家郷で禁治産者になった、あるいは前科がついたといったようなケースである。いずれにしても、日赤看護婦の間では不名誉なこととされていたようである。

　さて第一次であろうと再であろうと在職年限中に受ける召集は「戦時召集」と「平時召集」の2種類があり、次のような区分になっていた。

●戦時召集

充員召集…救護団体の要員として招集するもの。

準備召集…充員召集の実施前、特に健康や身上について検査や調査、準備教育が必要とされた救護員に対して行われた。看護婦の場合、たとえば結婚して家庭に入り長く現場を離れていた人、任用後に大きな病気をした人などである。期間は10日〜1カ月以内、調査や教育が終わると充員召集に切り替えるのが前提で、救護班の編成作業に遅れが生じると、とばっちりで召集期間が延長されたり、召集をいったん解除されたりした。準備教育内容は、看護婦長適任証所持者が病室管理方法、看護婦取締方法、軍傷病者取り扱い要領の3科目、看護婦は軍傷病者取り扱い要領と手術介助の2科目だった。

臨時召集…救護団体の派遣などで日赤の病院職員に欠員が生じた際の補充要員として。当然、勤務地は日赤病院の各診療科や看護婦養成所となり、期間は3カ月以内。ただし本人の希望によって延長することもできた。

●平時召集

救護召集…災害派遣など救護事業のため必要に応じ人員を集めること。

演習召集…救護団体として訓練するため、要員を集めて戦時救護や災害救護を模擬的に行う。召集期間は7日以内。場所は主に中央や支部の日赤病院だが、陸海軍の病院で実施したり、陸軍の衛生隊演習や海軍小演習、軍や自治体による防空演習へ参加したりすることもあった。

講習召集…救護医員や救護薬剤員用で、新たに任用した後の救護勤務講習。

点呼召集…編成表どおりちゃんと救護員が集まって救護班を編成できるかどうかを3年ごとに実験・点検し、総裁の御諭旨を達した。

平時召集のうち看護婦関係で最も重視されたのが点呼召集である。所管の本部または支部が毎回10月に3日以内で①呼名②総裁殿下の御諭旨奉読③健康調査および在郷中の状況調査④日赤諸規定の新定または廃止など必要事項の伝達⑤身上異動の調査⑥外国語または他の専門学術を新たに修得した者の学歴調査、をした。

この時代、女性は結婚したら仕事を辞めて家庭へ入るのが当たり前とされていた。結婚すると戸籍が夫方へ編入されて姓も変わり、たいてい新しい住所になる。子どもも産まれる。それでも日赤救護看護婦には応召義務が残るので、こうした救護員任用後の身上変化を調査するのが看護婦の点呼召集の重要な目的だった。そのため召集対象者（召集員という）から、年度内に任用された人とともに日赤の病院の現役勤務者は除外されていた。所属している支部から遠い他の支部の管内へ引っ越した人に対しては、所管支部が、住所地か住所地最寄りの支部へ点呼召集を委託することができた。病気や妊娠中で応じられない人は、医師の診断書を提出しなければならなかった。そしてふだんから、結婚や住所変更などの身上異動については、任用規則により所属する支部へ戸籍謄本など証明書類を添付して報告することも義務づけられていた。

召集点呼は全国一斉に行われて第1回が明治44年にあり、以後、関東大震災で延期したことはあったが3年ごとに実施された。しかし亀山美知子氏の

調査では、回を追うごとに応召成績が低下している。大正15年の点呼召集では看護婦の召集員3494人のうち、応召したのは2652人、応召率75.9％で日赤としては戦時になって本当にファイルに綴じたとおり救護班を編成できるのか、心許ない状況であった。不応召者は病気420人、事故227人、その他195人で、妊娠中の者27人もいた。召集者のうち既婚者は55.5％、子どものいる人が39.6％含まれていたという。「その他」は、「居住地不明者」で召集状が届かず返送されてきたケースも多かったようである（ということは無届けで引っ越す人もいたらしい）。

　点呼が済むと、各支部は結果をもとに「応召及不応召職別人員表」「応召員職業別人員表」「応召女救護員結婚者人員表」「他支部ヘ召集委託救護員人員表」「点呼召集ヲ行ハサリシ救護員人員表」を作成して社長へ報告することになっていた。こうして各支部は把握した看護婦たちの最新の身上を「救護員名簿」に追記訂正しデータ更新させていった。現物を見た範囲では（といっても１枚だけだが）、姓や住所の変更はそれぞれ元の記入を線で消して右横へ書き入れ、結婚したことや相手の姓名、出産についてそれぞれ年月日とともに左端の「本社出身後ノ履歴」へ「昭和○年○月○○業○○○○ト婚姻、転籍」などと記入していたようである。こうして日赤は、その者が救護員である限り、全国各地へ様々な事情で散っていった看護婦たちを管理し続け戦時の動員に備えたのだった。

　さて、どの召集も、原則的に「召集状」を郵送して本人へ通知することになっていた。男性が徴兵される場合は兵役法という法律の執行であったので「召集令状」といったが、救護員の召集は、直接的には日赤の内規によるので「令」の字がいらないのが正しい（ちなみに召集令状の方は郵送を禁じられていた）。

　規定によると召集状は縦6寸（約182㍉）、横7寸5分（約227㍉）の亜硫酸パルプ原料紙（いわゆる模造紙）で、戦時召集状は淡紅色と決まっており看護婦の間でも「赤紙」と呼ばれていた。平時召集状は白色だった。

　いずれもオモテ面の「○○召集状」と表題のある四角囲みの部分がメイン

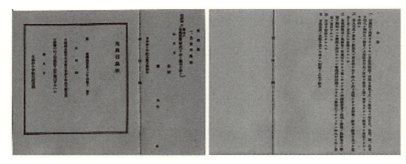

fig.5　戦時の充員召集状（大阪支部の未使用）

である。常備救護班はもちろん、戦時の新編増設班でも救護員名簿を使って編成してから召集をかけるので、充員召集の書き出しは、たとえば「第123救護班要員トシテ召集ス」と具体的な班番号入りで「ここの構成員となったから来い」と命じる内容となる。これ以外の召集状はすべて「点呼ノ為召集ス」など「〜のため」という書き方をすることになっていた。以下は同じ文面で出頭日時、支部か本部の出頭場所を指定して「此ノ召集状ヲ以テ届出ラルヘシ」と結ばれる。fig.5は大阪支部の未記入の用紙だが、要件を満たしていれば、支部によって細かい文言や書式が多少違っても良かったようである。

　召集は、日赤が派出した特使または郵便で召集状を送付するか、電報で知らせることになっており、本人または家族、同居者が受け取るようにした。召集状のオモテ面の右寄り（裏面から見ると左より）の縦に切り取り線とミシン目穴があるのが特徴といえよう。これは右側が受領證になっていて、応召できるか、疾病傷痍や事故によりできないかを塗りつぶし式で表明し、救護看護婦など職名と住所氏名を記入して捺印、ミシン目をぴりぴりやぶいて切り離し、出頭するより先に支部や本部へ返付することになっていたからである。係員から手交された場合はその場で渡し、郵便で来た場合には郵便で送り返した。時間がなければ電報を使うことも認められていた。郵便で返信

用封筒も同封されてくるケースもあったが、これはそうすべしと手続き細則などで決まっていたわけではないようだ。不応の場合は、医師の診断書など公的に証明出来る書類を後日送ることになっていた。

受領證の返付を求めなければならなかったのは、救護員召集は徴兵と違って不応忌避に刑罰がないため、事情によっては応じられないことが認められていたり、勝手に応じない人もいたりした事情があった。軍から日赤への要請は「何日までに救護班何個、看護婦計何人をどこそこへ送られたし」などと期日や人数も指定してくるので、きちんと定員がそろうのか速やかに把握する必要もある。もちろん、役場兵事課の係員が本人か同居する一親等の家族へ直接手渡さなくてはならない召集令状と違って郵送が主だったため、ちゃんと届いたかどうかを確認する意味もあったであろう。

卒業、救護員任用から2週間ほどで応召したTRさんがいつ、どこで充員召集状を受け取ったか、残された書類からはわからない。平時召集は期日の20日前以前に召集状を発送することになっていたが、戦時召集、特に充員召集は軍の要請から派遣指定日までの期間が概して短かったため、出頭期日の数日前というのが多かった。

かくて新設救護班の要員として召集状を受けたTRさんは、指定された昭和18年4月13日、京城（現ソウル）にあった朝鮮本部へ出頭したのであった。

招集から派遣までの手続き①　赤十字肘章と認識證明書の下付

次に、軍からの要請で日赤が救護班を派遣するまでの、軍と日赤のやりとりにスポットライトをあててみる。

まず説明しておかなければならないのは、赤十字肘章と認識証明書についてだ。日本も批准していた国際赤十字条約（ジュネーブ条約、戦地軍隊における傷者および病者の状態改善に関する条約とも）に基づき、軍隊救護に従事しており各交戦国の保護の適用を受ける者であることを国際的に証明するもので、看護婦たちにとって最も大切な所持品であり、いずれも派遣手続き

の過程で日赤支部が陸海軍へ人数分を申請し、軍から下付されることになっていた。

この話の前提として、国際赤十字条約について関係部分を説明しておく必要があるだろう。赤十字の標章は、すなわち同条約を目に見えるかたちにしたものであって密接に関係しているからだ。

条約は敵味方を問わない傷者病者の保護、この救護に当たる者の尊重、赤十字標章の乱用の禁止、捕虜の処遇と交換などが趣旨で、この章の関係部分の大意をいえば、赤十字活動に従事する者への攻撃など敵対行為を禁止し、捕虜として拘束することも禁じていた。そして条約でこのように保護されるべき対象者は、第20条で「所管の陸軍官憲から交付され、かつその印章が捺してある白地赤十字の肘章（腕章）を左腕に装着していること」がまず条件とされた。ここで重要なのは、戦場で国際的に尊重、保護されるのは単に赤十字の標章をつけている人ではなくて、その国の軍隊が「この人はわが国の本物の赤十字要員であります」と証明した赤十字標章をつけていなければならないとしている点である。赤十字標章の尊重は、交戦する各国の信頼関係がなければ成り立たない。そのため仮に善意であってもニセ者の勝手な活動、あるいは標章を悪用して軍事行動することを厳しく禁じる必要があったのだ。

わが国の標章は、国際赤十字条約を批准した3年後の明治22年、「衛生部員及衛生ノ事務ニ服スル各兵各部諸員並担架卒徽章」という長ったらしい名前で制定された。長さ1尺5寸（約455ミリ）、幅2寸2分（約6.6ミリ）で、赤十字は太さ7分（約2.1ミリ）で2寸（約6ミリ）四方のをつけた。地質の白色の部分は将校および軍医ら相当官が白絨（白色の毛織り、ラシャ）、下士兵卒用が白色厚綿で、赤十字はともに緋絨製であった。

fig.6「赤十字腕章」は制定時の図だが、ハトメ穴が設けてあって平織り紐がつく。特徴的なのは赤十字の真裏あたりに可動式のクリップがついていて、軍服の袖につけた糸かがりに通して留めることになっていたところだろう。

3 日赤看護婦の従軍

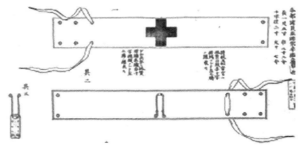

fig.6 明治22年制定の赤十字腕章

戦時陸軍赤十字肘章

この腕章は1908（明治41）年9月、「戦時陸軍赤十字肘章」と名を変え、縦4寸（約12.1㌢）横6寸（約18.2㌢）となり、クリップが廃止された。改正の「御達案」によれば「脱離シ易キ弊アルニ依リ」というのが理由で、縫いつけ式にした方が良いとなった、とある。

赤十字も「識別ヲ明瞭ナラシム為メ」、幅5分（約1.5㌢）で、縦棒が3寸（約9㌢）、横棒が4寸（約12㌢）と、痩せて細長くなった。明治22年型の形の方がバランス的に赤十字らしいが、これだと遠目に日の丸と見間違われて標章の効力を発揮しえなかったため変更する必要があった。将校及相当官用は表の地質が白絨、下士卒兵用は白色雲斉2枚の縫い合わせだった。上の写真はTRさんが派遣先で使っていたもので（緋絨の一部を虫が喰っている）、上辺と下辺に三カ所ずつ、服に縫い付けていた白い綿糸の切れ端が残る。

右上には、条約に従って陸軍省の角印が捺されている。これは場合によっては師団司令部の印でも良いことになっていた。絨用には「飽和過満俺酸カリ液」と苛性ナトロン液を、木綿用は硝酸銀水を混ぜた不滅インクを用い、

ゴム印で捺すこととされていた。この肘章は、当初は日赤側がつくっていたが、昭和15年からは陸軍被服廠で調製したのを日赤が原価購入することになった。救護員への貸与定数は資料により数字が異なるのだが、制服だけでなく外套や雨マントにもつけたからか1人に1～3枚で、TRさんは、写真のように2枚を持ち帰っている。

海軍については「ジュネーブ条約の原則を海戦に応用する条約」が適用されるが、軍艦同士の戦闘が前提になっているためか海軍省の角印が入った独自の赤十字肘章徽章の制度は見つけることができなかった。

ところで軍医や衛生兵とは異なり看護婦ら日赤救護員は、この腕章を着けるだけでは、実は第20条を満たしたことにはならなかった。腕章着用を義務づける条文の後に、「陸軍の衛生勤務に従事する人員で軍服を着ていない者には認識証明書を合わせて携帯させること」と続いているからである。

ハーグ陸戦条約は1899年、オランダ・ハーグで開かれた第1回万国平和会議で採択された、陸上戦闘の国際的基本ルールだが（1907年に改定があった）、その第1款第1章の「交戦者の資格」の第1条第2項に「遠方から識別可能な固着の徽章を着用していること」というのがある。国際的に交戦者と認定されるかどうかというのは、各国が有するべき軍隊専用の法律「軍法」とあいまって、その者の行う攻撃が戦闘行動なのか、単なる破壊殺人行為なのかを法的に分けるひじょうに重要な意味合いを持つ（そもそも戦争はすべて破壊殺人行為であるが…）。第2項のいう「固着の徽章」とは、所属する軍の標識で容易に脱着できないもののことをいい、「階級章など正規固有の徽章を付したその国公式の軍服を着用していること」と解されている。

つまりハーグ条約で義務づけられた軍服を着ている軍医や衛生兵は、ジュネーブ条約の赤十字腕章をつけることで軍隊救護の従事者とみなされる、という仕組みである。これに対し日赤の看護婦たちは、看護婦にも軍服を着せていた米英軍やソ連軍と異なり、日赤の制服と白い看護衣で通したので認識証明書の携帯が必要だったわけだ。

そこで日本では陸海軍とも、それぞれ従軍させた救護員に認識証明書を発

行して持たせていた。最初に導入されたのは、1904（明治37）年1月30日、日本海軍の駆逐艦が旅順港にいたロシア艦隊へ攻撃をしかける9日前で、日本政府が日露開戦をすでに決意していた時期である。この時の名は、趣旨に忠実に「赤十字肘章交付證書」といった。5寸（約15㌢）×

fig.7　ＴＲさんの認識証明書

6寸5分（約20㌢）の鳥子紙に4寸（約12㌢）×5寸（約15㌢）の四角い輪郭を描き、その中に「右の者ニ対シ第○○○号白地赤十字ノ肘章ヲ交付ス　明治何年何月何日」と書かれ、陸軍省または海軍省という大きな文字と角印が入った。その後に小さく「本証書ハ本人常ニ携帯スヘシ紛失等ノ場合ニハ速ニ順序ヲ経テ届出ヘシ」と注意書きがあった。

　欧州で第一次世界大戦が始まった翌月の大正3年8月には、昭和20年まで使われたスタイルへ変更された。これも陸海軍共通で、約12×17㌢の鳥子紙に約10×14㌢の二重四角囲みを設けて、「右者戦地軍隊ニ於ケル傷者及病者ノ状態改善ニ関スル条約ニ依リ専ラ軍隊衛生勤務ニ従事スル者タルコトヲ認識証明ス」とジュネーブ条約の別名と条文の趣旨を明確にした。そして発行年月日の後、陸軍省または海軍省と大きく書かれ、角印が入った。なお同じ救護員でも、本社や支部勤務の救護本部員や内地の陸海軍病院へ派遣される救護班員には必要がないから交付されなかった。

　fig.7はＴＲさんが朝鮮本部へ応召し救護班へ編入された昭和18年4月13日付で陸軍から発行された認識証明書で、右上に発行番号が付してある。発行元の陸軍省や海軍省では、下付した者の氏名などとともに証明書の番号を控えた名簿「救護班編成名簿」を日赤に提出させ、「第何番は誰」とわかるように管理していた。その人が召集解除となったり、亡くなったりしても同じ番

号が再び使われることはなかったから、発行番号はまさに彼女たちの認識番号でもあった。そして召集が解除されると日赤は、班を出していた本部や支部単位で赤十字肘章とともに班員全員から認識証明書を回収し、編成名簿にあるとおりの番号と枚数をそろえて陸軍省なり海軍省へ返納しなければならなかった。国際条約がそのまま形になったモノだっただけに、さすがに取り扱いが厳重である。TRさんが戦後も所持していたのは、復員したのが昭和21年3月27日で、そのときには朝鮮本部病院のあるソウルまでもどれず、召集解除手続きができなかったためであろう。

　軍人も部隊番号や個人番号を打刻した金属製の認識票を支給され身につけていたが、これは不幸にして死体となってしまった時の身元確認用であった。看護婦の認識証明書は、国際条約上の地位を証明するもので根本的に意味が異なる。看護婦ら救護員には爆死したり射殺されたりする前提がなかったから、いざというときには国から認定された正規の赤十字社救護員であることを明らかにすることの方が重要であったのだ。それにしても同盟国や中立国、とりわけ交戦中の敵国人に向かって表示するための物だというのに、日本語でしか書かれていなくて大丈夫だったのだろうか…。

　そういえば日赤では、着用する意味に反して（？）最も敵国人と接する機会が多く腕章を目立たせなくてはならないはずの看護衣（白衣）や作業衣に赤十字肘章をつけなかった。制服や外套など儀式外出着にだけ装着したのである。制服には政府認定の赤十字救護員であることを表す金属製小判型の救護員徽章が「欧米の例に倣い」明治43年に制定され、右胸へ着用することになっていた（救護員徽章の詳細は、服制の章を参照されたい）。そっくりな趣旨の徽章をひとつの服に二種類つけたのである。フランスやドイツの赤十字看護婦の資料を見ると、白衣に、救護員徽章に似た金属製のバッジをつけ、腕章もしている。つまり本来、救護員徽章も赤十字腕章も救護活動をする白衣用のはずの物であった。日本はなぜこういうイレギュラーな使い方をしていたのか、もし当時の本社服制担当者にお目にかかれたら、ぜひ聞いてみたいところだ。

94

召集から派遣までの手続き②　それは一本の電報で始まる

　救護班の派遣は陸海軍大臣が日赤社長へ命じ、日赤社長がその名で班を編成し、派遣した。

　そもそも派遣要請は、現地部隊から「負傷者が多いので救護班を求む」とか、「師団で兵站病院を開設するので看護婦何人を送られたい」といった電報が陸軍大臣あてに送られて始まる。これを受けた陸軍省では、陸軍の船舶や鉄道を管理運行する陸軍運輸部などと調整して船便を確保しつつ、日赤社長へ「何日までに看護婦長何人、看護婦何人からなる救護班何個を派遣されたい」と要請するのである。日赤側では、社長が班の編成を命じ、さらに社長名で人数分の認識証明書と赤十字肘章の申請を陸軍大臣へ行う。常備班ならその編成に従って、新編増設班なら救護員名簿を使って新たに班を編成し、充員召集をかける。社長命令を受けたのが支部であれば、行き違いを避けるため命令受領電報を発することになっていた。編成作業は本部なら社長が、支部なら支部長が陣頭指揮をとった。

　実際に召集員が参集し、健康状態などを点検して、赤十字肘章や認識証明書を手渡すなどして応召手続きを終え、さらに編成完結すると本部や支部は、救護員の氏名、職名、所属所管、任用年月、認識証明書番号、本俸額を記載した編成名簿2通を作成し、1通は社長へ送り、もう1通は班長など救護団体の長へ所持させた。団体長はさらに現地で、抜粋事項の写しを派遣配属先の部隊へ提出した。加えて救護員名簿とヒナ型は異なるが、氏名職名、生年月日や住所本籍地、経歴など記入内用がよく似た、やはり1人1枚式の救護員戦時名簿も3通つくり、1通は社長へ、1通は救護団体の長へ、残る1通は派遣元の本部や支部で保管した。これは軍が兵士個々に作成していた兵籍簿に相当するものであろう。社長へ送られた編成名簿はさらに抜粋写しがつくられて救護員戦時名簿とともに陸軍の班なら陸軍大臣へ、海軍なら海軍大臣へ提出された。ただ認識証明書の発行下付は出発までに間に合わないことが

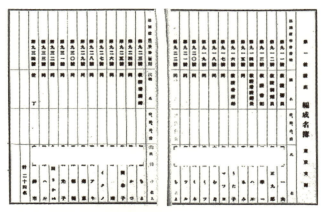

fig.8 第1救護班の編成名簿（昭和12年）

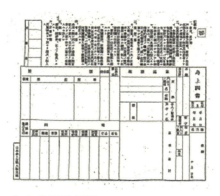

fig.9 身上調書の用紙

多かったため、あらかじめ陸軍省から現地の配属先部隊へ用紙を送っておき、現地で班番号と氏名を記入して下付するケースもあった。また救護員戦時名簿は、応召してきた救護員それぞれに自分で書かせていたようである。

　fig.8は日中戦争で東京支部が作成した第1救護班の編成名簿で、昭和12年9月17日付で時の日赤社長・徳川家達公爵から杉山元・陸軍大臣へ提出され

たもの。抜粋の写しなので救護員の任用年月などが省略されている。救護医
員を班長とし、救護薬剤員、救護書記が1人ずつ、救護看護婦長2人、救護看
護婦19人のほぼ基本形の編成である。この班は同年8月26日付の陸支密第
487号で派遣を要請され8月30日に編成完結、病院船へ配属されて昭和14年
4月28日に支部へ帰還し、解散している。

　昭和15年4月からは、配属先の部隊長にあてて班員一人ひとりの「身上調
査書」も提出することになった。これは軍人の兵籍簿よりも内容が細かく、
その用紙がfig.9である（大阪支部用）。

　家族構成だけでなく、家業や経済状態、宗教、本人と家族に遺伝的または
精神的な疾患はなかったか、本人の性格、品行、体格、趣味嗜好、長所短所、
適職、将来見込などという記入欄まである。ここまでくるとプライバシーの
侵害とさえいえそうだが、軍は看護婦の何を恐れていたのだろうか。

　こうした書類のやりとりについては派遣の時だけでなく、召集満期などで
班が帰国する際、要員交代、1人や2人の欠員補充でも陸軍大臣または海軍大
臣の形式的認可が必要で、そのための所用の手続きや電報のやりとりが行わ
れた。また、たとえばシンガポールの部隊からの要請で当初はシンガポール
へ派遣された後も、その地が平定され患者数が減ったなどとして、さらにビル
マへ、インドネシアへと戦線の拡大に合わせるかのように転属、再転属さ
せられていった班もあった。こうした場合にもいちいち、これまで述べたよ
うな書類や名簿の再提出や書き変え、所属部隊から帰国受け入れ機関や転属
先部隊への書類異動と移動をともなった。元所属部隊、班受領部隊双方がそ
の旨を陸軍大臣へ電報で報告した。なお日赤と陸軍との間では、派遣期間は
最長2年間、状況により延長することを得、といった取り決めがあったよう
で、少なくとも救護班員たちの間では「2年満期で召集解除」が共通認識で
あった。

　では派遣をめぐる具体的なやりとりは、どんなふうだったのか。現地部隊
の要請から救護班の派遣、解散後の始末まで書類が比較的そろっている第1

次上海事変時の臨時第13班を例に描いてみる。なおオリジナルの文面を読み
やすいように現代語訳してある。

　陸軍の上海派遣軍参謀長から、「上軍72」という電報が陸軍省次官あてに
発せられたのは上海事変の戦闘が終結した後の昭和7年3月10日の午後6時
30分であった。「重傷病者看護のため、赤十字社救護看護婦30人、婦長3人
およびその統制に必要な人員の派遣を希望する」との内容で、陸軍省側では
午後9時25分に受け取った。

　上海派遣軍参謀長からの要請電報を受けた陸軍省では、すみやかに陸軍運
輸部など関係機関と調整したのであろう、12日には陸満普598号で、荒木貞
夫陸軍大臣から徳川日赤社長へ派遣要請が行われ、15日には陸軍省医務局長
が医第39号で次のような指示を発した。
「指示事項
①　今回編成するべき救護班は臨時第13の名称を冠する
②　救護班の編成は次の通りである。
　　救護医員2人、同調剤員1人、同書記1人、同看護婦長3人、看護婦30人、
　　使丁1人の計39人
　　なお、この編成にあたり、衛戍病院（後の陸軍病院…筆者注）で看護婦
　　長または看護婦として現在働いている救護看護婦長や救護看護婦者を充
　　ててはいけない。
③　衛生材料は携行しなくてよい
④　救護班は本月18日に宇品を出港する予定の患者輸送船三笠丸へ便乗で
　　きるよう出発し、上海到着後はただちに上海派遣軍司令部へ出頭、届け
　　出をすること。三笠丸の便乗に関しては当局から陸軍運輸部へ連携して
　　おく
⑤　救護班の移動について、宇品へ到着するまでは日赤側が行うこと
⑥　給与は、俸給や給料、増額を除き、配属部隊職員の営外居住者に準じて

取り扱うこととする

⑦　編成が完了したら、編成表2通を陸軍大臣へ提出すること。支部で偏した場合は、そこの支部長があらかじめ編成の人員ならびに日時、出発日時などを支部がある所在地を管轄する軍医部長に通報すること」

この指示内容も班の名称や日時が異なるだけで、太平洋戦争終結までほとんど同じ内容が繰り返された。

ところで本来なら乗船する救護班員たちは認識証明書の交付を受けて持参していなければならないのだが、派遣までの帰還が短く編成作業に証明書の交付が間に合わないと考えたのか、陸軍省は日赤へ指示事項を発した12日、陸満普595号、陸軍省副官名で上海派遣軍参謀長へ「今回、貴軍へ配属することになった救護班員に持たせるべき認識証明書39枚を送るので、そちらで氏名を記入して交付されたい。帰還の際は直接、陸軍省へ返納されたく通牒する」と伝え、同時に日赤副社長へも「今回、上海派遣軍へ派遣する貴社救護班員に持たせるべき認識証明書は上海派遣軍司令部から交付されるのでご承知おき願いたい」とした。

困ったのは日赤側である。陸軍大臣へ提出する救護班編成名簿には、一人ひとりの認識証明書番号を記入しなければならないからだ。そこで日赤は14日、徳川社長が「救第445号」で荒木大臣へ報告書を送って、こう解決した。「陸満普第598号により、大阪支部において臨時第13救護班を編成してから18日に宇品で乗船し上海へ派遣できるようになったので報告します。救護班名簿は後日、報告できるようにします」

こうして17日に大阪支部で臨時第13班が、大阪だけでなく富山、福井、高知、福岡、愛媛、岐阜、愛知、石川、滋賀、香川、徳島の支部から要員を集めて編成された。そして無事18日に宇品を出港、24日に上海派遣具司令部へ到着した臨時第13班は同日、上海兵站病院へ配属となったのである。

後日といっていた救護班名簿が日赤から陸軍大臣にあてて提出されたのは、25日だった。そして上海派遣軍司令部は、本来なら日赤が作成するべき

だった認識証明書番号入り救護班編成名簿を改めて作り、26日に陸軍省副官へ送ったのだった。

　臨時第13班は上海で、3カ月足らずの間に患者実数645人を看護して帰還、6月3日に大阪支部で召集解除をうけ解散した。

　翌年11月30日になって、次のような報告書が日赤から陸軍省御中で届いた。「交付を受け満州および上海へ派遣された救護班員に持たせていた認識証明書は、左記の通り取りまとめて返納しました。

臨時第1救護班24通、同第11班41通、同第13班39通

同第19班24通、同第20班24通

　なお、臨時第2と第3の分は関東軍軍医部へ、臨時第7の分は陸軍運輸部へ、それぞれ当該の班から直接に返納済みになっています。」

　ぜんぶ取りまとめるのに時間がかかったのだろうか、それにしても解散から1年5カ月もたっているとは。とにかく、これにて派遣事務は終わるのである。

召集から派遣までの手続き③　看護婦が目的地へ着くまで

　こうした軍と日赤の救護班派遣をめぐるやりとりの一方、当の看護婦たちはどうしていたのか。TRさんの書類を軸に、証言をもとに演出しつつ、記録や様々な手記などからつまみ食いもして様子を構成してみよう。

　看護婦養成所を卒業すると、そのまま所属する支部の病院（看護婦たちは母院と呼んだ）で働くか、日赤以外の病院へ就職するのが例であったが、戦時中、すぐに召集されることになっている人は休暇を与えられ帰郷していることが多かった。支部も本部も所在府県内の居住者を生徒に採用するのが原則だったから、卒業後も未婚のうちは召集すればその日のうちにも集めることが出来ると考えられていたからであろう。これは晴れて寮を出た彼女たちに派遣までの間、家族と過ごす時間を与えるという意味もあったらしい。

TRさんも、京城赤十字病院看護婦養成所を卒業し4月1日に救護看護婦の辞令を受けると、青森県にあった実家へ帰っていた可能性がある。しかしソウルからでは当時、帰郷するにも応召するにも2～3日かかる。こうした点で生徒養成配属区分表による「振り分け組」は不利であった。

召集状はある日、突然来る。たいていは出頭期日まで2～3日。不応者の補欠で急きょ呼び出された人だったのだろう、なかには自宅で午前11時に召集状を受領して文面をみたら、出頭期日が当日の午後1時だったという人もいた。

いくら「心の準備はできています！」といっても、時間がない。多くの人があわただしく神社を詣でて武運長久や無事帰国の願を掛け、お守りを受け取り、近所や親戚を回ってあいさつする。身支度をして汽車に飛び乗る、という状況であった。子どもを実家へ預けるなどの処置をしなければならなかった既婚者はもっと大変で、乳飲み子のおむつを確保するのに奔走した人もいた。病院で働いていた人は、大急ぎで仕事の引き継ぎも済ませなければならない。いよいよ家を出るときには、急を聞いて集まった近所の人たちが万歳を連呼して送り出してくれることもあった。支部までの旅費は到着後、旅費規則に従って支給されることになっていた。

集合時間は、たいてい午前9時～午後1時くらいで指定されていたようで、間に合わない人は近隣に前日泊した。応召して来る人たちは日赤病院勤務の現役看護婦も含め、カーディガンにブラウス、スカートといった私服であった。いずれも制服は養成所卒業の時に返納していて、持っていないからである。

支部では応召手続き用の窓口が設けられていて、出頭者はまず召集状を差し出して本人確認を受け、名簿と照合される。それから医師による身体検査。戦地勤務に堪えられる健康状態かどうかが重点的にチェックされ、現状不適格とされると召集状に「即日帰郷」のハンコを捺されて帰宅させられた。検査では特に既婚者に対する「妊娠ノ有無」も確認することになっていたが、実際は問診であった。しかし妊娠2カ月目くらいでは本人も自覚しておらず、

派遣先の部隊へ配属されてから妊娠が発覚したというケースもまれにだがあった。

身体検査をパスすると応召者は正式に救護班へ編入される。そして次には貸与品（制服と制帽、夏衣と夏帽、外套、雨覆、看護衣と作業衣、編上靴、徽章類、水筒や衣服行李など装具類、裁縫道具の入った燕口袋など）と給与品（看護帽と夏冬の下着類、襟布と袖布、靴下、手套、上靴など）を支給された。彼女たちはこれらを一緒にして「官物」と呼んだ。

fig.10　被服、装具の受領證

受領者は、各物品名と個数が書かれたＢ４サイズくらいの受領證に「右受領候也」と署名、捺印する。fig.10はTRさんの受領證で、貸与品と給与品がまとめて書かれており、日付は応召日の４月13日。一覧には赤十字肘章と認識証明書も含まれている。この紙は帰国後の召集解除手続きの際、貸与品の返納證と交換するので、派遣から持って帰って来なければならない大切な書類であった（この紙が残っているということは、TRさんは返納手続きをしていないことになる。理由は後述）。

とりあえず制服姿になると、まずは編成式を行う。救護班を「編成完結」する最重要の行事で、どこの班でも応召日に行うことになっていた。TRさんたちも応召当日（４月13日）の午前９時半から編成式を挙行、お偉いさんたちの訓示が長かったのか同10時50分に編成を完結した。それまで救護員名簿を分別して綴じた書類上の存在であった救護班が、実体となった瞬間である。これにより書記１人と救護看護婦長２人、TRさんら甲種救護看護婦12人、乙種救護看護婦４人、臨時救護看護婦４人、使丁１人の計24人からなる第420班が編成されたのであった。日赤の記録で「編成日」とあるのはこの日のことで、諸手当など様々な制度の起算日となった。

応召し出征準備をする看護婦たち。奥ではマントや制服に戦時陸軍赤十字肘章を縫い付け合い、手前左では外套を筒形に丸めている。右手前は荷詰めを終えた衣服行李乙の紐を締めている婦長

　さて、これが済むと荷造りである。まずは新品の貸与品と給与品にすべて自分の姓名を記入する。これを「注記」という。貸与品が返納歴のある中古品であれば、前に使っていた人の注記を消して書き直す。制服（夏衣）や外套には、貸与されたばかりの赤十字肘章を縫い付ける。

　身につけていくのは特に酷暑期でなければ紺色の制服と制帽、下着類1組、黒色の靴下と編上靴、水筒と飯盒、雑嚢、胴締だった。それ以外の貸与品と給与品は、スーツケース型の衣服行李乙へ詰め込む。外套と雨覆（雨マント）は重ねて2人がかりで力いっぱい筒状に丸め、馬蹄形に折り曲げて先端部同士を紐でくくる。これは行李に入れず、左肩から右腰へ斜めに掛けて携行することになっていたからだ。ただ、内地の陸海軍病院へ派遣される人たちには、物品節約のため「必要ないだろう」と水筒や飯盒、胴締は貸与されなかった。

　被服装具類の支給の後には、派遣途上や派遣準備に関する注意事項が伝達された。細かいところは支部ごとに「やり方」があって、前後する部分もあるようだが、だいたいこのへんまで済むと自由時間が与えられ、制服姿になっての外出や（時間内に往復できるなら）一時帰宅が許された。支部の正門前で家族と合流して別れの食事へ行く人もいたし、写真館で家族写真を撮る人もいた。自宅が遠い人は後で家族へ送るため一人で「出征記念写真」を撮

りに行った。支給される物品にはない、たとえば休日に着る私服、タオルや石鹸などの洗面入浴具、生理用品（T字帯や脱脂綿）、予備の下着類などは応召時に自弁で用意して持ってこなければならなかったが、足らなければこの時に買い足した。応召時に着てきた服を現地で着る分として衣服行李へ詰める人もいた。もともと衣服行李乙は貸与品と給与品を収納するもので、余裕があれば私物も入れることが認められていた。しかし衣服行李乙と雑嚢へ入りきれない私物は原則的に持って行ってはいけないことになっていたので、各自は衣服行李乙も雑嚢も、限界までぱんぱんに膨らませることになった。

　やることはまだある。救護団体が装備する救護材料は「衛生材料」と「普通材料」とがあり、前者は医療器械、薬物、滋養品、消耗品、患者被服、寝具および患者運搬具などで、後者は事務用品、救護員貸与品、救護員給与品、天幕、食器厨具および雑品などをいう。衛生材料は軍需医療品としてすでに現地へ運ばれているのを使うことが多かったが、普通材料は派遣される班が自分たちの使う分を持って行った。貸与品や給与品は個々に支給済みであるから、残る物品を赤十字のついた木製あるいはジュラルミン製の箱「医療扱（きゅう）」へ自分たちで収納するか、支部職員の収納作業に立

別れのお神酒をいただく救護班（前列の制服姿）

後輩や同僚たちから最後の激励を受ける

駅のホームの見送り

ち会い点検するのである。

　もうその日のうちに出発などという班もあったが、たいていは翌朝発であった。出発前には支部の壮行式が必ず挙行された。支部病院の玄関前や屋上であることが多かった式会場へ、後輩の養成所生徒たち、同僚、上司らが集まる。水筒や雑嚢まで身につけたフル装備のかっこうで班員たちは横隊整列し、支部長の訓示を受ける。班長が声を張り上げて答礼のあいさつ。白布をかけた長テーブルの前で、別れのお神酒が白杯へ注がれ一気に飲み干す。礼式に従って一斉におじぎする彼女たちに、日の丸や赤十字旗が振られ、万歳が巻き起こった。

　式が終わると支部幹部らと記念撮影。終わるや駆け寄ってきた後輩や同僚たちから最後の激励を受ける。「武運長久」などと寄せ書きした日の丸を受け取るのもこうした時だった。

　TRさんも郷土の人たちと支部から1枚ずつを受け取っている。「米英撃滅」「七生報国」などのほかに、「博愛」「救神」「祈健康」「おたいせつに」という記入もあった。

　やがて班は、近ければ隊伍を組み歩いて、遠ければトラックの荷台へ乗り込んで駅へ向かう。プラットホームには家族や親族、友人、国防婦人会の人たち、動員された駅前商店街の人らが見送りのために大勢詰めかけている。客車の窓から身を乗り出した班員たちに、人々が「頑張ってね」「しっかりね」といった声をかけ、日の丸が波のように揺れた。汽車が動き出すと「万歳」が何度も繰り返された。まさに兵士の出征と同じ光景である。看護婦た

ちも一種の興奮状態で、この時に涙を見せる班員はほとんどいなかったが、汽車が速度を上げ車内がシュンと静かになると、それまでこらえていた涙がとめどなくあふれてきたという。不安や心細さも襲いかかってきて、みなうつむいて会話する人もほとんどいなかったというのがパターンだったらしい。

　しかし彼女たちは、そのまま戦地へ直行するのではなかった。まず広島支部へ行くのである。実は、支部からは要員を広島など出港地へ送り出しただけだったのだ。TRさんが京城赤十字病院を出発したのは応召2日後の4月15日だったが、彼女の班も広島へ向かい17日に到着した。TRさんたちの行き先は華北だったのだから、仁川から渤海を横切って天津あたりへ上陸した方が早くて安いに決まっているのに、なぜわざわざ……。

　理由は、乗り込みを指定された軍用船の出港地が、陸軍なら陸軍が使う鉄道と船舶を統括する陸軍運輸部（昭和15年から戦時業務を分離させ、部長と司令官兼務で編成された船舶輸送司令部が担った）の本部または司令部がある広島、その支部がある福岡県の門司や山口県の下関などと決まっていたからである。船賃を乗船後から軍が負担する取り決めがある一方、乗船までの鉄道運賃など旅費や食費など途上にかかる費用と問題対処の責任は、日赤側が負うとされていた。　救護班の滞在先は、広島であれば広島陸軍病院赤十字病院（広島支部病院。昭和14年から陸軍指定病院となり改称されていた）など港が所在する支部または陸軍病院であった。

　救護班の派遣は、各部隊病院からの要望を軍司令部が取りまとめ軍司令官や軍参謀長名で陸軍省へ要請された。そのため戦線が拡大し戦争が激しくなると、日赤に対しては1回に何個班もの要求が当たり前になった。広島や門司へ一度に集められる救護班は、たいてい10個班前後、多いときで50個にもなったが、このやり方は多数の班をまとめて1隻の船へ乗せるのに便利でもあった。ただ戦況によっては船の入港が遅れることもあり、せっかく意気も高く広島へ乗り込んだのに、1カ月も滞在させられることもあったそうだ。

　そういうことで日赤広島支部は、陸軍管理下の船舶のほとんどが市内宇品

港に出入港していた事情で、支部病院運営や救護員養成といった通常の支部業務の他にいまひとつ、海外派遣で出発したり帰ってきたりする救護班のアテンドという重要な役割も持っていた。集合させられるこの間、日赤側も集まった班の服装と装具類を点検して不足があれば支部で補充させたし、コレラやデング熱などの予防接種もまとめて受けさせていた。これも船便の都合などで短縮され、2日ほどの間に注射針の連射を身に受けなければならないこともあった。

　広島で宿泊するのは支部から指定された市内の旅館だったが、支部との間は2列縦隊の隊伍を組んで移動した。隊伍ということは、道草はもちろん私語も禁止である。外出や面会は原則的に禁じられ、封書や電報、電話による通信も禁止という隔離状態であった。これは軍隊の移動が機密事項になっていたのと関連しており、看護婦が動員されたとスパイに知られると「大規模な作戦発動が近いのでは」と勘ぐられたり、その看護婦の人数がわかってしまうと動く部隊の規模を類推されたりしかねないからだとされた。

　TRさんは、おそらく応召初日か翌日、派遣途上における注意事項の伝達を受け「派遣救護員ニ対スル注意事項」という印刷物を渡されている。救護班の行動は軍事機密であるから注意が必要で、街なか、電車内、旅館内のおしゃべりには特に注意し、誰が聞いているかわからないのだから出発日時や行き先などはいかなる理由があろうとも口外してはならない——と諭す内容だ。

　先述のように封書や電報、電話による通信は禁止で、はがきによる簡単な通信は認められていたが、行動に関する記載は許されなかった。たとえば「マーライオン（当時はなかったが）を見物するのが楽しみ」なんて内容は絶対に不可だったのである。はがきを出すときは、班の婦長または書記が閲覧して広島支部へ差し出すことになっており、支部は「検閲済」の印を捺して発送した。滞在している旅館名を書いたり、自分で直接に投函したりするのは厳禁だった。各自の住所は「広島市猿楽町　日本赤十字社広島支部気付　第〇〇救護班　何某」と書くようにも指導されていた。

「注意事項」は私物関係の注意事項にも紙幅がさかれていて、衣服行李乙と雑嚢へ入りきれない私物は持っていくことが許されず、トランクや柳行李、ボストンバッグを持っている場合はすべて返送させられる、とある。ハンドバッグもだめ。また事務行李や衣服行李乙は船倉内へ積み込まれるから途中で開梱はできないと心得ること、そのため外套と飯盒、水筒、雑嚢は必ず着装して船へ乗り込み、特に飯盒と水筒はすぐに使用できる状態にしておくようにと求めていた。

　塵紙や石鹸、脱脂綿（生理用品である）は、移送中は購入できないので準備しておき、船内用にスリッパまたは草履を持って行くと便利だとも説明されている。海難応急用として「麻綱1本、小刀（紐付）ヲ準備スルコト」というくだりもあるのが目を引く。こうした航海中の船内で必要な生活用品、菓子や果物、雑誌などに限っては、ひとつの風呂敷包みにまとめて持ち込み手荷物とすることが認められていた。「注意事項」には書かれていないが、船内で着替える下着類や洗面具、箸、筆記用具なども必要だったし、手元になければならない書類もあったから、これらを風呂敷包みと雑嚢へ分けて持ったのである。外務省の戦時特例で、軍人らと同様、彼女たちも旅券は持たなかった。

宣誓…軍属らしくない軍属になる

　もひとつ広島では、船へ乗る前に重要なことをしなければならなかった。軍属としての宣誓である。本来は、内地へ配属される班も戦地へ赴いた班も、配属先部隊長に対して行うこととされていたが、日中戦争が始まると動員救護班が多く転属もひんぱんとなったため、海外へ船で向かう班については昭和13〜14年ごろから内地で乗船前に済ませておくことが一般化した。これを追認するように19年7月には軍の通達で、宣誓は乗船前にと正式に改定された。宣誓を境に、彼女たちの身柄は軍へ預けられて軍の指揮下へ入ることになる。

108

軍属とは軍の勤務者のうち武官（下士官以上）や兵ではない者の総称で、高等官1〜8等（今で言うキャリア官僚みたいなもの）および判任官1〜4等（同ノンキャリ職員？）からなる文官というグループと、その下の雇員（同臨時職員みたいなもの）、傭人（同常勤アルバイト？　その昔は雑役夫とも呼ばれた）という人たちの2種類からなっていた。なにも軍属に限らず、中央省庁トップから地方の新人職員、学校の教職員、郵便局員などまで当時の公務員にはみなこうした官等・等級がつくことになっていて、軍人も突きつめれば公務員であるから「判任官4等　陸軍伍長」といった呼び方もした。高等官は将校、判任官は下士官というわけで、兵卒は公務員の格からいえば、雇員の方に属した。

　勅令「赤十字条例」で看護婦監督は将校、婦長は下士官、看護婦は兵に準じるとされたから、これを軍属に当てはめれば看護婦長は判任官で、看護婦は雇員となるのだが、そうはならなかった。軍隊内で活動するのだから、軍の指揮下になければならず、そのため彼女たちを軍属にする必要があったのだが、勅令で身分が定められている人――特に看護婦長を軍の文官に任用するわけにはいかなかったのであろう。彼女たちは軍属でありながら軍属の官等が当てはめられず、軍の公文書では官等に相当する部分に「軍属日本赤十字社救護看護婦長」「軍属日本赤十字社救護看護婦」と表記される特殊な身分となった。

　給料についても軍属の規定は用いられず、賄い料や薪料、寄宿料などの給与、旅費など諸手当については下士官および兵に準じた処遇とすることと訓令で定められていた。こうした処遇の区分では、看護婦長は「準下士官」、看護婦は「準兵」という、陸軍内でも他にあまり使われない呼称が用いられた。なお看護婦監督や救護調剤員、救護医員らは「準尉官」とされ、救護班に付属する使丁（男性）は、軍属の傭人に準じるとされていた。

　宣誓に話を戻すと、陸軍では判任官以上の文官に宣誓文、雇員・傭人には読法文というのを用意し、それぞれ宣誓式、読法式を行って区別していた。ただ、看護婦長は文官扱いにしていなかったから、部隊長を前に宣誓者が宣

誓文を朗読して「文官誓文帳」へ署名捺印する宣誓式ではなく、看護婦とともに部隊長が読法文を読み聞かせて各人に「誓文帳」へ署名・捺印させる読法式で済ませ、これを日赤看護婦の場合は宣誓式と称していたらしい。

陸軍文官宣誓（原文はカタカナ）

　このたび陸軍に奉職し候については帝国官吏一般の服務に関する法令を遵守するはもちろん、堅く左の条々を守り決して違背しまじき候なり

　一、誠心を本とし忠順職務に勉励すること
　一、長上に敬礼を尽くし同僚に信義を致し下僚に対して懇切を旨とすべきこと
　一、長上の命令はそのことの如何を問わず服従すべきこと
　一、道徳を修め質素を主とすべきこと
　一、名誉を尊び廉恥を重んずべきこと
　一、官の機密もしくは秘密を厳守し未発の文書を他人に漏示すべからざること

陸軍軍属読法（同）

　この読法の式をうけ陸軍に従事する者はすなわち軍属と称し軍人と相すなわち陸軍の用に供せらるる者たるにより堅く左の条件を守り決して違背すべからず

　誠心を本とし忠実を尽くし勤務に勉励すべき事
　長上に敬礼を尽くし等輩に親睦を旨とすべき事
　長上の命令はそのことの如何を問わず直ちに服従すべき事
　言行を慎み質素を尚うべき事
　長上の許可なくして公文書類および官用物品を庁外へ持ち出さざる事
　以上掲ぐる所の外法律規則に違い罪を犯すに至っては父祖を辱め醜を百世に遺す独りその身現在の恥辱のみならざるなり殊に重罪の如きは各人天賦の

公権をも剝奪せられ世に立ち人に接するも総べて対等の権利を得ざるに至る就中陸軍刑法は特に陸軍の害を為す者を懲す為に設けらるるものたるを以てその刑またすこぶる厳なり平素自ら戒飭し決して違犯すべからざるなり

海軍では「文官、同待遇者ニ非ズシテ軍属タルベキ者」として扱い、雇員・傭人ら用の「海軍軍属宣誓」を行っていた。こちらはシンプルで

一　忠節を尽くし勤務を励むこと
二　紀律を守り長上を敬うこと
三　信義を重んじ礼儀を正しうすること
四　言行を慎み質素を旨とすること
右の諸号を恪守し海軍の勤務に服することを誓う

軍属にはなったが官等がない。このどっちつかずの奇妙な立場が、戦後、彼女たちが国から恩給をもらえないという問題へつながっていくのである。
TRさんたちが宇品にあった凱旋記念館で宣誓式をしたのは4月20日。いよいよ乗船する前日のことであった。

戦地までは、たどりつくのも大変だった

TRさんたちが4月21日に乗り込んだ輸送船は、翌22日に宇品港を出港した。TRさんたちに限らず、広島支部から宇品港への移動は隊伍を組んでの徒歩だった。港での乗船に見送りはない。出発自体が機密だったからだ。桟橋から渡り板で乗れるのはレアケースで、港内に錨泊している貨物船へはしけで向かうのがふつうだった。機密保持のため出港は深夜のことが多く、揺れるはしけ船から4階建てビルくらいの高さのある舷側から設けられたタラップ（鉄製階段）へ飛び移るのは身の痩せる思いがしたそうだ。
船旅も、客船を改装した患者輸送船なら畳の上に布団を敷き、洗顔や入浴、

洗濯も出来た。しかしこれが貨物船だと船倉内へ押し込められ、畳1枚分の広さに2〜3人ずつが、救命胴衣を枕に制服のまま雑魚寝、真水の節約とかで蒸し暑い南シナ海にあっても入浴はおろか洗顔さえさせてもらえなかった。しかも様々な戦域へ向かうたくさんの班を一度に乗せていて、回り道して転々と寄港しながら進むので、最後に下船する班は日本を出てから1カ月後なんていうこともあった。病院船の勤務班は乗船するや、狭い船内で船酔いに苦しみ胆汁まで吐きながらの勤務が始まる。戦争後期になると米潜水艦の攻撃で次々に船舶が撃沈されていたから、無事に目的地へ着ければ良しとするしかなかった。

　最初の目的地は満州なら奉天、南方ならシンガポールやマニラなど、たいていは要求元の軍司令部所在地であった。疲れ切って到着した各班は、そこで赴任先を割り振られ、さらに分散して最終目的地へ旅立っていったのである。

　たとえば太平洋戦争開始により発せられた陸亜密第103号（昭和17年1月14日付）は、一度に30個班という大量要請であった。すべて新編成しなければならなかった日赤は、本部と内地26支部、台湾支部、朝鮮本部、関東州委員会へ指令を出し、単独で班を編成できない支部へは他の支部からの要員も交ぜてなんとか送り出した。彼女たちを乗せた貨物船鹿島丸（1万3千トン）は2月16日に宇品を出港。1週間後に台湾・高雄港について7個班が下船し、さらにフィリピン・リンガエンにも立ち寄って7個班が降り、残る16個班は3月8日、やっとサイゴン（ベトナム）へ着いた。そしてなんと抽選で、サイゴンのほかシンガポール、ジャワ、スマトラ、タイ、ビルマなどの各配属先が決定された。第330班（岐阜支部編成）と第337班（香川支部）が別の船便でビルマのラングーンへ着いたのは、宇品をでて2カ月もたった4月中旬になってから。昭和20年、このうち徒歩でモールメンへ後退した第337班は熱病や飢餓に苦しめられることになる。兵隊たちはよく「軍隊は『運隊』」などと言った。それはそのまま、彼女たちにも当てはまったのである。

　本編の主人公TRさんたちは、出港5日後の4月27日に黄河河口にある塘

112

沽へ到着。そこからは陸路で、29日に内モンゴル自治区の包頭陸軍病院へ着き、整列して病院長井上寿雄軍医中佐へ着任を申告したのであった。南方と比べ、華北地方の赴任は、まだ楽な旅だった方と言えるだろう。

俸給～安かったのか高かったのか～

「白衣の天使」も生きていくのにお金は必要だ。ずっと前に彼女たちの給料は、軍属なのに軍属の給与制度とは無関係だった

fig.11 戦時本俸の辞令

と書いたが、どうしていたのかというと、日赤の救護員給与規則による金額を「手当金」との名目で軍が払うことになっていたのである。そもそも当初は軍による立て替えで、後で請求書が日赤社長宛てに届けられていたが、日中戦争で派遣人数が膨大になって日赤の負担が大きくなりすぎたため、昭和14年1月の陸支普第239号で立て替えをやめ、昭和13年10月1日現在で各救護員がもらっていた、あるいはもらえると定められていた俸給と加俸、諸手当を同月分までさかのぼって軍が臨時軍事費（特別会計）から支払うことになった。以後の昇級は陸軍大臣を介して日赤から配属先の部隊へ通報された。

表6　救護員給与表

	月　　　額		
	甲　種	乙　種	丙　種
救護医員	175 円	150 円	135 円
救護調剤員	150 円	135 円	125 円
救護看護婦監督	135 円	125 円	115 円
救護書記 救護調剤員補 救護看護婦長	100 円	85 円	75 円
救護看護婦	70 円	60 円	50 円

軍が支払うのは、戦地（香港や廈門を含む中国や南洋）または外地（朝鮮半島、台湾、樺太、関東州）、病院船へ乗り込む日赤救護員が対象で、満州と南洋方面も後に加えられた。支払い期間は、船で戦地派遣される場合なら出発のための最終乗船が港を出発した日から帰還するべき内地または外地の港へ到着する日まで、陸路だったら戦地へ入った日から戦地を離れる日まで、病院船勤務の場合は配属される船舶部隊へ到着した日から任務を解かれて部隊を出る日までであった。いずれにおいても勤務中の傷病がもとで入院中の者については、退院する日までとされた。これら以外、国内の陸軍病院などでの俸給は日赤側の負担のままだった。

　軍隊用語でいう給与とは、俸給（給料と諸手当）だけでなく、食糧や被服、生活用燃料など、武器弾薬と医薬品以外の日常生活に必要なほとんどすべてを指すが、これも戦地において被服以外は軍が面倒をみることも明確にされた。

　TRさんは救護員（救護看護婦）へ任用された昭和18年4月1日、辞令をもう1枚、朝鮮本部から受け取っていた。それがfig.11で「救護員戦時給与規則第一表本俸甲額三級ヲ給ス」とある。

　日赤救護員の給料は本俸と加俸からなっており、戦時加俸の基になる戦時本俸は召集地へ到着した日、臨時看護婦ら任用即日召集といった人たちは任用翌日から、召集解除または所属救護団体の満期解散の日までが給与対象で、月額と日割りの組み合わせで計算された。したがって救護員に任用されたからといって、平素から「甲額三級」をもらえたわけではない。

　戦時本俸は職種ごとに3段階ずつあって、それぞれ月あたりの最高額は表のように定められていた。表6は救護員給与規則から、救護班の構成員になりうる職種を集めてつくったものだ。

　表中の数字は最高額であるから、基本的にはこの金額より少ないことが多かった。一方で、戦時勤務2年以上の勤務成績優秀者には、その時支給されている本俸の4分の1以内の増俸が行われた。

　もともと日赤の本部病院や支部病院に勤めていた場合、看護婦長100円以

114

内、看護婦70円以内と月俸が決められており、さらに最高額を支給されて5年以上在職した功績顕著な者にはそれぞれの本俸の10分の1以内の特別ベースアップもあったが、戦時給与規則が適用されると、こうした平時給与の支給は停止されることになっていた。その際、戦時給与の本俸が病院で支給されていた月額本俸の金額より低くなってしまう場合には、それまで支給されていた高い方の額が戦時中の本俸となった。

　少なくとも甲額と乙額はそれぞれ1～3級などの等級があり、1級が表に示した最高額であった。ただそれぞれ1～3級の格差はどのようにして設けられていて、それぞれいくらだったのか、は、かなり調査したが、ズバリ示された例規類を発見できていない。しかし救護班の業務報告書や救護員手帳の記載によると、看護婦甲額の2級は60円、3級は50円だったようだ。さらに、初めての任用時に決められる甲～丙の額枠は任用前の経歴によって決められることになっており、以後は勤務年数や成績によって昇級していったとみられる。

　たとえば日赤の看護婦養成所で3年生まで養成された「純チャン」は、甲額と決まっていた。ただキャリアがないのでTRさんのように3級からのスタートということであったようだ。新卒任用で3級をもらっていたTRさんは華北へ従軍中の昭和20年4月、つまり任用から満2年で甲額2級・本俸月額60円へ昇級したことが救護員手帳の記入からわかる。

　他の人の救護員手帳をいくつか調べてみると、たとえば昭和15年2月に山口支部で任用された当時19歳の臨時救護看護婦M子さんは「戦時本俸乙額1級」、昭和18年11月に兵庫支部で任用されたやはり19歳の臨時救護看護婦Kさんは「乙額2級」が初任給であり、外部から入ってくる看護婦は乙額だった。M子さんが1級なのは故郷の県立看護婦養成所を卒業して免状を取得し、すでに看護婦として4年近いキャリアがあったからで、Kさんが2級スタートなのは兵庫県で免状をとったばかりだったからだと思われる。乙種1級の額が甲種3級より高かったのも、キャリア重視の表れであろう。

　表7は昭和10年3月に養成所を卒業し、4月に初任用された57回生のうち、

表7 福岡支部卒業後の状況

	戦時俸給額と支給開始年月日	従軍日数	昇給月数	生年月日	結婚	経歴	
Aさん	甲額3級（昭10・4・1～）	17	—	大3・11・20	既婚	昭12・8～14・1	日中戦争
Bさん	甲額1級（昭15・6・30～）	39	62	大2・3・7	既婚	昭12・8～14・9 昭15・2～16・4	日中戦争 日中戦争
Cさん	甲額3級（昭10・4・1～）	5	—	大4・1・1	独身	昭12・12～13・5	日中戦争
Dさん	甲額1級（昭15・6・30～）	34	62	大4・5・12	独身	昭12・8～14・9 昭16・8～	日中戦争 応召中
Eさん	甲額3級（昭10・4・1～）	23	—	大3・10・2	既婚	昭12・9～14・5 昭15・4～16・4	日中戦争 日中戦争
Fさん	甲額2級（昭16・1・31～）	49	69	大4・12・7	独身	昭12・9～14・5 昭14・9～17・2	日中戦争 太平洋戦争
Gさん	甲額1級（昭15・6・30～）	37	62	大3・1・15	既婚	昭12・9～15・10	日中戦争
Hさん	甲額3級（昭10・4・1～）	15	—	大3・10・26	既婚	昭12・9～15・10	日中戦争
Iさん	甲額2級（昭16・7・31～）	32	75	大5・2・11	独身	昭12・9～14・5 昭16・5～	日中戦争 応召中
Jさん	甲額1級（昭15・6・30～）	43	62	大5・2・28	独身	昭12・11～16・6	日中戦争
Kさん	甲額1級（昭15・1・31～）	40	57	大3・6・22	独身	昭12・12～16・1 昭17・2～	日中戦争 応召中
Lさん	甲額1級（昭15・1・31～）	17	57	大4・4・27	独身	昭12・9～13・7 昭14・9～15・4	日中戦争 日中戦争
Mさん	甲額1級（昭15・6・30～）	37	62	明45・5・15	独身	昭12・8～14・9 昭15・4～16・4	日中戦争 日中戦争

福岡支部の同期生13人の7年後、昭和17年5月現在の状況である。

　看護婦長になった者を除いており、年齢は26歳から29歳。全員が日中戦争初期の大動員に従軍しており、半数以上が2度目の召集を受けている。社会全体が早婚だった時代に独身者が目立つのは、ちょうど縁談の出るころに日中戦争が始まってしまった運の悪い世代といえるのかもしれない。注目されるべきは俸給額と昇級時期である。実年齢に関係なく任用日付で甲額3級のままの人が4人いる。この人たちはCさんを除き既婚者なので、任用後すぐに家庭に入ってしまっていて平時の実務キャリアがほとんどなかった可能性があり、従軍期間の月数が昇級した人に比べて少ない傾向にもある。

　表の「従軍月数」とは従軍実績のうち現在等級に達するまでの合計で、「昇給月数」は単に初任用（昭和10年4月1日）から現等級に達した月数である。これを見ると、1級の7人は昇給まで62カ月または57カ月のどちらかで、定期昇給のようなものがあったと推察されるほか、総じて従軍月数が多い。L

さんだけ飛び抜けて短いが、何か手柄をたてたのだろうか。わからないのは
2級の2人で、Fさんは従軍月数が1級の人より多いくらいだ。従軍前は日赤
以外の病院で働いていたからか、などと想像するしかない。全体で見ると昇
給は、やはり現場キャリアと定期昇給を掛け合わせだったと考えてよいだろ
う。

ところで看護婦の最高額70円という本俸は、海軍一等下士官と陸軍曹長の
2級俸と同額であったから、「兵ニ準スル」身分としてはかなりいい。軍人が
軍艦内や営（駐屯地）内の生活者であれば衣食住すべて官費で生活費がほと
んどかからなかったし、看護婦も従軍中であればおおむね衣食住は与えられ
ていた。

ただ世間へ目を向けてみると、少し古いデータだが東京市による女性職業
の調査（大正14年）で、中等教員は最低70円、小学教員45円、産婆80円、
官公吏60円、事務員24円、保母30円などと出てくる。救護看護婦の戦時本
俸の大多数が2〜3級と考えると、だいたい女性教諭といい勝負だったことに
なる。しかし救護看護婦たちは連続30時間もある激務であったし、患者から
伝染病をうつされたり、あるいは空爆などで命を落としたりする危険が多分
にあったことを考えると、決して満足できるベースではなかっただろう。

一方の戦時加俸は、戦時に臨戦地境（軍司令官がその地の行政や司法事務
の一部を管理する地域）や合囲地境（敵の包囲や攻撃を受けていて、地方行
政や司法を軍司令官が管理する地域）、または国外へ派遣されるか、病院船へ
乗り組む者に支給されるもので、看護婦監督は本俸の5分の2、婦長や看護婦
は同2分の1が上乗せされることになっていた。編成地を出発した日…たと
えば広島支部を発って宇品港から出港した日を起算日とし、指定された場所
（たいていは広島支部）へ帰還した日または給与停止の日の分までが支給対
象であった。さらに支度金の意味もあったのだろう、戦時加俸支給対象者に
は派遣手当として1回限り、1カ月分の本俸が別途支給されることになって
いた。

さらに昭和17年9月からは、それまで加俸率が一律だったのを改め、派遣

先地域別に増額された。満州事変までとは異なり、日中戦争・太平洋戦争では看護婦が実際に身を危険にさらす場面が増えてきたためであろう。すなわち朝鮮と台湾で本俸の10分の6、樺太で10分の7、満州で10分の7.5、「支那」10分の8.5、南洋で10分の9が上乗せされた。ただ「当分ノ間」のことであり、戦争が終わるまでの一時的な措置であった。

また陸軍は昭和15年12月、戦地や病院船で働く日赤救護看護婦と救護看護婦長のうち、この時代の措置ではあるが陸軍伝染病予防規則が定める伝染病（コレラ、赤痢、疫痢、腸チフス、パラチフス、痘瘡、発疹チフス、猩紅熱、ジフテリア、流行性脳脊髄膜炎、ペスト）と、ハンセン病、流行性感冒、伝染のおそれがある結核性疾患の患者の看護に直接従事する者には、月額5円50銭以内の手当を払うことにしてよいと各部隊へ通達した。

こうした戦時俸給の支給日は毎月25日。みだりに勤務地を離れた者や行方不明になった者にはその日から支給が停止され、行方不明となった理由がやむを得ないと後日に認定されれば、その間の分が追給されることになっていた。

一方、戦争が激しくなると、内地の赤十字病院は陸軍や海軍の病院に指定され、一般患者を追い出して傷痍軍人を受け入れることになった。たとえば山口支部病院は昭和12年12月に陸軍病院の指定を受け「山口陸軍病院赤十字病院」と改称、それは昭和15年5月に解除されたが、今度は昭和20年2月に海軍から指定を受け、8月30日まで「岩国海軍病院赤十字病院」となった。なんだかひどい話に聞こえるが、そもそも赤十字病院は、救護員の養成と陸海軍の戦時傷病兵を受け入れるための施設だと設立目的でうたわれており、国民一般患者の治療や看護は、当時の日赤においては余業だったのだから仕方ない。

このように赤十字病院が軍指定病院となって軍人を収容することになった場合、そこで働いていた看護婦も平時規定の本俸に加俸されることになった。昭和13年3月のことである。たとえば看護婦長なら5等級あり、最高本俸の75円の人なら100分の15、最低の60円未満なら100分の40が加俸額に

なった。看護婦は7等級で、最高60円以上の本俸の人は100分の18、35円未満だと100分の65が加俸され、本俸が低い人ほど手厚くなる制度になっていた。

先に、応召した支部から軍用船が出る広島などへ集合するまでの費用は日赤側が持つと書いた。また点呼召集などへ応じるには汽車代などもかかる。そうした公務にかかる旅費も、規則によって支給されることになっていた（団体移動の運賃は日赤が輸送機関へ直接まとめ払いすることが多かった）。

旅費は鉄道賃、船賃、車馬賃と日当、宿泊料、食卓料からなっていて、運賃は実費で日赤が定めた順路に応じて支払われ、日当などは等級による定額であった。鉄道賃と船賃は看護婦が三等、看護婦長なら二等だったが、分散させて乗せることが難しいなど「特別ノ事情アル場合」は二等でも認められることがあった。急行料金は旅程80キロ以上、特急料金は160キロ以上であれば認められた。日当は旅行日数に、宿泊料は夜数に応じて看護婦も婦長も3円と5円50銭が支払われた。鉄道や船舶などの運賃は平時も戦時も扱いは同じだが、日当や宿泊料は戦時の方にちょっぴりイロをつけてあった。

なお本院から分院へ応援で手伝いに行くなど、派遣先の戦域内における移動旅費に関しては、陸海軍が軍人軍属の基準で運賃や日当を個別に支給した。輸送船や軍用列車に乗ってシンガポールからインドネシアへ転属するような軍隊輸送に便乗する場合も軍がまとめて負担した。

これも先に少し触れたが、応召の際にも日赤の旅費規定表にならった旅費が支給された。ただし応召では食卓料がつかないのが違いで、救護看護婦長クラスで日額2円、看護婦で1円50銭の手当金が支払われた。それも陸路6里未満、鉄道78キロ未満など近距離から応召する者の日当は半額にされてしまった。

戦時派遣された看護婦らの「物語」には、乳飲み子を実家や親戚へ預けて出征し…といった「美談」がたくさん出てくる。いかに「お国のため」とはいえ、母親として後ろ髪を引かれる思いであったに違いない。何より子どもこそ可哀想だ。そこで日赤は召集を受けた救護員の家族に派遣期間中、臨時

家族手当を支給していた。ただ看護婦や婦長ら女性救護員に対しては、同居している18歳未満の子ども1人につき月額3円だけであり、老父母については夫の病気や失業などで妻たる当人が扶養している場合に限られた。つまり結婚したら老後を見るべきは夫の両親であり、それは夫の収入をあてるのが普通であろう、という当時の家族観に基づいた制度になっていた。しかし日中戦争が始まってから、国内では物資不足が物価高騰を招いた。昭和14年10月に公布された価格統制令に基づく、いわゆる「マル公」価格で1升50銭だった米は、ヤミでないとろくに手に入らず、それは昭和18年末ごろで3円もした。砂糖にいたっては1貫2円20銭でなければならないところ50円にもなっていた。留守家族は、預かった子どもを養うことも厳しい状況だったのではないだろうか。

　従軍中に看護婦が負傷したり、重い病気になったりした場合は、軍が軍医療機関において無償で治療することになっていた。ただし軍病院に入院中の婦長や看護婦の食料（食費の軍隊用語）はその救護班の負担とされていたが、入院中でもその人の分の食事は炊事場から出されたので、それを仲間が病室へ運べばよかった。事情により軍以外の医療機関で治療を受ける際は、一定期間、治療費や入院費の実費が日赤から支払われた。退院後、帰郷療養となっても最大90日までは本俸の3分の2をもらうことができた。

　さらに傷病扶助の規定が日赤にあり、看護婦監督や婦長、看護婦などの身分と、「指を失いたる者」「視力を失いたる者」など傷痍疾病の程度による第1〜第10款症に分けた等級との掛け合わせで傷病扶助料が支払われた。

　従軍中に死亡すると、戦時俸給はその月の全額までが支給され、公務が原因であれば遺族扶助料も日赤が支払うことになっていた。

兵士と同じだった食事メニュー

　先に述べたように軍と日赤のいう「給与」は俸給・給料だけでなく、食事や宿舎、身の回り品全般も含まれた。昭和14年1月、戦地と病院船勤務者の

俸給が軍から手当金として支払われることになったのと同時に、宿舎、糧食、薬餌、旅費も軍支給が正式に決定した。お給料以外の給与の中身は、陸軍給与令細則の下士官兵または軍属の規定に準拠し、規則の「病院詰勤務」者の区分に相当した。これらの対象はあくまで戦地と病院船勤務者だけだったが、昭和19年8月には、内地においても、陸軍に配属された救護班に対し同様の措置がとられることとなった。

　規則によると看護婦ら救護班員たちの食事は、病院勤務の衛生兵たちと同じで、基本的に部隊（病院）の炊事場がつくる兵隊用だった。どんな中身であったのかは、その病院が、軍給与関係の規則のおおもとで平時や戦時内地などが対象の陸軍（海軍のもあった）給与令の対象の地域にあるのか、戦場に近く戦時給与規則の適用を受けているエリアにあるのかによって異なっていた。

　そもそも給与令は、平時と戦時を問わず軍給与の根幹をなすものであったが、少なくとも糧食に関しては直接的に平時内地の部隊へ適用されるものであった。平時や内地では委任経理といって、あらかじめ部隊長へ糧食や馬糧（かいば）、被服、陣営具などの予算がまとめて与えられ、部隊長がその全体額から使途の配分を決めるやり方が採られていた。年度当初などに1年分を一括購入する米と麦は定量を定め、おかず、汁の類いは「賄料」という1人あたりの定額を下限に各部隊がそれぞれ現地で食材を購入、調理するのである。中国や南方でも、日本軍が軍政を敷いたり、占領地で平穏状態とみなされたりする地域では、それまでの戦時給与規則の適用を外され、一般の給与令へ戻された。朝鮮半島や満州でも特に規則を定めて、つとめて平時の態勢をあてはめた。補給部門の負担を減らすためである。

　昭和初期に適用されていた給与令によると、主食は米7：圧搾麦3のいわゆる麦飯で、1人1日につき精米600㌘、精麦186㌘が分量とされていた。内地（本土）と台湾では1人1日分の賄料は30銭9厘、朝鮮38銭4厘、千島・樺太53銭7厘、満州53銭7厘であった。国外でも食材は現地調達なので、かの地特有の珍しい魚介類や野菜、果物が食卓へのぼることになった。特に戦争

表8　昭和13年制定の陸軍糧食表

区分	基本定量		特殊定量		換給定量	
	品種	1人1日定量	品種	1人1日定量	品種	1人1日定量
主食	精米	660グ	精米	580グ	精米	870グ
					パン	1020グ
	精麦	210グ	乾パンまたは圧搾口糧	230グ	乾パン	690グ
					圧搾口糧	690グ
					精雑穀	900グ
肉類	生肉	210グ	缶詰肉	150グ	塩燻肉	90グ
			乾燥肉	60グ	卵	180グ
野菜類	生物	600グ	乾物	120グ		
漬物類	沢庵漬	60グ	梅干	45グ	塩(糠)漬	120グ
			福神漬	45グ		
調味品	醤油	0.08リットル	粉醤油	30グ	味噌	150グ
			醤油エキス	40グ	酢	0.08リットル
					ソース	0.08リットル
	味噌	75グ	粉味噌	30グ		
	食塩	5グ	食塩	5グ		
	砂糖	20グ	砂糖	20グ		
飲料	茶	3グ	茶	3グ		
栄養食			栄養食	45グ		

末期は、内地勤務より食材豊富だった地域もあったという。昭和19年11月に病気のため満州から帰国し、入院した内地の赤十字病院で生まれて初めてコーリャン（中国北部産のモロコシ）飯を食べたという看護婦もいるくらいである。

　病院船勤務者も給与令にもとづいたが、規則の妙ともいうべきか旅費のなかの糧食費の枠があてはめてあり、主食を含め日額1円70銭とされていた。

　戦時給与規則は、臨戦合囲地境に配備された部隊や臨戦状態にある部隊に向けられたもので、糧食は補給部隊や補給機関によって食材を現物支給するのが基本形だった。そのため米や麦のほか、肉類や野菜類の定量も定めてあり、おおざっぱにいえば補給品の1人あたりの分配量を規定したものといっていい。これを各自が自炊するほか部隊の調理場が担う場合は、分配量に人数をかけて献立を決め、調理するのである。看護婦たちも現物支給を受けて調理したことがあったという。

　昭和13年4月に戦時給与規則細則の改正で定められた糧食の配分量は、**表8**

のようになっていた。

　基本定量というのは戦地でも比較的、情勢が安定している後方勤務を想定したものだ。後方地域に設けられる陸軍病院も当てはまるから、看護婦たちも主にはこの内容で食事をしていたことになる。野戦部隊の区分になる兵站病院の勤務者も多かったが、拠点である「兵站地」の病院だから食事は基本定量の方だったと思われる。

　特殊定量とは第一線の野戦食で、その昔は携行定量といった。看護婦も野戦病院へ臨時出向するような時は、こうしたものを食べていたという。乾パンや圧搾口糧、缶詰など、持ち運びに適し保存がきく食品が主体となっている。換給定量は、基本定量と特殊定量の内容を代替品に置き換える場合の当局オススメ例で「主食」「肉類」「調味品」の区分ごとに、このうちの一種類を給するという意味である。さらに夜食料として、内地と台湾が一食分10銭、朝鮮半島が12銭、千島・樺太と満州は15銭が加えられた。

しかしこれらは、あくまで規定の話。補給軽視の日本軍のこと、この表も、特に戦争末期は文字どおり「絵に描いた餅」となったのは知られているとおりだ。フィリピン戦線やビルマ戦線の敗走途上では「虫が食べている葉っぱ（毒が無い）は皆食べた」ような状況で、看護婦からも餓死者がでたほどだった。

　占領地では食材供給を助けるため、部隊内で「自活班」を編成し、畑をつくって野菜を栽培し、さらには鶏や豚を飼うこともした。病院もご多分に漏れずで、開墾や栽培には看護婦たちもかり出され、当番で畑に水をやるなどしていた。戦況の変化がめまぐるしくなってきた昭和18年7月、給与令と戦時給与規則の2本立てだと切り替えが面倒になってきたため、給与令を戦時給与令に吸収するようなかたちで「大東亜戦争給与令」に統合された。

　では給与令の賄料や戦時給与規則の基本定量で、どんなメニューがつくられていたのかといえば、これも病院勤務の衛生兵らと同じだった。まず主食

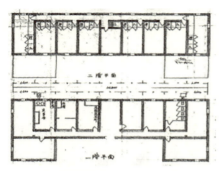

fig.12 鎮江陸軍病院の看護婦宿舎の見取り図

fig.13 宿舎図

は3：7の麦飯。米は七分づきくらいで胚芽の残る茶色っぽい米を用いるのが基本で、たいていはみそ汁と沢庵漬けがつく。戦争後期の蘇州陸軍病院では、例の麦飯に、おかずは皮付きのジャガイモ、現地で採れた正体不明の魚、これも出自がわからない肉と野菜のごった煮が定番で、みそ汁の実（み）は大根か野菜ばかりだったという。ジャワ島に勤務した第327班（愛知支部）が日赤へ提出した報告書（月報）によると、昭和17年前半ごろの平均的な献立は、やはり麦飯とともに朝食：みそ汁、豆腐、刻み菜、魚のダシ（？）　昼食：豚肉または牛肉と馬鈴薯の煮込み、キャベツのおひたし、漬けもの、梅干し1個　夕食：肴煮つけまたは天ぷら、瓜もみ（？）、香の物、梅干し1個…であった。記述には「給与ハ部隊将兵ト同一ニシテ病院食堂ニテ行フ」とある。

　さらに月報では、毎月のように「加給品ハ一週間ニ一回位、甘味品、果物等ニテ、日用品ハ月一回ノ状況ナリ」といった記述もみえる。給与規則細則による加給品は、1人1回分として、清酒0・4リットルまたは甘味品120グラム、それに煙草20本である。さらに日用品は、手ぬぐい2カ月に1本、石鹸2カ月1個、歯ブラシ3カ月1本、歯磨き粉1カ月1袋、落とし紙1カ月150枚、鉛筆1カ月1本、官製ではない葉書き1カ月30枚、便箋2カ月100枚、角封筒

１カ月10枚、褌１カ月１本が支給される。褌は看護婦にも支給されることがあって、生理の際に用いるＴ字帯の代用品として重宝されたそうである。なお、救護班員は兵士らと同じように軍事郵便を利用することになっていた。内容は検閲されるが、送料無料である。

　宿舎の方は病院敷地内のこともあったが、たいていは病院近くで接収した邸宅などがあてられた。工兵が建築した木造の平屋か二階建て、半地下式の三角兵舎のこともあった。前述の通り、戦地ではいずれも軍提供で無料である。ただし宿舎に賄いはつかないので、朝食は出勤してから病院で摂るのがふつうだった。

　fig.12は、鎮江陸軍病院の看護婦宿舎の見取り図で、１階に共同トイレと風呂、炊事場があり、２階が居室。ロッカーの数から１室は３〜４人の相部屋になっていたようだ。これは陸軍看護婦用だったとみられるが、参考に掲載した。

　前述ジャワ島の327班の報告書だと、宿舎は「純欧風の建築にて書記、使丁は特棟一戸建ての中に事務所、応接間、寝室、倉庫などあり。婦長は三重班の婦長と共同で別棟の個室に起居し、看護婦は全員一棟の中に６室とし、ほかに大広間よりなる休憩室あり。１室に３名宛分宿し、室内には戸棚、衣服箪笥など調度品をはじめ水道（洗面器）の設備あり。寝台３個を並列するもなお十分なる余裕あり。各室とも室の前には約３坪のベランダあり休憩に供す」と、縦長の配置図（fig.13）入りで説明されている。おそらくオランダ人の屋敷を接収、改造したもののようだが、敷地内は芝生で「通風採光良好にて殊に各棟の間には椰子樹、パパイヤ、バナナ樹その他熱帯花繁茂」という南国情緒あふれる環境であった。図にはシャワー室と便所も描かれている。ほかにも給与には、生活に必要なこまごました物品について定めがあり、季節や任地（樺太、満州、朝鮮）により宿舎の「燬室用薪炭料」もあった。ストーブなど暖房器具１個につき日額を定めてあり、暖炉は36銭、大代用火鉢は33銭、小代用火鉢は16銭となっていた。

現地で解決せざるを得なかった被服補給

　これまでみてきたように給与のうち食や住は、通常、軍側で面倒を見ることができた。救護班および日赤が自前で解決しなければならなかったのが「衣」、つまり被服である。紺色の制帽制服や看護帽、看護衣といった看護婦専用の被服などを軍、日赤ともに「看護婦用品」と総称したが、特に看護衣など勤務は使用頻度が高く損耗が激しかった。定数通り持たせて救護班を送り出した後の被服の追送補給品は、陸軍と日赤の取り決めで日赤側が調達し、陸軍衛生材料廠が戦地へ送ることになっていた。しかし、衛生材料廠が純軍用ばかり優先させたのか、現地への看護婦被服の補給は無きに等しい状態だったようなのである。届いても発送から半年もかかったことがあり、輸送途上の紛失もあった。発送時に本社が班へ通知した数量の半数しか現地へ届かないようなこともかなりあったらしい。

　各救護班は毎月、業務報告書を派遣元の支部へ便送することになっていたが、昭和18年4月から山西省の運城陸軍病院で勤務した第419班（愛知支部編成）は、早くも同年12月の報告で、「女救護員用被服、並ニ作業被服ノ損耗甚ダシク特ニ看護衣並ニ作業衣、看護略帽、上靴ハ全ク毀損シアル状況」として補給を求めている。また陸軍給与令細則に基づいて現地の部隊（この場合は病院）の備え付け被服である下士官兵用の防寒帽や防寒外套も救護班へ貸与されており、419班は、交代で帰国した先任の第286班（鹿児島支部）からこれらを引き継いだものの、同じ報告書によると「防寒手套、防寒靴下ハ損耗甚ダシク約半数ハ既ニ元型ヲトドメズ全ク使用不可能ナリ」といった状態だった。

　これに対し本社から回答はなかったらしく、19年2月と3月、4月にそれぞれ「未ダ何等ノ御指示ニ接セズ何卒追送方御取計被下度」と同様の訴えと補給要請がなされ、変わらない状況にいらだったのか、記録者の書記は3月の報告書で「余リニ粗衣、襤衣ニ落入リテハ日赤救護員タル矜恃ヲ忘失スルノ

結果ヲ来タス恐レナシトセズ」とまで訴えている。

　しかし本社から追送がなくても、現場では何とかしなければならない。

　まず各班が取り組んだのが現地調達であった。419班では18年12月の段階で「上靴等当地ニテ購入シ得ル品ハ各自自費ヲ以テ調達」していたが、1足35円程度とはなだしく高価なうえ、品質が悪くて使用命数が短く、すでに3〜4足も購入した者もあるほどだった。戦地の写真で看護婦たちが私物の靴をはいているのはこうした事情による。また看護衣や作業衣を補修するのはもちろん、いっそ手作りするしかないと部隊経理室の斡旋で白布地を購入したものの、糸やミシン針が入手困難とあって、班員の半数が「未ダ縫上ゲ使用スルヲ得ズ」といった状況だった。

　TRさんが所属した班も被服の破損状況は同じで、書記が再三にわたり補給を要請し、本社から返答が無いことにいらだち、「使命遂行ニ支障」をきたしていると何度も訴えている。特に制服とセットの黒革の編上靴は、毎月の詔書奉読式などの行事や神社参拝、外出といった制服姿の時だけでなく軍事教練でも履いたので、傷みが激しかった。着任10カ月目の19年2月、1足平均20〜25円という見積もりで市内へ修理に出している。

　しかしこのやり方も費用がかかりすぎ限界はある。多くの班ではそんなとき、軍側の配慮で陸軍看護婦用のストックを分けてもらっていた。前出419班は昭和19年3月、部隊経理室の斡旋で、偕行社から陸看用の「白衣、予防衣、帯、帽子、上靴各一」を自費で購入した。報告書によると「現下ノ物資不足、輸送逼迫セル状況ニ鑑ミ救護班ノ窮状ヲ思慮セラレテ特ニ陸軍看護婦二、救護看護婦一ノ割合ヲ以テ配給セラレタル」という事情だった。救護班が費用を払わなければならなかったのは、陸軍看護婦は軍の職員であり、陸看用の貯蔵被服も軍が軍の経費で調達した軍の所有物だったからである。

　ところが… 帯と帽子（看護略帽）はもともとフリーサイズだったので問題はなかったが、購入できた白衣（看護衣）と予防衣（割烹着形の作業衣のこと）、上靴はすべてサイズ「中号」であった。そのため体格がサイズ大の班員のために別途、よく似た白布地を「修理改造用」として経理室から配給し

てもらわなくてはならなかった。各自が袖やわきの下に継ぎ布をして、幅や丈を大きくするしかなかったのである。しかし上靴だけはいかんともしがたく、大サイズが必要だった者は泣く泣く返却しなければならなかったという。

包頭陸軍病院の第420班でも、昭和19年3月、おそらく書記殿が受領しに行ったと思われるが、約250㌔離れた山西省大同の偕行社で「細布二、シミーズ八〇、ズロース八〇、靴下男用八〇、クリーム六〇、水油一二」の特別配給を受けた。さらに北支那派遣軍からも、陸軍看護婦用の看護衣、前掛、看護帽、上靴を特別に受け取っている。

日赤救護看護婦は、救護班編成時に支給された衣服を、帰国に際し員数通り持ち帰らなければならなかった。しかし消耗毀損しても代わりの補充品を送ってもらえなかったため、ぼろぼろになっても修繕して着続けたほか、もらった陸軍看護婦用の帽子や衣類で員数を穴埋めしていたのである。

一方、補給に恵まれていたインドネシアでは、被服事情も良かったらしい。第327班では、着任約半年後の17年9月に看護衣、予防衣、下衣、帽子、ズロースが1人につき2着ずつ支給されている。戦争が押し詰まった昭和19年3月にも「看護衣1、予防衣1、作業帽1、靴下各3」が本社から追送されてくるなど、年2回くらいは何らかの追送を受けていたことが月報からわかる。インドネシアの場合、石油など資源搬出のため輸送船が頻繁に往来していたこと、占領後は本格的な陸上戦闘がなかったことなどが好影響したと思われる。

看護婦さんの敬礼と序列

日赤の看護婦たちも、規則によって軍人と同じ敬礼をしていたことは、あまり知られていない。その規則が定まったのは1902（明治35）年4月。前年に勅令で赤十字条例が公布され、看護婦長は下士官待遇、看護婦は兵卒待遇という従軍中の陸海軍内における身分が確立したからであった。陸軍はもち

ろん、海軍に配属されても陸軍の礼式に従うものとされた。

　基本的なところでいうと、医員や調剤員、書記ら男性救護員は、屋外では右肘を横に張り出させて制帽の庇の横チョにピッと伸ばした右手指をあてる、いわゆる「挙手の礼」という敬礼をして、屋内や無帽時には上体を前へ傾ける「室内の礼」＝おじぎをした。このうち看護婦ら女性救護員については、屋外であっても、どこでも室内の礼で良いと決められていた。

　その室内の礼とは、敬礼する相手に頭と体をそろえて向けて「不動の姿勢」をとり、上体を15度傾けて相手に注目するというものである。不動の姿勢とは早い話が「気をつけ」なのだが、これにも決まりがあって、銃を持たない看護婦は、両かかとを一線上にそろえてくっつけ、足先を等しく外に向けて約60度開き、両膝は自然にまっすぐ伸ばし、上体を腰の真上に据えて背筋を伸ばしつつわずかに上体を前へ傾け、両肩は心持ち後ろへ引いて左右同じ高さになるように下げて、両腕は自然に垂らし手のひらを大腿に軽くあてつつ、指を伸ばして、首と頭はまっすぐに保って口を閉じ、両目は正しく開いて前方を直視す…といった具合である。「休め」も不動の姿勢から左足を前へ出す教本通りのやり方があった。

　見送りを受ける救護班の写真などを見ると、看護婦たちが上記のような不動の姿勢をとったり、室内の敬礼をしたりしている。それもそのはず不動の姿勢は、看護婦養成所で入学するや担架教練などでみっちり仕込まれたし、左側通行と定められている教養所の廊下などで上級生とすれ違う際には室内の礼を規定通りきっちりやらないと、「生意気な子だ」などと後でいじめられることになるから体が覚え込まされているのだった。隊列を組んで歩いている時には号令に従って、敬礼対象に一斉に注目する「頭中（かしらなか）」も行った。

　また、これは礼式ではないが、養成所では歩兵操典にあるような各個教練も行われていた。左つま先と右足を上げ、左踵を軸にして体を45度右または左へ向けるのが「半ば右（左）向け」、これを90度にすると「右（左）向け」になった。向き終えると右かかとは左かかとにつけて不動の姿勢へもどす。

「回れ右」も、まず右足を左かかと付近まで下げ、次いで両かかとを軸にしてくるりと後ろを向き、右足を左足の位置へ戻して不動の姿勢にするよう決まっていた。入学当初、隊列を乱さないようにしながら「回れ右」「前へ進め」「左向け左」「前へ進め」と、貧血寸前になるまで2時間もやらされることがあったという。

　敬礼は主に軍隊内における上級者に対して行われたが、相手が兵卒でもいちおう先に目礼するのがエチケットだと看護婦たちは教えられていた。下士官待遇である看護婦長に対しては、兵卒の方が先に敬礼することになっていた。

　救護班のなかでも序列が定められていて、まずは班長を筆頭に看護婦、使丁にいたるまで戦時救護規則が定める班編成表通りに並ぶ職順、さらに同じ職のなかでは日赤養成の救護員は古参順（看護婦は養成所卒業年次の古い順）、日赤養成所の卒業年次に当てはめられない臨時救護看護婦など外部から入ってきた者は、まずは戦時給与の本俸額の給額順で、同額者同士では日赤に採用された古参順によるとされた。看護婦のなかでも組長勤務を命じられている者は看護婦の筆頭となり、組長が2人以上いれば卒業年次の古い順となった。

　また臨時救護班のように所管の異なる救護員を混成した班では、職種ごとに本部養成所出身者、次いで支部養成所出身者の順とされた。こうした「席次」はたとえば整列した場合、前から、あるいは右からどう並んだり座ったりするかという場面に用いられた。

戦地の勤務と生活

　戦場で負傷した兵士は、その場か仮繃帯所へ運ばれて応急処置を受けた。さらに野戦病院で本格的な治療を受け、兵站病院、陸軍病院と後送されて、それでも重傷または重症なら病院船で内地へ、という経路をおおむねたどる。このうち日赤から派遣された看護婦たちの基本勤務地は野戦部隊に属す

る兵站病院と、その後方の防衛及留守部隊に属する陸軍病院で、状況により一時的に野戦病院まで出張進出することもあった。軍の訓令により危険をともなう前線では勤務しないことになってはいた（戦争末期にはそうでもなくなる…）。

　陸軍の戦闘単位である師団は、歩兵3〜4個連隊と騎兵や砲兵、工兵、輜重兵の連隊または大隊1個ずつなどで構成され、1個歩兵連隊は3個歩兵大隊を基幹とした。1個歩兵大隊は戦時で約1200人の将兵からなる。

仮繃帯所は火線と呼ばれる最前線から負傷者を収容（回収も）し、応急処置して後方の野戦病院へ下げるのが任務で、少尉または中尉くらいの軍医が1人と衛生下士官がいて大隊ごとに設けられるのがふつうだった。さらに野戦病院は1個歩兵連隊ごとに設けるのか基準だったから、1個師団で3〜4カ所開設されることになっていた。野戦病院長は軍医大尉〜中佐で、だいたいがテント張り、限界収容人数は200〜500人ほどだった。収容部、治療部、後送部に分かれており、重傷者はもっと後方の兵站病院へ送られた。

　野戦部隊とはいえ兵站病院は、主に軍需品を運ぶ補給線の要衝で兵站地区司令部などが置かれる「兵站主地」に開設された。この地には糧秣廠や需品廠などの出先もあり、たいがい師団司令部や軍司令部の近くである。接収した現地の病院や学校、役所など恒久的な建物が用いられ、1千人の患者を収容・救療できるだけの軍医や看護スタッフ、機材医薬品を備えておくものとされた。野戦病院からの後送患者の治療を完成させ、できるだけ原隊へ復帰させるのを任務とした。ここが日赤看護婦たちの主な勤務場所のひとつであった。

　陸軍病院は基本的に内科、外科（外科と内科はたいてい第1、第2に分けてあった）、眼科と耳鼻咽喉科、皮膚科と性病科、伝染病の各病棟からなる「病室」、包帯交換室や手術準備室、レントゲン撮影室がある「手術室」、病理試験室や理化学試験室ならなる「試験室」、調剤室、霊安室などからなる。病室は、准士官以上将校用と下士官以下に分けてあった。派遣班はそれぞれ班員を診断助手、病棟日誌記録係、処置係、事務係、処方係、食事係、被服係な

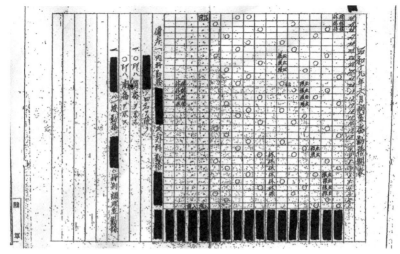

fig14　山西省の運城陸軍病院に勤務した第419班の、昭和19年6月の勤務表

どの分担を決め、そのうえで先任看護婦以下2〜3人ずつに分けてそれぞれ病棟を担当するのがふつうだった。そのメンバーは必ずルーキーなど不慣れな者とベテランを組ませ、個々の能力差を埋めて一定水準の看護能力を保つ工夫をした。

　実際、1943（昭和18）年あたりに編成された救護班では、任用直後に初めて召集された未経験者が多くなっていた。たとえば1942年1〜9月に編成されビルマに送られた8個班では、班員に中国戦線での従軍経験者が半数を占めたが、1943年10月に編成されてビルマへ来た第488班（石川）は看護婦20人のうち、16人が従軍未経験者だった。

　朝、宿舎から病院へ出勤してくる「日勤」は午前8時〜午後5時が勤務時間とされたが、結局一段落するのは午後7時すぎで残業が当たり前だった。さらに午後5時〜午前0時の「宵番」、午前0時〜午前8時の「暁番」の夜勤も3〜4日おきに回ってきた。

　fig.14で実態例として掲げるのは山西省の運城陸軍病院に勤務した第419

班の、昭和19年6月の勤務表である。

　戦地の陸軍病院で、看護婦たちはこんなふうに働いていた。○印が宵番と暁番になっているが、午後5時から午前0時をはさんで翌日午前8時までを通して宿直勤務としていたらしい。毎日2人ずつが当たるよう組み立てられている。仮眠はできたのかもしれないが、一晩中勤務がおおむね5〜7日に1回ではシンドイだろう。「休」印がないが、大丈夫だったのだろうか。下から上へ書かれているのが面白い。2〜4日の出張者が4人いるのは、患者移送に付き添うためである。「練休」というのは、練兵休のことか。どの救護班でも、班員の罹病率が高いのが悩みだったが、419班でもこの月は2人が入院中となっている。

　朝6時に起床ラッパで起き、身支度して点呼を受け、日勤者は朝食後に出勤して午前8時前にナースステーションへ入ると、当直衛生兵、看護婦からの申し送りをメモに取る。屎尿器の交換、朝食の介助のほか、体温や呼吸、脈拍、血圧などのチェック、ベッドメーキングを行う。午前中に点滴や注射も終える。戦時下では、静脈注射などの医療行為も、看護婦に任されることがあった。

　軍の病院はPPCといって疾病や傷、看護の度合いにより患者を分けて収容し、重症患者は病名別に収容した。しかし収容患者数に対して、看護婦の数は総じて少なかった。1人で250人ほどを担当することもあり、水枕の中の氷を午前中いっぱいかけて取り換え終えると、最初に替えた患者の水枕がもうぬるくなっているという状態で、賽の河原に石を積むような日々だった。粘便にまみれた新着赤痢患者の軍服をドラム缶で煮沸し、包帯を交換、投薬、傷口にわいた蛆虫の除去、配膳と片付け、喫食と排便の介助、吐瀉物や便の処理、病衣や敷布の洗濯、さらに日本軍は物資が不足していたので繃帯やガーゼも洗濯し、1本ずつ巻き直して何度も使い、夜なべ仕事で古くなった三角巾をほどいて繃帯やガーゼを手作りすることもあった。

　日勤が午後5時で終業できることはなく、たいてい7時や8時。特に入院患

者は数十人、百数十人と一気に運ばれてくるから、そんな日は零時を回ることさえあった。就寝時間は午後9時だが、なかなかそうはいかない。夜の12時まで収容看護が続き、立ったまま食事をとることもあった。

伝染病棟の勤務になると、感染防止のため、入棟にはゴム製の前垂、ゴム長靴、マスクなどかなる「避病衣」を着用した。病室を出る際はいちいち脱いでホルマリン箱へ入れ、消毒液を染みこませた踏み板に乗り、体を一回転させて消毒液の噴霧を浴びるだけでなく、手洗いやうがい、入浴までしなければならなかった。追加手当がついて当然、という気がする。手術の助手や病理検査も仕事だったし、切り取った手足の処分もした。散歩に付き添い、腕を失った兵士のために母親への手紙を代筆する看護婦もいた。

陸海軍の病院では、患者が意識不明など重体に陥ると「第1報」、危篤は「第2報」、死亡を「第3報」と表現した。第○報を打つ（診断する）のは医師で、第2報が出ると看護婦はほとんどつきっきりで容体監視である。第3報の後、「お疲れ様でした」と手を合わせ、鼻や肛門へ綿を詰めて体を拭く死体処理をしたし、死因を特定するための病理解剖を手伝うこともあった。

こうしたなかでも「患者慰問のため」、演芸会や運動会の開催を年に何度か求められた。自分が寝る間もないのに「実は迷惑」であったはずだが、企画、司会を引き受け、それぞれ舞踊や歌、楽器演奏など隠し芸を全力で披露し、傷病兵たちから拍手喝采を浴びたのであった。

戦争の負けが込んで、後方地帯でも民情不安定となり治安が悪化してくると、日々の通勤さえ安全が保証されなくなった。集団通勤が励行され、拳銃を貸与された人もいる。空襲が始まると、警報発令のたびに看護婦たちは患者を担いで防空壕や林の中へ避難を余儀なくされた。それも頻度が高まり、避難が深夜に及ぶこともあって看護婦たちの疲労は倍加することになった。

こんななかでも占領地で傷病兵の出入りも落ち着いてくれば、週に1日はちゃんと休みがもらえることもあった。そうした時は現地の名所旧跡を訪ねたり、ピクニックへ出かけたり、市場へ買い物に行ったりした。現地の人たちとの交流もあった。といっても外出は、必ず2人以上で行動するよう命じ

られていた。夜は宿舎で、生け花の稽古、トランプゲーム、読書などをする時間があるときもあった。

　もうひとつの主要勤務地・病院船は南方や中国から患者を内地へ運ぶだけでなく、それ自体が病院機能を有していた。
　出港時に毛布や枕、敷布、病衣、繃帯材料、薬品などを各病室へリレー方式で運び込みセッティングするのも看護婦の仕事だった。目的地について患者を迎え、海上で看護して、入港すると手を貸したり、担架に載せたりして患者を降ろす重労働があった。さらに航行中には敵潜水艦などの攻撃に備えた「避難訓練」があり、「ビイッ、ビイッ」という気味の悪い非常警報音が鳴り響けば、素早く貴重品や重要書類、サバイバル用品の入った雑嚢と水筒を肩から掛けて身支度し、重傷患者を1人ずつ担いでデッキへ運び上げることも繰り返した。
　午前6時起床、7時に日朝点呼とラジオ体操、7時半に朝食。正午に昼食、午後5時に夕食。午後7時日夕点呼、午後9時就寝・消灯。この間に陸上の病院と同じような様々な仕事があるのは同じ。しかも陸上の病院とは異なり船内は狭く、身をかがめての作業ばかりである。ペンキや油のにおいに、患者の臭気もまじる。そうでなくても慣れないうちは船酔いで、むろん食事はのどを通らず、空腹の胃袋から血液や胆汁まで吐くことがあったが、それでも、こうした勤務を「笑顔を絶やさず」こなしていくのである。1回の航海で、体重が平均2㌔減ったという。戦時中に発表された手記には、船酔いに打ち勝つべく、人気のない深夜、正しい行軍の歩調で船内の狭い廊下を何度も行き来して自己鍛錬する若い看護婦の姿が描かれている。長い航海中、ゆとりがあれば患者たちと一緒にミニゴルフや輪投げ、マージャンに興じることもあった。
　そんな病院船の航海頻度について埼玉、福島、神奈川、静岡の各支部で混成された第301班を例に見てみよう。この班は昭和16年10月13日、埼玉支部で編成完結。班長1、婦長3、看護婦24、使丁1の計29人で、基本的な病院船

編成である。16日に広島入りし、翌日、宣誓式に臨んだ。その後、予防接種などをしていたが、2カ月近く、待機状態が続いた。

【昭和16年】

第1航海（まにら丸）12月10～18日、宇品→上海→宇品

第2航海（同）19～31日、宇品→青島→大連→大阪

【昭和17年】

正月帰郷

第3航海（まにら丸）2月16～27日、宇品→秦皇島→大連→宇品

第4航海（同）3月2～13日、宇品→秦皇島→大連→宇品

第5航海（同）4月8～22日、宇品→釜山→大連→秦皇島→青島→宇品

第6航海（同）4月26～5月6日、宇品→大連→宇品

第7航海（ばいかる丸）6月21～28日、宇品→釜山→大阪。任務後、宇品

第8航海（同）7月4～16日、宇品→大連→大阪。任務後、宇品へ

第9航海（同）7月22～8月3日、宇品→大連→大阪

　　　班員のうち出張者10人が湖北丸で8月31～9月3日に宇品→大連→門司

第10航海（瑞穂丸）9月10～31日、宇品→大連→宇品

第11航海（同）9月22～10月11日、宇品→マニラ→高雄→基隆→宇品

第12航海（同）10月13～11月13日、

　　　宇品→シンガポール（昭南島）→マニラ→高雄→基隆→大阪

第13航海（同）11月8～28日、大阪→大連→宇品

第14航海（同）11月30～12月9日、宇品→大連→大阪

第15航海（同）12月11～19日、大阪→大連→大阪

第16航海（同）12月22～31日、大阪→大連→宇品

【昭和18年】

第17航海（まにら丸）1月28～2月5日、宇品→大連→大阪

第18航海（ぶえのすあいれす丸）4月4～5月11日、

　　　宇品→シンガポール→サイゴン→香港→宇品

第19航海（同）6月17〜27日、宇品→基隆→宇品

第20航海（同）7月3〜8月4日、

　　　宇品→シンガポール→サイゴン→香港→基隆→宇品

　当初は月に1回のペースで中国沿岸を回って帰ってきているのがわかるが、太平洋の戦線拡大で南方へ行くようになると、1回の航海期間が長くなっている。第18と19の航海の間が空いているのは、第18航海中の4月25日、香港沖でぶえのすあいれす丸が雷撃を受けて損傷し、帰国後に宇品で修理していたためである。

　この班では、第11航海で看護婦1人が高熱のため入院し、その後死亡。1カ月半後に補充交代員が来て穴埋めした。また第16航海の後には、病気のため4人が帰郷し、補充交代員4人が着任している。

　なお第20航海後の8月23日、召集から2年近く勤務している看護婦は召集解除されることになり、班組織はそのままに、月末までにほとんどの要員を補充交代員と入れ替えた。そして9月23日にフィリピン・ケソンの南方第12陸軍病院第1分院へ配属。終戦で米軍に収容される昭和20年9月下旬までに、空爆やジャングル内の逃避行で多くの死者を出している。

救護看護婦長への道

　救護班の婦長は「救護看護婦長適任證書」を下付されている者から任用すると決まっていた。適任證書があれば平時から日赤病院でも一般の病院でも、婦長のポストを用意されるのがふつうだった。適任證書を獲得するには、看護婦長候補生に指名されて1年間、看護婦養成所へ入校しなければならなかった。昭和11年〜20年に養成された婦長は計419人である。

　「上長ノ命ヲ受ケ看護ニ従事シ救護看護婦ヲ監督ス」（救護員規則）るのが看護婦長の役割とされた。救護班長たる医員（医師）や病院の軍医の医療方針について看護婦たちに細かく指示を出し、かつそれを監督して実現させる

責任があり、看護婦たちの健康体調や仕事ぶりにも目配せしつつ自らも看護に従事するプレイングマネジャーである。陸上の病院では病棟の看護責任者となるほか、複数の班が乗り込み婦長が何人かいる病院船では薬剤、経理、病室などの担当責任者を分担した。看護婦たちが記録する「病床日誌」の管理責任もあった。また班を代表して派遣先である軍側と折衝をするのも、事実上は婦長の仕事だった。物品の融通や勤務待遇について軍側へ注文を付けるのも役目である。

　気骨の折れる役目のひとつが、陸軍看護婦（陸看）との折衝であった。救護班はいわば日赤からの出向、軍からみれば「借り物」だったが、陸看は陸軍病院の定員で正規スタッフである。陸看には一般養成所の出身者が多く、看護婦教育の国内最高峰とされた日赤の看護婦へのねたみなのか親切なのか、「ここでのやり方はこうなのよ」と、投薬の仕方など細かいところまで姑のように口を挟んでくる陸看婦長もいたという。そんなとき若い班員から「婦長殿、今日はこんなことを言われたのですが、どうしましょう」などと泣きつかれれば、間をとりなさなくてはならないのだった。

　日中戦争が始まると医員なんぞは確保できず、班の婦長を2人にして、うち1人に班長を命じるのが常態化した。班長は、まず班の諸経費に使う事変前渡し金を渡されるので、その管理責任者、出納事務監督者となる。具体的な事務仕事は書記殿がやってくれたが、出納記録と物品出納記録を合わせて2カ月分を算出し、日赤へ次回分の請求書を送るのは班長名。このほか救護団体の長たる班長には、後で述べるが、班員の看護婦が「しでかして」しまったら上と協議して懲罰も決定する。看護婦たちがつける業務日誌をもとに班の行動、業務内容と患者数、班員の勤務や給養状況などを毎月1回まとめて「業務報告書」を作製し、派出元の支部へ送る名目上の責任者でもあった。

　そんな重責を担う救護看護婦長の候補生を選び出すのは、彼女の出身支部または現在勤務している支部、本部である。救護看護婦へ任用後、日赤病院で勤務を続けて2年以上というのが条件だった。この場合、日赤養成所の出身者か、日赤以外の養成機関の出身者かは問われなかった。救護班の婦長充

足状況をにらみ、婦長の不足を感じた支部や本部は毎年7月中に「学術および勤務の成績が良好で、部下取り締まりの才能がある」者を選んで、養成予定人数（養成希望人数）を社長へ提出する。だから必ず全支部が毎回候補生を送り出していたわけではない。看護婦は各支部が採用した生徒を支部や本部の養成担任病院が教育したが、婦長は、各支部で選定された候補生を中央病院の養成所へ集めて教育することになっていた。

候補生の養成期間は1年間が基本で、戦時などは短縮されることもあったが、看護婦養成と同様に3分の2以下より短縮することはできないとされていた。全国の支部から選ばれて東京の日赤中央病院へ集まって来た彼女たちは、生徒ではなく候補生と呼ばれた。生徒の制服や看護衣の左襟に洋数字の学年別章がついているのに対し、候補生は救

表9　看護婦長候補生カリキュラム

	時　　間	
	前　　期	後　　期
訓話	20	20
修身（作法含む）	20	20
公民科	20	20
国語		
赤十字事業の要領	20	
陸海軍の制規及び衛生勤務の要領	20	
看護歴史	20	
解剖学及び生理学大意	20	
衛生学総論		
学校衛生	20	
環境及び産業衛生大意	15	
母性及び乳幼児衛生大意	15	
細菌学大意及び消毒法	20	30
包帯法		
患者運搬法	50	
看護法	30	
治療介助	20	30
手術介助	20	30
慢性伝染病予防並びに寄生虫予防大意	20	
急性伝染病及び一般主要疾病	20	30
栄養大意及び食餌法		20
按摩法	20	
医療器機解説	20	
外傷		
救急法		
薬物及び調剤		
教育	20	
心理学	20	
衛生法規大意	20	
社会事業及び社会保険大意	20	
衛生統計	20	
病院管理法	20	
家政学	20	
経済学	20	
体操	20	
音楽	10	
復習		

護員であることを示す桐花の識別章を付けていたし、通学帽はかぶらないので見分けるのは簡単だった。

　候補生の養成期間は毎年11月1日（入校日である）～翌年3月31日の前期と、4月1日～10月31日の後期に分けられていた。カリキュラムは**表9**の通りである。

　太字で表記した「衛生統計」「病院管理法」「家政学」「経済学」は候補生ならではの課程だが、他は生徒時代と科目名は変わらない。しかし座学に関しては看護婦よりもさらに深い専門知識や理解が求められ、看護法や介助など実務を伴う科目は、部下の看護婦にそれを正しく行わせる指揮監督術の教習が主体であった。となれば各種の業務に精通し、臨機応変に仕事の先を読める実力が前提となる。たとえば訓話は、班員たちに話して聞かせる立場となるので、テーマごとに「引き出し」をたくさん持っている必要がある。また「患者運搬法」は主に号令をかける訓練で、どんな場面でも担架隊を安全かつ自由自在に操る指揮能力を身につけなければならなかった。この訓練で担架を運ぶ役は同じ候補生。30近い年齢で10代の生徒と同じことをするのはシンドかったから、へたな号令をかけて進行方向などを混乱させると仲間たちの恨めしげな視線が突き刺さるプレッシャーもあったとか。試験は学期末ではなく、各科目の終了時点で、口述や筆記、実務応用形式で行われた。成績不良や長期療養が必要な傷痍疾病を理由に候補生を罷免されることもあった。

　候補生にも学費が支給され、手当は生徒より月額3円多い10円以内。寄宿料は、すでに職員なので支給されないのが原則だったが、事情により月額15円まで支給されることがあった。また生徒時代と同じく、制服や看護帽、看護衣も貸与または給与されることになっていた。

　こうして学科と訓練を無事終えたエリートたちは毎年10月下旬、修了式に臨んで適任証書を授与され、適任者となった。ただし、襟に2個の識別章が

3 日赤看護婦の従軍

野外訓練で天幕設営の後、飯盒炊爨で食事する看護婦長候補生たち。生徒ではないので制服に識別章をつけ、通学帽でなく制帽ををかぶっている。

つくのは、実際に救護看護婦長へ任用された人だけである。応召義務のある「在職年限」の12年間については、看護婦時代からが通算された。

しかしこのやり方だと、戦争中は遠い戦地からわざわざ帰国して中央病院へ入校するのが難しくなるし、一方の

救護看護婦長は襟に２個の識別章

現場では入校者が抜けたあとを補充しなくてはならない面倒もあった。何より戦時には、短期間に大勢の婦長の増員が要求される。そこで戦時に限り、内地の日赤病院で２年以上、あるいは戦地で救護の任に１年以上従事している救護看護婦から、勤務成績優秀で部下の指導統率に才能がある者を選んで「特別任用看護婦長」、略して「特任婦長」とすることもできる制度があった。

特任婦長を任用する際には社長の形式的許可が必要で、救護員に任用された年月とその後の日赤病院や戦地での勤務状況を証明する履歴書、婦長任用後も応召義務に服することを本人が誓う服務承諾書を本社へ送って申請することになっていた。任用候補者は辞令を受けて「婦長心得」という身分とな

り、いきなり識別章2個を襟につける。そして、婦長の指導のもとで婦長代理のような仕事をしながら実務を身につけ、婦長へ任用された。

秋田支部から満州へ派遣された臨時救護看護婦のNYさんは、配属3年目の昭和17年に現地の陸軍病院で看護婦長心得の辞令交付を受けた。「婦長が手づから襟章を付けて下さった。あの手の温かさを私は今なお忘れることが出来ないでいる。私は任務の重さに自信がなく、ポロポロと大きい涙を流して泣いていた」とはNYさんの回顧である。彼女が特任婦長を拝命したのは昭和18年6月。そのまま勤務を続けたが、班幹部が相次いで帰国したり、病に倒れたりしたこともあって昭和20年6月には総婦長に任ぜられている。

ただし特任婦長は、婦長適任證書を与えられていないので、制度上は召集解除を受けたり、所属する救護班が派遣満期で解散したりすれば、もとの看護婦にもどった。一方で、その際に補習教育を受け適任證書を授与されることが多く、現地でも任用後に婦長実務を積ませて證書を交付することもあったらしい。

要員交代＝欠員補充のシステム

さて派遣をめぐる書類の説明のところでも触れたが、派遣先で病気になって入院したり、病気がもとで亡くなったりするケースも日中戦争からは続出した。婦長候補生になっての養成所入校、自身の結婚、親の不幸などで帰還する人もいた。そうなると現場としては欠員補充が必要になる。また派遣が長期間になりすぎたこと自体を理由とする要員交代、班まるごとの交代も行われた。

まず病欠であるが、救護班員は派遣先で負傷したり、病気になったりすると無償で軍医療機関の治療を受け、入院することもできた。そして「傷痍疾病ノ為配属服務ノ見込ナキ者」と判断した病院長または部隊長は、当人へ帰還を命じることが出来た。そして陸軍省へ診断書または「事実証明書」の写

142

しを添えて内地送還予定日または軍病院の退院予定日を通報し、「補充請求書」を送ると、陸軍大臣または副官名で日赤へ補充要員の請求が行われた。事実証明書というのは、その看護婦の内地出港から任地配属後の配置、異動、勤務履歴、発症年月日と場所、病名、症状などを軍医が列記し、「繁劇ナル勤務ニ精勤シタル結果発病シタルモノニシテ全ク公務ニ起因シタルモノト認ム　右証明ス」るもので、公務による傷病を証明するのだから、交代経費や入院中の給与にも影響する書類である。気の毒にも現地で亡くなってしまった場合も、同様の手続きがとられた。病気帰還は、出身支部病院への転属というかたちがとられ、軍司令部が取りまとめた上申書をもとに大臣副官から転属が通牒された。とりまとめは1回につきその軍麾下の数個病院から複数の支部にまたがる計5〜10人くらいで、昭和14年ごろからこうした「還送患者転属」の通牒が発せられる回数が劇的に多くなり、いかに病気で帰国を余儀なくされた看護婦が多かったかがわかる。公務による傷痍疾病で帰還する場合、陸軍の医療機関に収療状態であれば日赤病院へ転属する決まりだが、実際には内地の陸軍病院へ転送されることが多く、傷病兵と同様に軍側の給養負担で内地へ向かう病院船や患者輸送船に乗せられた。

　また自身の結婚、親の死去といった事情、派遣先に着いてから妊娠が発覚したといった「要召集解除」など公務の傷痍疾病以外の帰還も理由によっては認められており、そうした場合には陸軍所管長官と日赤の協議で、帰還を許すかどうか、帰還費用をどちらがもつか、ケースバイケースで判断した。

　欠員を埋める「補充交代員」は、欠員が発生した班の派出元の支部または本部が手配して送り出すルールになっていた。それは「陸支密……副官ヨリ日本赤十字社副社長へ通牒」といった文書で、「貴社ヨリ派遣シタル救護員中左記欠員ヲ生シタルニ付可成速ニ補充セラレ度」と、要求している部隊名付きで看護婦何人というふうに発せられた「請求書」に基づき本社が各支部本部へ指示を出すのである。たいていは4〜5人だったが、1人ということもあったので、日赤側から軍側へ補充交代員を「授受」する場所や日時も指定された。「請求書」といい「授受指定場所」といい、まるでモノ扱いである。

そして軍用船舶に乗船した時から費用一切を軍側が負担し、乗船までは日赤側が旅費などを負担することになっていたのは班の派遣と同じである。ただ人数が少ないためか、船便の都合か、軍用船舶ではない民船で現地へ向かわされる人もあったようで、その場合の経費は日赤側の負担と決められていた。こうして補充交代員は、補充請求をまとめるかたちで該当する各支部から送り出されて港へ集められ、船へ乗ってからは各寄港地で数人ずつ分散しながら下船して配属地へ向かった。中国戦線で列車が主要駅へ着くたびに1人あるいは数人と下車してゆき、さらに駅からは1人になって、出迎えの下士官とともに馬車に揺られて配属先へ向かう心細さを描いた手記もある。

　TRさんが属した班を例にみてみると、激務に加えて慣れない気候風土が影響したのか、着任から1カ月に満たない昭和18年5月22日には臨時看護婦1人が急性壊疽性虫様突起炎を起こして入院している（ちなみに6月11日に治癒退院）。そうした罹病者の3人目は若い乙種看護婦であったが、7月3日に結核性腹膜炎と腸閉塞を起こし、8月28日に内地帰還のため任地を離れている（この看護婦は11月19日に広島陸軍病院で亡くなった）。この後この班からは、19年4月5日にも神経衰弱のため甲種看護婦1人が内地へ帰還。また19年9月に北載河陸軍病院へ、同月と20年3月に奉天陸軍病院へ各1人が重病のため転院を余儀なくされている。看護婦20人のうち計5人の欠員が生じたわけである。

　これに対し、昭和18年11月に乙種1人、19年5月に乙種1人、20年3月に臨時1人、6月に臨時2人の計5人が補充として着任している。昭和18年10月7日には婦長の1人が「家事ノ都合ニ依リ」朝鮮本部へ帰還するのに合わせ、少し前の9月21日には新たな婦長が到着した。こうしてTRさんの班は終戦まで、定員を維持していたことになる。

　どの班でも欠員補充が円滑だったわけではなく中国山西省にあった運城陸軍病院に勤務した419班（婦長2、看護婦20など24人）では終戦時、5人もの欠員が埋まらないままだった。それにしても救護班の業務報告書（月報）を

めくっていると、どの班も病に倒れる看護婦が実に多い。華北へ派遣された某班では、派遣期間中に5人が還送されたほか、のべ12人が勤務先の病院で入院治療を受けて退院している。入院期間は1～21週間で平均9・3週間。病名は結核性腹膜炎、肺湿潤、虫様突起炎などが目立つ。発疹チフスなどの伝染病は、勤務で患者からうつされたのだろう。

この班でも毎月、注意喚起を行い、健康診断を実施するなど健康管理にはじゅうぶん気を使ってはいた。班書記は「発病ノ原因ヲ探求スルニ気候風土ノ不良ナル事変地ニ於テ繁劇ナル勤務ニ依リ身体抵抗減弱セルモノト思考ス」「編成派遣時既ニ大半ハ不健康者ニシテ日夜煩雑ナル事変地ノ長期間ニ渉ル勤務ノ為メ遂ニ病魔ニ冒レシ者ニシテ誠ニ遺憾ニ堪ヘザル処ナリ」と記している。

兵隊でも内地と大きく異なる気候風土ゆえに罹病者が続出したのだから無理もないが、記述にあるように救護班の編成時点で大半の看護婦が健康不良者だったとは驚かされる。この班が編成されたのは戦争たけなわの昭和18年。看護婦養成所では詰め込み式の戦時カリキュラムが増大する一方で養成期間は大幅に短縮されて生徒からも過労死者が出るような状態だったし、応召者も若いピチピチした人材はとうに戦地へ行ってしまっているなか、班員をかき集めていた苦しい事情が垣間見える。

ビルマ戦線でも、日本赤十字看護大の川原由佳里氏の調査だと内地送還となった計57人のうち、最も多い理由は結核性疾患の27人、次いで長期勤務による補充交代や婦長候補生入学など病気以外で10人、そして消化器や循環器、婦人科などの疾患6人、感染症と脚気が4人ずつなどとなっていた。

さて日中戦争～太平洋戦争は、日本が経験したことのない長期全面戦争であり、派遣期間の2年を大幅に超えて勤務を続ける班が続出した。そのため日赤は、たびたび陸海軍省に現地部隊へ交代を訓令してもらうよう要請した。班や班員の移動と異動には、陸海軍大臣の訓令が必要だったからだ。日中戦争初期のころは軍の輸送機関も健全で日赤の人的資源も余力があり、定期的に班ごと入れ替える交代が多かった。

帰国してきた救護班は、「凱旋」として歓呼の声に出迎えられた

　たとえば陸軍は昭和15年3月に陸支密第768号で、派遣中の日赤救護員で継続勤務2年以上となる内地部隊（病院）配属勤務者、勤務継続1年6カ月を超す事変地部隊（病院）配属勤務者と病院船配属勤務者を交代させるよう全軍に通牒した。なかでも特に長期派遣になっているとみなされたのか、2隻の病院船や関東陸軍病院などは名指しで、全員を交代させるようにと特記した。ただ引き続きの服務を希望する者、病院船と関東陸軍病院勤務者のうち派遣後に補充された者は除くとも但し書きされた。

　計33個班を入れ替える大事業となったこの交代の際は、配属部隊所管長官と日赤社長との間でじかに協議して、交代期日や人員を決めることとしてある。この交代で帰還する救護員は、各部隊で交代完了後に派出元の支部へ復帰することになっていた。新たに派遣される交代員は、該当する支部が召集状を発して必要人数を集め、新しい班を編成し、壮行式もして送り出した。出発前には、陸軍側が直接行うか後で軍が費用を負担するかして、種痘や腸

チフス、赤痢、コレラなどの予防接種を行うことになっていた。旅費の負担区分と、救護員名簿など書類の作成や送付提出は従来通りである。

　こうした大がかりな交代要請は、記録を確認できた範囲だと昭和14年3月に最初に出され、次いで昭和15年3月と11月、昭和16年4月と5月、昭和17年6月、昭和18年4月に発令されている。このほかにも記録にない、班ごとへ指示が発せられるような小規模交代も、派遣記録を追うとかなりの数にのぼるようだ。

　愛知支部が昭和17年2月に編成し、インドネシアのジャカルタで勤務していた第327班（24人）にも昭和19年4月、配属勤務2年となる班員を帰還させるべしとの指示が来た。しかしこのころはどこの救護班でも、派遣当初からいる班員と、その後に欠員補充でやって来た班員が入り交じっていることが多かった。そのため配属期間の長さを基準とした帰還指示に対し、特に南方戦線では班組織を現地へ残したまま該当する班員だけ帰国させるという手段をとらざるをえないケースがかなりあった。327班では計24人のうち婦長以下18人が帰国対象となった。

　この班では9月に帰還対象者と同数の婦長以下18人が補充交代員としてやって来たが、戦況の悪化で帰国の船便がなくなってしまったため、残留組と合わせて一時的に班員42人という大所帯に膨れあがってしまい経費が不足するという一幕があった。帰還対象の18人は12月26日になってようやく乗船できて帰国の途についたが、シンガポールへ到着後、ここでも台湾へ向かう乗り換えの船が来なくなったと判明。1カ月間以上もシンガポールで足止めを食い、別の船が来るまでその地の陸軍病院で働くはめになった。

　ちょうどこの時期は敵潜水艦や航空機に撃沈される輸送船が急増し、軍が指定した航路が次々に閉鎖へ追い込まれ始めていた。そのため帰還指示で内地へ向かった看護婦たちが船を撃沈されて殉職する悲劇も起きたし、帰還途上のシンガポールや台湾で船を待ちながら終戦となってしまった人もいた。その逆に命からがら任地へ着いたものの、それからわずか半年ほどで終戦となって、現地の政情混乱に巻き込まれたり、抑留の憂き目に遭ったりしなけ

ればならなかった補充交代員たちも多かったのである。

召集解除と再招集、再々召集

　これまで述べてきたような傷痍疾病や結婚、家庭の事情、派遣満期あるいは不祥事…と理由は何であっても、召集されて救護班入りしている以上は、召集解除を受けなければ帰国しても自由の身とはならなかった。召集解除は、編成・派出した支部または本部へ戻ってきてから手続きするのが原則だった。

　帰国してきた救護班は、特に太平洋戦争が始まるまでのころは「凱旋」として歓呼の声に出迎えられた。写真を見比べると、出発の時とは異なり、どの顔も晴ればれとして笑顔を浮かべている。

　こうして編成元の支部へもどると、服装もそのままに班の解散式が行われ、支部長はもちろん、県知事なども駆けつけて労をねぎらった。それから旅装を解いてまずしなければならないのは、貸与品の返納であった。応召の際に署名捺印した受領證をもとに、制帽制服や編上靴、水筒や雑嚢、徽章類などを返して返納證と引き換えてもらうのである。しかし特に終戦後の手続きでは荷物も捨てて命からがら帰還してきた人もいて、必ずしも受領證とおりの内容をすべて返納できたわけではない。そうした場合は、「消耗破棄」や「破損処分」「盗難・紛失」などと亡失届を書いて提出しなければならなかった。その理由が「やむを得ない」と認められない過失や故意だったとされると、制度上は弁償しなければならないことになっていた。そのため看護婦たちは、それがどんなにぼろちくなっても、あるいは現地で別の品と交換されていても懸命に員数どおり持ち帰ろうとしたのだが、しかしそこはそれ、たいていは亡失届を書くだけで、返納證の該当物品欄の備考に「消耗破棄」などと記入して員数を消し、支部の担当者が認め印を捺して済ませたようである。兵士の軍服類と異なり、昨今、当時の日赤看護婦の被服が骨董市場に出回らないのは、このように復員に際して返納してしまっているからである。

148

総報告書、救護材料出納表、勤務成績表の作成や事変前渡し金の精算などを命じられた人たちは、解散翌日から3週間以内で居残り、残務整理にあたった。

こんなサイクルで、日中戦争〜太平洋戦争期間中、応召3回という人もざらにいた。一例を挙げると、高知支部出身で昭和14年4月に新卒任用されたＫ子さんは、こんな経歴だ。同年8月14日に召集されて臨時第37班員となり、第36病院船に乗り組んだ。昭和15年に別の病院船へ転属して勤務を続け、班は昭和16年7月14日に支部で解散、23日に召集解除された。しかしＫ子さんは3カ月後の10月14日に再招集。今度の第314班は善通寺陸軍病院へ勤務した後、11月11日に病院船ばいかる丸へ乗船し、大連やフィリピン航路で勤務した。その最中に看護婦長候補生を命じられて帰国。召集解除を受けて昭和18年11月1日に東京の本部病院養成所へ入校した。大幅に短縮された婦長養成課程を経て翌年6月に卒業、婦長適任證書を授与されると、11月11日に3度目の召集。善通寺陸軍病院の結核病棟の責任者となり終戦を迎えている。

軍から相次ぐ派遣要求に養成が追いつかず、帰還した看護婦を新編成する別の救護班の中核メンバーとして何度も「再利用」していた様子がうかがえる。

銃殺刑もありえた刑罰

救護員には日赤の救護員懲戒規則があったが、宣誓し陸海軍の軍属として働いている間は、それぞれの軍刑法と軍懲罰令が適用された。

救護員懲戒規則にある違反事項は①職務上の規定に違背し、または職務を怠った時②職務の内外を問わず職員たる体面を汚し、または信用を失う行為があった時——の2つであった。シンプルだが、多くの事例を包括できてしまう内容である。懲戒は①解職②召集解除③減俸（1カ月以上、6カ月以内で本俸3分の1以下を減じる）④譴責の4段階。懲戒処分を行う際は本人に始末

書を提出させ、「言渡書」を作製して本人へ通達した。懲戒執行中に功績や勤労が認められれば執行が軽減されたり、免じられたりした一方、減俸以下の処分も複数回受となれば「改悛の情なし」とみなされ解職、召集解除とされた。懲戒処分は、救護員戦時名簿に記載されることになっていた。

　この懲戒処分となる違反事項は、陸海軍刑法によって処刑、軍懲罰令によって懲罰された際にも適用された。

　陸軍刑法も海軍刑法も全体の構成は共通し、いずれも①武器を取って反乱を起こすだけでなく武器弾薬や軍需品を敵国へ交付するなども含まれる「反乱」②司令官向けの法律で勝手な戦闘を禁じる「擅権」③司令官、将校、哨兵が気安く降伏したり、持ち場を離れるなどする「辱職」④命令への反抗や不服従「抗命」⑤上官に対する「暴行脅迫及殺傷」⑥これも上官に対する「侮辱」⑦戦場や戦地から逃げたり、自発的に降伏したりする「逃亡」⑧軍の乗り物や設備、兵器弾薬など軍需品を壊したり、捨てたりする「軍用物損壊」⑨戦場や占領地の住民らに対する「略奪及強姦」⑩捕虜を逃がす「俘虜」⑪歩哨をだます、兵役を免れるために自損行為などをする、偽の報告をする、造言飛語をなす、建白や演説など政治活動をする、銃砲で弾丸以外の物を発射するなどの「違命」からなる。たとえば海軍に「出港する艦船の出港時間に遅れる罪」があるなど、陸軍は陸軍の、海軍は海軍ならではの条文もあって細部が異なり、陸軍刑法は104条、海軍刑法は105条までである。これらは刑法であるので、軍属であっても軍人と同様に○○罪などと罪名をつけられて、軍法会議にかけられた。

　看護婦の身に擅権や略奪強姦罪は無関係だろうが、心配されたのは反乱罪にある「軍事上ノ機密ヲ敵国ニ漏泄スルコト」（陸軍・第27条3項、海軍第22条3項）であった。たとえば休日、病院外の食堂で同僚たちと女子会ランチをしながら「こんど退院する○○軍曹、部隊が××へ行っちゃったから復帰するの大変なんだってー」なんて話をして、その部隊移動に関する部分が敵密偵の耳に入っていたことがばれれば、こんな過失であっても罪に問われる。この罪は死刑。軍における死刑は銃殺である。だから日赤は救護員たち

を軍へ送り出すとき、書面で、あるいは訓示で、これでもかとくどくど「機密漏泄」を起こさないよう「余計なおしゃべり」を厳に戒めていた。海軍に配属される看護婦たちに日赤と海軍が強く注意を求めていたのは、懲役刑に処せられる「後発航期罪」つまり出港時間（実際の出港ではなく）に遅れることであった。病院船も軍籍の「艦船」だったからである。うっかり失火で病院や船を焼損させてしまうと「軍用物損壊」罪になったから、婦長は「火の用心」にも心を砕いた。

　そもそも赤十字精神の根幹である「敵味方を問わない救護」は、刑法で罰せられる利敵行為と背中合わせだったが、基本的には赤十字徽章の装着が認められている者の行いであれば除外されることになっていた。実際には、敵兵や敵国人を救護する場合は、捕虜になった者か病院へ連れて来られた者に対して看護を行うよう指導されていたという。調べることができた範囲ではあるが、幸いにして軍法会議の記録に看護婦が処刑された判例はなさそうだった。

　一方の懲罰令は軍紀・風紀違反など、陸軍刑法の罪にまでは当たらない懲戒処分について定めたもので、救護員は、処分されると救護員戦時名簿や身上調査書の賞罰欄に記入されることになっていた。処罰権者は病院長をふくむ部隊長らで、病院長の場合、病院に勤務する衛生兵や患者を処罰することが出来た。

　下士官への罰目は免官、譴責、重営倉、軽営倉などで、兵は降等、譴責、重営倉、軽営倉であった。重営倉は1日以上30日以内で、営倉に指定された個室へ幽閉され、寝具はなく、食事も飯と固形塩だけ。軽営倉は寝具と普通の食事が与えられる。重営倉は看護婦には関係なさそうだが、外出して帰営時間に遅れるなど故意や故意とみなされる軍紀・風紀違反が対象で、軽営倉は「不注意の廉」など過失による違反が対象だった。いずれも営外居住者の重営倉で10分の5というように入倉期間中の減俸がともなった。

胸を飾る社員章と勲章、記章

・社員章

　紺色の制服の胸には日本赤十字社正社員章の赤い綬（リボン）が色鮮やかに目立つ。日赤の看護婦なのだから日赤社員で当たり前……ではあるのだが、実は彼女たちもタダでは社員になれなかったのである。

　皇室の恩恵に浴していても、陸海軍の補助があっても、日本赤十字社運営の根本を為すのは寄付金であり、看護婦たちも生徒になったとき、一般人と同じ規定に基づいて拠出金を払い社員に列せられていたのだった。

　社員は、毎年3円ずつの拠出金を10年間払い続ける義務があった。毎年1～4月、5月～8、9～12月と3期に分けて1円ずつ払うのが基本で、まとめて1回で3円払うこともでき、その場合は50銭引きという特典があった。看護婦生徒たちは毎年4月に入学するので第1期からの支払いとなるが、臨時看護婦のように中途で入社する人の場合は、それぞれの月期から10年間の支払い義務が生じた。そして1期分以上を支払うと、社員章が交付された。
博愛社から日本赤十字社に変わった明治20年の社員数は2179人、明治27年に10万人、明治37年に100万人、大正9年に200万人を突破し、昭和15年は401万8161人だった。戦時中は赤十字への拠出金が国民に奨励され、終戦の昭和20年には1521万1979人に達した。

fig.15　社員章の公式図

　赤十字に賛同するとは拠出金を払うことであったわけだが、一般人ならともかく、実際に看護婦として身を危険にさらしながら赤十字精神を体現した人たちの給料からも拠出金を払わなければならなかったとは、釈然

3　日赤看護婦の従軍

fig.16　左から「特別社員章」「終身正社員章」「正社員章」

としないものを感じるのは筆者だけだろうか。

　記章は、正しくは「正社員章」といい、明治21年6月22日に制定された。直径約3㌢のメダル（牌）＝fig.15＝は、当初は純銀製、絹の赤織りの両縁に2条ずつ藍色の線が入る「綬」がついた。佩用するのは左胸。この綬は、看護婦らが佩用した女性用は蝶結び形になっており、最初

fig.17　重厚なつくりの有功章

は胸に糸で設けたループに2本の長い金属製の針を差し込む装着方法だったが、昭和期に入ると安全ピンで留める方式になった。

　メダルの図案は「桐竹鳳凰と赤十字」で、これは日本赤十字社の紋章でもあった。看護婦らが制服の左襟につけて身分を表した銀色金属製の識別章が桐花なのは、ここからきている。日赤が創設された明治20年、初代社長となった創設者佐野常民が時の美子皇后へ拝謁し、「何か日赤の紋章をいただけないでしょうか」と申し出たところ、皇后が、つけていた愛用の簪を抜いて「これに彫りつけてある桐竹鳳凰がよかろう」とお示しになったのが由来という。

　そんな格式高い社員章であったが、当初は1期分の支払いを申告するだけで社員章をもらえたため、金を払わず社員章だけ手に入れて売り飛ばすヤカラが続出したらしい。そこで明治28年からは1期分以上を実際に支払った後

153

で交付することにした。メダルは後に銀メッキ製となり、昭和には銀と錫の合金製に、戦時下の昭和16年には金属資源不足のためアルミニューム製でもよいことになった。

さて社員章には3種類があり、fig.16をもとに説明すると、左から「特別社員章」「終身正社員章」「正社員章」である。正社員の義務に従い毎年3円ずつを10年間支払い終えると終身正社員となり、薄藍色で円形の「小綵花」が贈られ、男性用正社員章は綬に直接、女性用は綬を束ねている金属部品に糸で縫い留めて終身社員章とした。入社時一度に25円を拠出した人には完成品が交付された。特別社員は拠出金の合計が200円以上になった者のことであったが、明治43年に「本社事業又は社費を幣助した功ある者」と改められ具体的な金額が削除された。これには綬と同じ柄の「大綵花」が贈られた。

このほか有功章（fig.17）という、社員章とは別格の記章もあった。通算でも一度にでも1千円以上の拠出をした人、または社事に功績のあった人に贈られるもので、授与には、総裁から宮内大臣に具申のうえ宮中で裁可されるという勲章に近い手続きをふんだ。青い七宝に桐竹鳳凰が浮き彫りされ、四方に白色の光線が延びている重厚なデザインで、社員章と並べて佩用できたが、有功章の方を上位として体の中心線寄りに着けることになっていた。銀製であったが、昭和17年から地金が銅製の銀メッキに代わった。

どの章も佩用できるのは本人終身一代限りで、本人が死去すると遺族が保管できたが、生前に拠出金を途中で支払わなくなったり、自己都合や除名になったりして積極的、消極的を問わず退社すると返納しなければならなかった。明治36年には、拾得者に対する報奨金制度もつくられた。

紛失した場合は必ず支部または本社へ届け出るべしとされ、天災や盗難など紛失理由がやむを得ないと認められれば再交付されたが、原価を支払わなければならなかった。また退社したまま社員章をなくしたという人にも弁償原価が請求された。ちなみにその原価は、昭和16年ごろで男正社員章はメダルが銀錫合金製だと1円55銭、アルミニューム製のものは60銭、女正社員は

銀錫合金製1円75銭、アルミニューム製85円。綬のつくりが凝っているぶん、女性用はやや高価である。終身社員章につける小綵花は15銭、特別社員章の大綵花は30銭だった。

・勲章

　叙勲が事実上、官吏（文官）と軍人（武官）、政治家、大物経済人に独占されていた戦前の日本において、従軍する看護婦は、女性にとって叙勲される数少ない職業であった。当時の日本の勲章は一般に金鵄章、旭日章、宝冠章、瑞宝章があったが、このうち女性が叙勲できるのは宝冠章と瑞宝章である。軍人専用の金鵄章はもちろん勲一等宝冠大綬章などというのも看護婦さんたちに縁がないので、ここは相応の（？？）等級を中心に話を進める。

　日本で最初に制定された勲章は1875（明治8）年の旭日章（勲一～八等）で、宝冠章（勲一～五等）は明治21年、瑞宝章（勲一～八等）とともに制定された。宝冠章は旭日章の女性版という意義づけであったが、このころは五等までしかなく、瑞宝章も含め他の勲章は男性専用だった。受賞者の宮中席次などで勲章に格があり、上記のなかでは金鵄章、旭日章・宝冠章、瑞宝章の順である。

　勲章の性質もそれぞれ異なっており、制定趣旨によると旭日章の授与対象は「国家または公共に対し勲績（顕著な功績）ある者」で宝冠章はその女性版、瑞宝章は「国家または公共に対し積年の功労ある者」である。軍人に向けた基準をみてみると、もう少しはっきりしていて、大要「戦功ありといえども未だ金鵄章を与える場合に至らざるもの、および平時の勲功が格別顕著なるものには旭日章を与え、平時の勲功ありといえども未だ旭日章を与える場合に至らざるもの、および数年勤労者の如きは瑞宝章を与うること」となっている。つまり旭日章と宝冠章を頂戴するには勲功が必要で、瑞宝章は、旭日章に至らないとはいえ何らかの功労があるか、その功労が長年にわたる者、あるいは永年精勤者…というニュアンスになろうか。いずれも「看護婦は兵、看護婦長は下士官」に準じるという勅令で定められた身分から、初め

fig.18　勲七等宝冠章、fig.19　六〜八等の公式図

て勲章を受ける場合、看護婦は兵の初叙等級である勲八等、看護婦長は下士官の勲七等となっていた。さらに勲功、功労を重ねると、もうひとつ上の等級の勲章をもらえることになっていたのだが、その際は前にもらっていた勲章を返納することになっていた。

fig.20　女性用の勲八等瑞宝章

宝冠章は制定8年後の明治29年、日清戦争に従軍した看護婦へ授与するため新たに六〜八等を追加した。古代の女帝の冠を楕円形のなかに配しているのが基本デザインで、楕円の外側に竹葉や桜花が飾られている。三〜六等は冠の背景や楕円の縁、桜花などが美しい七宝で、蝶形の綬は黄色に赤色の線が入るのが共通している。

　章と綬の間には鈕（ちゅう）という七宝の金具があり、本体の金メッキの部位などのほか、この鈕の意匠で等級を表している。すなわち「白蝶」「藤花」「杏葉」「波光」などで、古代の宮廷の女官装束の紋に由来するという。fig.19の右端が波光鈕のついた勲六等である。fig.18は勲七等だが、図にもあるように七等と八等は鈕もなくぐっと簡素で、銀製で桜花などに金メッキをほどこしたのが七等、冠以外は銀色のままなのが八等である。

　看護婦の「勲功」とはどんなものか詳しくはわからないが、中国戦線のあ

3　日赤看護婦の従軍

fig.21　左から、「明治二十七八年」(日清戦争)、「明治三十三年」(義和団の乱＝北清事変)、「明治三十七八年」(日露戦争)、「大正三四年」(第一次世界大戦)、「大正三年乃至九年」(第一次世界大戦とシベリア出兵)、「昭和六年乃至九年」(満州事変)、「支那事変」、「国境事変」(ノモンハン事変)の各従軍記章。

る陸軍部隊の駐屯地でコレラが発生した際、「蔓延防止ニ努メ此ヲ成シ」て勲八等宝冠章を授与された看護婦がいたことからすると、勤務上、何か目立った活躍が必要だったらしい。

　瑞冠章は、伊勢神宮のご神体である「鏡」がモチーフになっているとされ、その周囲を赤色七宝の連珠が飾り、白色七宝の長短の光線が四方へ延びるという意匠。装着位置や光線部分の金メッキの度合いなどで等級が決まっている。fig.20は女性用の勲八等で、連珠が七宝細工ではない。勲七等は連珠部分が金メッキになっている。制定当初は男性専用であったが、女性下級官吏が増えてきたため大正8年、女性にも授与することとし、女性用の蝶形の綬を制定した。宝冠章が旭日章に相当しているため、これしかないと女性が叙勲されるハードルが高かすぎると考えられたからだったらしい。

　ところで日赤の看護婦は官吏でも軍人でもないため、判任官4等なら20年というような永年勤続で勲章をもらえる「定期叙勲」はなく、軍人なら戦地の1カ月を平時の勤続3カ月分と換算されるような「戦地加算」も認められていなかった。つまり永年勤続だけでは事実上、瑞宝章はもらえなかったのだが、何か功労があった際に叙勲へ至る大きな要素にはなった。また看護婦の「宝冠章には至らない功労」については、責任のある立場で大きな仕事をやり遂げた場合などに授与されたようである。たとえば東京支部出身のYMさんは、召集されて東京第一陸軍病院で婦長を務め、勲八等瑞宝章を授与された。

滋賀支部の看護婦ONさんも、昭和12年に召集され救護班員として中国戦線に勤務し勲八等瑞宝章を与えられている。

・従軍記章、記念章

　従軍記章は、その戦役に従軍した軍人・軍属に対し、特に功績がなくても授与される「参加章」みたいなものである。他に特殊な任務に服したり、何らかの功績があったりすれば傭役人夫や下級船員にも与えられた。わが国では明治8年に制定された「明治七年従軍記章」（征台の役）を最初に9種類があった。従軍中に死亡した者にも授与され、幸い生還出来た者は本人一代に限り終身佩用ができた。本人死亡後は遺族が保管することも許されていた。

　fig.21は左から、「明治二十七八年」（日清戦争）、「明治三十三年」（義和団の乱＝北清事変）、「明治三十七八年」（日露戦争）、「大正三四年」（第一次世界大戦）、「大正三年乃至九年」（第一次世界大戦とシベリア出兵）、「昭和六年乃至九年」（満州事変）、「支那事変」、「国境事変」（ノモンハン事変）の各従軍記章である。征台の役の段階ではまだ博愛社も創設されていなかったので除外し、日赤救護看護婦が陸軍病院へ「従軍」した日清戦争からを並べてみた。

　このうち「大正三年乃至九年」は、「大正三四年」を制定した後、シベリア出兵が生起したため作り直したものであり、メダル裏面に浮き彫りされた年号（従軍記章名）が異なるだけの違いで、両方の佩用はできなかった。

　「国境事変」は日本ではなく満州国による制定で、ノモンハン事変とは満州国とモンゴル人民共和国の国境紛争であったから「国境事変」なのだが、もらったのは日本人ばかりであったという。第179救護班（満州赤十字委員本部編成、興城陸軍病院勤務）など満州国内から事変地へ急行した班のメンバーが、この記章を授与されている。

　このほか「大東亜戦争従軍記章」が昭和19年6月に制定されているが、ついに誰も授与されることなく終戦となって消えてしまった幻の従軍記章である。「支那事変」は勃発から2年たった昭和14年7月の制定だが、「大東亜戦

争」の制定により昭和15年4月29日以降の「大東亜戦争」受章対象者は「支那事変」をもらえないことになっていた。日中戦争と太平洋戦争を合わせて大東亜戦争と称するとの閣議決定を受けてのことであろう。

　従軍記章の制定には、それぞれ勅令の「○○従軍記章令」が公布されていて、デザインや受章資格、剥奪理由を細かく定めていた。受章資格は第3条にまとめられていることが多いが「明治二十七八年」の条文には、出征軍に編入せられ戦地にありし者、戦地において軍務に服した陸海軍人軍属などとはあるものの、救護関係者へ授与するというような明確な表現はなかった。当時の写真から受章者がいたことは明らかなので、第4条の「同役ノ軍務ニ従事シ若ハ之ヲ幇助シタル者」が準用されたらしい。次の「明治三十三年」は第3条第4項に「内地ニ在リテ病傷者ノ救護ニ従事シタル者」と明文化されて、看護婦らもハッキリと受章対象になった。この後の各従軍記章令では「戦地又ハ内地ニ在リテ陸海軍ノ監督ヲ受ケ傷病者ノ救護ニ従事シタル者」と表記され、「大東亜戦争」に至る。だからといって従軍記章の場合、綬が蝶形になった女性用はなく形状は写真の通りで男女共通だった。

　なお日露戦争では、日赤も独自に「明治三十七八年戦役救護記念章」を制定して、関係者へ授与している。メダルの表は社員章と同じで裏面に記念章名を入れ、裏ピンのついたバーと金属環で連結させたものである。

　記念章は、その行事に参加したり、事業に貢献したりすれば軍人に限らず、文官や民間人でももらえた。明治22年8月制定の「帝国憲法発布」から昭和17年9月の「支那事変」まで12種類が制定されている。従軍記章と同様、制定のたびに「○○記念章令」が定められたが、どの条文にも授与対象の性別に触れておらず、女性用の綬についても記載がない。しかし少なくとも現物では、昭和3年に制定された昭和の「大礼」や5年の「帝都復興」、15年の「紀元二千六百年祝典」で男性用と共に綬が蝶形の女性用もつくられている。昭和の大礼式典では、会場に詰めて参列皇族の体調急変に備えた日赤看護婦たちへ記念章が与えられたとの記録がある。

ちなみに第一次世界大戦の勝利を記念して「戦捷記念章」が大正9年9月に制定されている。勝った連合国を構成したアメリカ、イギリス、日本、フランス、イタリアで虹色の綬を共通にして、メダルを各国で制作。勝利の連帯感を演出した。これに限っては「戦捷記念章令」で、授与対象が「戦役ニ関スル軍務ニ従事シ功績顕著ナル戦闘員」であったので、看護婦はもらえなかった。名前は「記念章」だが、その性質からか、賞勲局の資料で従軍記章に分類しているものもある。

・フローレンス・ナイチンゲール記章
　看護に功労があった看護婦らを赤十字国際委員会が表彰するもので、赤十字国際会議の議決で制定された表彰記章である。ナイチンゲールの生誕100周年を記念して1920年に第1回の記章授与が行われた。
　メダル表面にはろうそくを手にしたナイチンゲールが彫られ、裏面に受章者氏名とラテン語で「博愛の功徳を顕揚し、これを永遠に世界へ伝える」の文字が入る。
　各国の赤十字社が赤十字国際委員会へ候補者を推薦し、選考審議の末、受章者を決める。看護婦にとっては、研鑽と実績が世界に認められる名誉であった。第1回の授賞式で、日本人では萩原タケ、山本ヤヲ、湯浅うめが受章した。

フローレンス・ナイチンゲール記章

・勲章、記章のつけ方
　こうした勲章、記章類は権威と身分の産物でもあるので、当然ながらというべきか、胸へつける順序が決まっていた。勲四等以下だけで話を進めると、すべて左胸へつけることになっており、体の中心線に近い方を上位としていた。

3 日赤看護婦の従軍

fig.22 昭和6年時に在職中のナイチンゲール記章保持者たち

　賞勲局が定めた「佩用式」によればその着用順は、中心線側（本人からみて左胸の右側）から左脇へ日本の勲章、外国の勲章、従軍記章や記念章などの記章、外国の記章、日赤有功章、日赤社員章となっていた。このうち勲章は右側から等級に関係なく、もらった順（最も新しいものが右端にくる）、従軍記章と記念章は区分けせず古い順（一番古い物が右端にくる）につけた。前述のナイチンゲール記章は、外国の記章に属する。

　fig.22は、昭和6年時に在職していたナイチンゲール記章の保持者たち。当時の民間女性としてはおそらく最多クラスの勲章・記章類をつけている方々だが、いずれも女性用勲章の綬が蝶形であるため詰めて一列に佩用することが出来ず、上下2段に分けている。掟通り、本人から見て右上から勲章（宝冠章と瑞宝章）、従軍記章または記念章、外国の記章（ナイチンゲール記章）、社員証の順になっている。

　勲章は正装の際に佩用するものであったが、カジュアルな席用としてジャケットのフラワーホールにはめる円形の「略綬」というのがあった。勲章の綬と同じ色で、線の数で等級を表した。大正7年には軍人の制服用に、綬を巻いて縫い着けた幅8ミリの金属板を連結する略綬が制定されたが、看護婦はつけなかった。

161

これじゃあんまり…恩給問題

　さて、朝鮮本部から派遣され包頭陸軍病院に勤務していた、あのTRさんはどうなったであろうか。

　実は彼女の班は、昭和19年7月4日付で北京第一陸軍病院へ派遣され、20年3月15日付で同じ北京市内の北支那方面軍第151兵站病院の配属となっていて、この地で終戦を迎えた。班書記の手による報告書からその後を追うと、昭和21年2月19日に改めて復員を下令され、班書記を輸送指揮官として第417班（福岡支部）、陸軍看護婦とともに復員班を編成した。復員班は無蓋貨車に乗せられ22日には天津へ到着、中国軍の兵舎へ入れられた。中国軍（国民党軍）は軍紀に厳正で、寛大な対応を受けたという。3月11日には、進駐してきた米軍から全員が検疫を受けた。翌12日、復員班は「CLJ88」という番号をつけられて身体検査と所持品検査を受け、米軍の揚陸艦ＬＳＴに乗船した。本稿のあちこちで紹介する書類や衣服類を衣服行李乙に詰め込んで、である。LSTは13日に出港、20日に山口県の仙崎港へ入ったのであった。

　規則だとTRさんたちは班を編成した朝鮮本部で召集解除の手続きをしなければならなかったが、このころの朝鮮半島は北緯38度線を境に北はソ連軍、南は米軍に占領されていて在留邦人が続々と引き揚げてきている状態だったから、逆渡航するわけにもいかず、手続きをする母院も、班の解散を命じる者もなかったのである。やむなく書記は、独断で看護婦たちに直接帰宅を命じたのであった（朝鮮出身の看護婦1人は、足止めされた後、朝鮮半島へ送られた）。正規の召集解除手続きをできなかったことが、本来は返納されているべきTRさんの被服や書類が今日まで残っていた理由と思われる。そんな混乱を反映してか、後日の書類上の処理と思われるがTRさんの召集解除は、仙崎港へ上陸した昭和21年3月20日付とされている。ともあれ、これをもってTRさんは無事、復員を果たした。そして故郷の青森県へもどると翌月から、地元の陸軍病院（後に国立病院）で働いたのだった。

なお別に本稿へ登場した運城陸軍病院の419班のその後だが、こちらは愛知支部の派遣だったため、昭和21年4月6日に佐世保へ上陸すると、15日に愛知支部へ帰還を果たした。休養の後、召集解除の手続きが完了したのは20日。ただ書記と婦長、看護婦5人は25日まで、残務処理のため支部に居残った。こちらが正規の流れである。

　いずれも、特に満州へ行っていた人などと比べると、かなりスムーズに復員できた方だったと言えよう。満州ではソ連軍に病院ごと接収されると、衛生兵や患者はシベリアへ送られ、看護婦たちは八路軍へ下げ渡されて国共内戦で中国共産軍のために働かされた。なかには昭和31年になって、やっと帰国できた人もいた。

　それでも生きて帰れれば、まだ良かったのかもしれない。昭和12年7月に始まった日中戦争～太平洋戦争で、日赤が派遣した救護班は960個班。日赤社史稿などによると、人員は医師324人、調剤師55人、書記593人、看護婦長1888人、看護婦2万9562の計3万3156人だった。このうち婦長と看護婦は1120人が戦病死または戦死している。本来は戦闘に参加しない組織で28人に1人という死亡率は、異常な高さといってよいだろう。

　多くは激務からくる結核性疾患で亡くなっているが、「交戦中の死亡」も相当数にのぼる。終戦とされる8月15日時点の婦長と看護婦の死者は計627人だが、うち病気が原因なのは510人、「戦闘」に起因した死亡は117人となっている。さらに、これだと実に半数が戦争（正確には戦闘）終結後に亡くなっていることになり、彼女たちが見捨てられたに等しい状況におかれていたのかが類推できる。

　遡れば、中国戦線で、ゲリラ兵の銃口の前で患者を背に立ちふさがって射殺された人もいたし、雷撃された船内で患者の避難を優先させて逃げ遅れた人もいた。南方戦線では、正義を標榜し後に日本人を戦犯として処刑するアメリカ合衆国軍の爆撃機に病院を攻撃されて爆死し、フィリピンやビルマ戦線では敗走するジャングルのなかで伝染病や飢餓に斃れたのである。そんなビルマ戦線で飢えに苦しみながらモールメンへたどり着いた第368班（福岡

支部）の看護婦SKさんは、後から来て行き倒れ死亡する兵士たちを見て、こう叫んで励ました。「ここに日赤の看護婦がいます。みなさん、もう大丈夫ですよ」

　しかし日本という国は、このように命を賭けて国家と兵士に尽くした彼女たちに戦後、恩給を払おうとしなかったのである。

　わが国の恩給制度は1875（明治8）年に、征台の役（台湾出兵）を機に陸海軍人を対象として制定され、終戦後、連合国最高司令部（ＧＨＱ）の指令でいったんは廃止されたのだが、1953（昭和28）に復活。それからも制度を変えながら、一定期間、軍務に服した陸海軍人や戦病死者の遺族らに支払われ続けている。たとえば、普通恩給枠の実在職9年で年額84万9500円。しかし、看護婦らの「恩給」は今もゼロ円なのだ。

　昭和30年代、従軍経験者の元救護看護婦たちから「私たちにも恩給法を適用し、支給を受けられるようにしてほしい」という当然の要求が出始めた。請願書を読むと、彼女たちが求めたのは、自分たちが青春と命を捧げた働きを国にちゃんと認めてほしい、という精神的な面が主であった。これを受け日赤は昭和38年、総理府（当時）へ彼女たちの願いに沿った要望書を提出したが、恩給局長は「恩給制度は官吏または旧軍人を対象にしたものである」と突っぱねた。

　昭和50年まで、元救護看護婦たちは国、国会、日赤などへ活発な陳情、請願運動を展開した。51年には恩給法修正法案も提出されたが、賛成少数で否決されてしまう。看護婦たちは下士官兵に準じる分であったが、軍人ではなく、軍属であっても正規の等級はなく、食住や特殊被服などの手当的な部分で雇員・傭人に相当する扱いがあったにすぎない。当時の新聞によれば、もし看護婦に恩給を認めてしまうと、同じ傭人クラスであった軍官衙の門番や軍需工場の工員らに恩給を認めない根拠がなくなり、無制限に支給しなければならなくなる——といった役人の思惑が露骨に見いだせる。政治家にとっても、全国に分散した計3万人ほどの元従軍看護婦たちでは、票田になりえないと見下していたフシも透けて見える。

164

3　日赤看護婦の従軍

表10　実在職年数と年額

勤務期間	年　額
3年以上6年未満	10万円
6年以上9年未満	14万円
9年以上12年未満	18万円
12年以上15年未満	26万円
15年以上18年未満	28万円
18年以上	30万円

　しかし、彼女たちが派遣された根拠は勅令であり、陸海軍大臣の命令によって組織的に動員されていた、という事実がある。国会の方でも、昭和52年の衆議院内閣委員会で、総務長官が「できるだけ早く何らかの措置を執りたい」と答弁するなど、問題解決に向けて少しずつ動き始めた。そして昭和54年、全額国庫負担で日赤が「慰労給付金」を払うという制度が発足した。あくまでも国は彼女たちへの恩給を拒み、隠れ蓑的な手法をとったのである。給付条件は限りなく旧軍人と同じであったが、その金額はずーっと低かった。

　すなわち、昭和12年7月7日（盧溝橋事件のあった日）から、区域ごとに定めた期間内に事変地または戦地（内地、朝鮮、台湾を除く）で旧陸海軍の戦時衛生勤務に服した者で、軍人と同様に戦地加算を足して勤務期間が12年以上になり、かつ55歳以上の者に給付された。戦地加算とは、戦地勤務の1カ月を勤務4カ月分とみなすといった計算の仕方で、実在職年数と年額は**表10**の通りである。

　区域ごとに定めた期間というのは、たとえば香港などを除く中国が昭和12年7月7日から昭和16年12月7日まで、香港などを含む中国のほかタイ、ビルマ、旧オランダ領東インド諸島（インドネシア）、旧英領マレイ、ニューギニア、フィリピン諸島、太平洋上、インド洋上などは昭和16年12月8日から昭和20年9月2日まで、など。このなかで戦地勤務に服した日の属する月から起算し、戦地勤務に服さなくなった日の属する月までが「勤務期間」として計算された。何度も召集された人は合算された。また戦後、南方戦線など

165

で米英軍の収容所に抑留されたり、満州で中国共産軍のために働かされたりした人は、帰国を果たした日が属する月までを勤務期間とした。表で「18年以上」などと超長期間の設定があるのは、こうした人たちのためである。

本人に限り終身給付され、受給するには勤務期間を証明する履歴書や戸籍抄本などを提出するのだが、昭和60年度の受給者数は1112人、給付総額は約1億4900万円である。ちなみにこの制度は、日赤朝鮮本部が採用・養成した朝鮮人看護婦、台湾支部の台湾人看護婦は受給対象になっていない。国家間の補償問題にかかわるからだった。朝鮮本部出身の元甲種救護看護婦から伺った話だが、同本部を母院とする韓国人の日本名「桂子さん」は、戦後も韓国で看護婦を続けたが、「日帝の協力者」だとされ、長いあいだ職場で理不尽な扱いを受けたそうである。

亡くなった日本人看護婦の遺族には「遺族年金」が支払われ、戦傷病者には障害年金が支給されるなどした。

いっぽう詳しくは別章で紹介するが、陸海軍へ直接雇用された「陸海軍看護婦」についても昭和56年から、同一の条件と金額で慰労給付金が日赤から支給されることになった。

これにてわが国は、従軍看護婦たちの働きや命に報いることができたのだろうか。彼女たちの行いの尊さを知り、真心を理解しているのは、戦場で傷つき病に倒れて看護を受けた兵士たちだけなのかもしれない。

4
服装と所持品

看護婦の白衣は日本女性初の近代職業ユニフォームともいわれ、東京慈恵医科大病院の前身「有志共立東京病院」が1885（明治18）年、米国人宣教看護婦を招いて病院内に「看護婦教育所」を開いたのが国内における看護婦教育の始まりとされる。その時に採用された13人の看護婦見習の制服が、日本人看護婦の白衣の始祖というわけだが、口の細い木綿の筒袖上衣にズボンのような袴をはき、白いエプロン、白い看護帽というスタイルであった。看護帽はコック帽の丈を低くしたような「鳥かご型」で、白い寒冷紗で手作りされており、エプロンは胸当てがあって裾が長く、首に紐をかけ、おそらく胸の下あたりで腰紐を背中側へ回して締めている。病室内では足袋で、廊下は草履、卒業生だけがスリッパをはくことができたという。

　さらに1888（明治21）年に第1回卒業生が輩出した桜井女学校看護婦養成所では、聖トマス病院ナイチンゲール看護学校（英国）の制服を模倣した白い折り襟の洋服にレース付き縁なし型の看護帽、胸当てつき白色エプロンという制服を導入していた。

　日本赤十字社は、わずかに遅れる1890（明治23）年から看護婦養成を始めたが、前年6月に「日本赤十字社看護婦養成規則」を定め、その16条で「生徒ハ定規ノ服帽ヲ着用ス可シ但シ外出ノ際ハ此限ニアラス」とした。また同年11月の「第一回看護婦生徒募集並ニ養成手続」でも「看護服及帽ヲ給スル」と第3条で定め、第1回生の受け入れ準備を進めた。その看護服製作のために日赤は、有志共立東京病院看護婦教育所から名を改めたばかりの「東京慈恵医院看護婦教育所」から服一式を借り受けている。日赤看護婦養成所へ入学した第1回生は、さっそく1891（明治24）年10月、濃尾地震の災害救護へ出動することになるが、救護活動中をとらえた写真を見ると、そろって鳥かご型の白帽、縦縞の筒袖和服に胸当てつきの長い白エプロンを着用しており、慈恵医院とほとんど同じ服装を看護服として導入していたことがわかる。

　翌1892（明治25）年、日赤は「看護婦生徒制服支給概則」をつくり、生徒の就業中は衣帽2組ずつを貸与すること、卒業後は1組の着用を許して他は返納させ、返納品は後輩たちへ使い回すことなどを定めた。その年5月の第

168

1、2回生の記念写真では、後々まで継承されることになる鳥かご型看護帽に、詰め襟でワンピース型の白衣姿になっているので、これが支給概則のいう制服だったと考えられる。このころは看護服が制服を兼用していたのである。日赤看護婦が初めて戦時救護へ派出されたのは日清戦争（1894－1895年）であるが、その際の服装も、この支給概則で定められた制服だった。

こうした日赤救護看護婦の服装規程は、当初は日赤の内規だったが、明治43年から陸海軍大臣の認可を経ることが制度化されて公式に「服制」となり、陸軍省でも日赤からの「伺書」とともに制定文や図を保管するようになった。

明治32年の服制

明治25年の看護婦生徒制服支給概則で定められた制服兼看護帽衣は、日清戦争や三陸津波被災地への派遣をとら

明治24年、濃尾地震の災害救護にあたる日赤看護婦生徒ら。これが最初期の日赤看護婦の制服兼看護服だったようだ。帽正面には、赤十字マークがついている。

明治25年制定型と考えられる制服（看護帽、看護衣）姿の看護婦。明治29年6月、三陸津波の救護へ派遣された際の写真で、長い看護衣の裾を腹部でたくし上げ、黒か濃紺色の股引に足袋、わらじを着用し、コウモリ傘を持参という伝説のスタイル。

当時の陸軍下士卒用のガラス製水筒を身につけており、右肩からかけているのはサージ製外套という。

左の人物は、後に日赤病院救護看護婦監督や初代日本看護婦協会長を務め、日本人として初めて国際赤十字委員会からナイチンゲール記章を授与された萩原タケ氏（1873－1936）の若き日の姿。

えた写真で類推すると、この明治32年制と同じだったとみられる。筆者が日赤や陸軍省の資料で発見できた日赤看護婦の服装の規格や図の最初のものは1899（明治32）年9

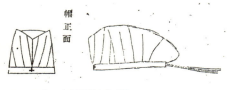

fig.23　明治32年看護帽の公式図

月4日に通達された「日本赤十字社戦時救護員服制」である。この時初めて、紺色の制服が制定されたほか、看護帽衣の形状も（たぶん初めて）詳しい規格が示された。

　この32年の服制解説のみ、文脈上、看護帽衣から進めてみる。

・看護帽

　前述のように、東京慈恵医院看護婦教育所で使っていた寒冷紗製の鳥かご型帽を採用したのが始まりである。それが写真で見る範囲では明治25年の看護婦生徒制服支給概則でやや丈が高くなっているようだ。看護帽と看護衣については、前出の支給概則のものをそのまま踏襲したとみられる。

　服制の図説よると看護帽は、真ん中あたりの最高部の高さが4寸（約12㌢）、前面の高さが3寸5分（約10.5㌢）で、後部の最低部が1寸5分（約4.5㌢）、左右に8折ずつのひだを設け、これに幅1寸4分（4.2㌢）の鉢巻きをつけた。要するに当時の公式図＝fig.23＝から引用したように、横から見て帽頂部の真ん中付近が一番高くなっている。当時の看護婦たちの正面向き写真で、看護帽のてっぺんがイカのように尖って見えるのはこのためであろう。鉢巻き後頭部には裂きをつくり、両側に5寸（約15㌢）ずつの細紐をつけてサイズ調整装置とした。鉢巻き前部には、白色キャラコ布の「覆輪」をつけた緋絨製で幅6分の赤十字マークをつけた。左右8折ずつのひだは、帽を上から見ると16弁の菊花に見える。それを意識してひだ数を決めたといわれ、大日本帝国憲法下の時代、日赤看護婦たちが誇りとするものであったという。

　この当時は日赤の看護婦に、救護看護婦監督、救護看護婦婦長、救護看護

婦伍長、救護看護婦という4階級があり、それはこの服制で制定された制服および看護衣につける桐花の襟章の数で表示されたが、帽の材質にも反映された。つまり最高位の看護婦監督の看護帽は、表が「絹セル」裏地が「白寒冷紗」で、看護婦長以下は「表白寒冷紗、裏同質」となっていた。

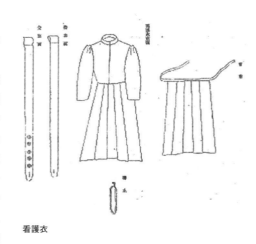

看護衣

なお、この制服には制帽の定めがまだなかったため、この寒冷紗製看護帽は、制服着用時と看護衣姿の両方にかぶる兼用であった。制服に用いる際は、同じ物ながら、名称は単に「帽」となっている。

・看護衣

これからは図と見比べながら読んでいただきたいが、材質は白色キャラコ。裾の長さは踝関節に至り、袖の長さは腕関節に至るとされた。乳房部分をゆったりさせるため、乳房下にひだをとり、帯下の前後面にも各4折りのひだ積みをとる。蹴回し（裾周り）は約7尺（約212㌢）、袖口の外側縫い目部分を4寸（約12㌢）裂き、本体の帯下左右の腰部に各1個の物入れ（切り込みポケット）をつけた。襟は幅1寸（約3㌢）の立ち襟で、ホック1個で留めた。左襟には、後述する制服と同様、階級に応じた数の桐花襟章をつける。ボタンは無地の白角製で直径4分5厘（約1.4㌢）を胸部の合わせに4個、両袖口および上膊部外側に各1個をつけた。前の合わせは隠しボタン式で、上膊部のボタンは腕まくりをした際に袖口を留めるためのものであった。

ズックの芯が入った帯は長さ3尺5寸（約106㌢）、幅2寸7分（約8.1㌢）の

管状に縫ったものの一端を1寸（約3㌢）折り返して縫い付けてループをつくり、その反対の端にボタン穴を空けて、その裏側に白角製で扁平型の小ボタン5個を一列に並べてつけた。ウエストサイズに合わせて調整できるようにしていたのである。この帯は真鍮銀メッキ製の「帯止」（帯留め）を先出の帯のループにはめて固定した。

制服

・前垂

看護作業用のエプロンで、やはり白色キャラコ製。幅2尺6分（約78.8㌢）の布地に左右2折りずつのひだ積みを設けて上端の幅を1尺4寸（約42.4㌢）まで縮め、そこへ長さ6尺3寸（約190㌢）、幅8分（約2.4㌢）の細帯を縫い付けた。着装は、下端の線が看護衣の裾より2寸（約6㌢）上になるようにと定めている。

・制服

この明治32年の服制で初めて制定されたが、当時は上下2部式で、最高位の救護看護婦監督と、看護婦長以下とは材質が異なっていた。

乳房を収めるため、その下のあたりにひだをとる。左胸下部の表側に物入れ1個をつけるとあるが、図には描かれていないので、切り込みポケットだったらしい。襟は折り襟で幅2寸8分（約7㌢）。黒煉無地で直径4分5厘（約14㍉）のアウトボタン6個で前を留めた。

制服の左襟には金色金属製の桐花章を、救護看護婦監督は4個、救護看護婦長は3個、救護看護婦伍長は2個、救護看護婦は1個をつけた。

救護看護婦監督というのは、書記ら男性も構成員となる救護班をいくつかたばねたうち、その全看護婦の風紀、勤務、健康な

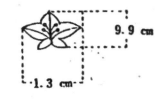

fig.24 桐花章

どを管理する立場で、看護婦を代表して現地で軍側と折衝もした。当時は、華族婦人など高貴な女性が任じることの多いシンボル的役職だった。制度文や図をみると、制服と制帽兼用看護帽では監督用の規定があるが、看護衣にはない。同じ物を着たということか。看護婦長は救護班内における看護婦の指揮監督役である。看護婦伍長というのは看護婦を5人前後ずつに分けた時のリーダー役で、派遣班から別働隊を派出する際の引率者にもなった。

話を制服へもどすと、「袴」とは紐締めのスカートで、長さは踝関節に至る足が隠れるような長さ、前面に5折り、後面に4折りのひだ積みをとり、蹴回しは6尺（約182㌢）。切り込み式ポケットを左右の帯下に1個ずつ設けた。「後面ニ帯止金具ヲ附ス」とあるが、看護衣と同じ物であったのだろうか。

材質は救護看護婦監督が上下とも濃紺薄絨、救護看護婦長以下が濃紺絹セルと区別されていた。当時の羊毛織りは輸入に頼る高級品で、国産でまかなえる絹の方が手に入りやすかったのであろう。制服は公会式場または貴賓奉迎、勤務上の旅行、出征の際に着用するもので、生徒はこれを着ることなく常時、病院外の勤務でも看護衣で過ごした。

・桐花章、識別章

ここに出てくる桐花章は、日赤というより日赤職員のシンボルで、看護婦の襟章のほか、男性救護員らの帽章や肩章にと、陸軍の五稜星章のような性格で用いられた。博愛社から日本赤十字社となった際、初代社長の佐野常民が時の美子皇后（昭憲皇太后）から日赤の紋章にと賜った桐竹鳳凰が由来で、

fig.25　識別章

この桐竹鳳凰のうち桐花の部分を用いることにして、1894（明治27）年に正式化。大正15年から識別章と名を変えた。なおfig.24は昭和期の図であるが、数字がおかしい。現物の実寸で縦16㍉、横13㍉である。

　説明が時代別に飛びとびとならないよう、識別章については、ここで一気にまとめておく。この襟の識別章はプレス加工された真鍮製で、明治37年6月以降は銀色となりニッケルめっきが施されるようになった。そして、その装着方法（裏側の構造）により大きく3つのタイプに分けられる。

　まずはfig.25左端の松葉ピン式で、桐花の裏面に金属製のループが銀ろうで溶接してある。襟に設けたボタンホールやハトメかがり穴へループを通し、襟裏に出てきたループに金属製の円板、次いで松葉ピンをはめて固定する。写真中の裏足式は松葉ピン式より古いタイプと思われ、ループの代わりに2本の裏足を溶接してある。これを襟に突き刺し、襟裏で長方形の小穴の空いた金属製円板をはめてから、足を折り曲げて広げ固定する。写真右端が縫い付け式で、裏側に付属物がなく、縫い糸を通すための"耳"が桐花の両側に一体で打ち出されている。これは金属不足を反映した第2次世界大戦後期の製品とみられ、材質も地肌のままのアルミ製である。

　看護衣は毎日のように洗濯する必要があるが（実現は難しかった）、そのたびに識別章を外したり、また付けたりを繰り返していると、裏足を曲げるタイプでは"足"が金属疲労をおこして折れてしまうし、縫い付け式では面倒だ。実際、昭和期品の看護衣では、襟の識別章を付ける位置にボタンホールが設けられており、特に昭和16年制の看護衣ではかがり穴の部分を二重構造にして松葉ピンを着脱する作業に便宜を図っている（詳細後述）。

一方、制服と夏衣の襟は表面に穴が作り付けられておらず、代わりに左襟先端部の裏が袋状になっていて、ループに通した松葉ピンや突き出して広げた裏足で服地を傷つけないようになっている。少なくとも昭和戦前期には、裏足式はめったに着脱しない制服用で、松葉ピン式は洗濯のために脱着を頻繁にする看護衣用という大まかな使い分けがあったらしい。

　識別章は今も現役で、支部看護専門学校などの女性用式服（制服）に用いられている。式典の際に、制服と別々に貸与されて着用し、式後は外してそれぞれ返納するのだそうである。

　識別章は戦前、看護婦のうち、救護員に任用された者だけがつけた。臨時救護看護婦などで紺色の制服姿に社員章も帯びているのに、識別章をつけていない人の写真がたまにある。これは日赤の看護婦ではあるが、救護員に任用されていない状態を表している。

この章は、男性救護員もマントや作業衣の左襟に同じ要領でつけて、医員や薬剤師、書記などの身分を表したので、女性専用の襟章というわけではなかった。ちなみに看護婦の場合の取り付け位置は、制服など折り襟では襟前縁から15㍉、先端（尖った部分）から30㍉で、看護衣など立襟では合わせから40㍉というのが規則だった。

左は明治37年制定の制帽をかぶった救護看護婦。明治32年も衣袴の形は同じなので、帯幅が広く裾の長い全体像がわかってもらえると思う。平素はつけない赤十字腕章＝明治22年制定の「陸軍衛生部員及衛生ノ事務ニ服スル各兵各部諸員竝担架卒徽章」＝を左腕に巻いているので、日露戦争へ従軍する際に撮影したものらしい。右は明治32年制定の制服姿で、濃紺絹セルの制服と白寒冷紗の看護帽の組み合わせ。同制では、これが正装であった。左胸の大きい方の徽章は女性用の日赤社員章。肩山が異様に高いが、このスタイルは制服、看護衣いずれにもみられた明治調の特徴である。

・靴

　これは階級に関係なく「黒革護謨附半靴ニシテ踵及足尖廣キモノ」とあるだけだ。図（掲載省略）をみると足首部分の内外両側に平織りゴムが張られ、本体と靴底が革製だったことがわかる。看護婦たちはこれを「村長靴」と呼んだという。

・外套

　これも形状は同一ながら表地が救護看護婦監督は濃紺絨、救護看護婦長以下は濃紺ヘル（セルと同義語で、戦前におけるサージの呼び名。外套にしては薄っぺらかったのでは…）と材質に区別があった。裏地はともに黒毛繻子、袖部分の裏地は綿縞甲斐絹だった。

　裾は踵部より5寸（約15.1㌢）高くし、袖の長さは腕関節より延ばすこと1寸5分（約4.5㌢＝手が隠れるほどということ？）、折り襟の前部は幅3寸（約9㌢）で後部は2寸5分（約7.5㌢）として前端はホックで留める。蹴回しは約6尺（約181㌢）、帯下あたりの左右両側部に蓋のない切り込み式ポケットを設け、頭巾はボタン留めとした。ボタンは径7分の黒煉無地で7個1列とある。胸には直径1寸5分（約4.5㌢）の赤十字の円形徽章を縫い付けた。赤十字は緋絨で、その裏面より白色キャラコの覆面をつけた。

　これが明治32年服制の全般だが、およそ2年後の1901（明治34）年10月2日には「日本赤十字社救護員被服物品取扱手続」が制定され、看護婦らへの支給品の種類と定

外套

数が明記された。救護看護婦を命じられた者は、列記された品々を欠かすことなく所持することとした。これらは「貸与品」と「給与品」に分類され、貸与品は解職者や待命中の者には返納義務があり、給与品は受領者に所有権が移るもので1〜数カ月の規定期間ごとに新たな支給を受けた。貸与品の方は耐用年限を定めず、貸与と返納を繰り返すうちに使用に耐えなくなった物のみ新調交換することになっていた。これは借用中、勤務における汚破損は報告書だけで済んだが、故意や過失の場合は弁償を科された。

　定数および区分表は以下の通りである。どちらか不明というのは、定数表に載っていながら貸与品か給与品かの区分表にない物品で、筆者が項目建てした。臨時貸与品とは防寒用品のことで、11月〜翌年3月の間、寒暖計が摂氏0度以下になる際に貸し出された。

　貸与品：帽子3（看護帽のこと）、外套1、看護婦制服2、ナイフ1、燕口袋1
　赤毛布3、看護衣3、衣嚢1、
　臨時貸与品：増毛布3
　給与品：靴1、靴足袋（靴下のこと？）3、単衣3、袷衣2、綿入衣2
（どちらか不明）手套裏毛1、同一重1

　燕口袋とは針や糸巻き、鋏など被服修理具を入れる袋だが、ナイフともども、どんな形状であったのか、服制図に登場するのは明治43年になってからである（この頃と形状が同じなのかは不明）。単衣は夏用の、袷衣は冬用の寝間着らしい。綿入衣はここにしか登場しないが、褞袍だったのだろうか？？
　使用頻度が高く、どうしても汚破損する看護帽衣は、後に給与品に分類が変わった。

明治37年の服制

日露開戦から間もない1904（明治37）年6月6日、5年前の服制が改められ

177

た。紺色麦藁製の制帽が加えられ、外套のデザインが一新されたのが主な変更点である。この服装で彼女たちは日露戦争に従軍した。

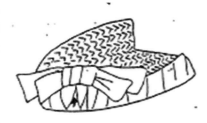
制帽

・制服と制帽

制服には1〜4号のサイズが規定され、最大の1号は身長5尺（約151・5㌢）以上、4号は4尺8寸（約145.4㌢）未満に合わせた。明治の女性は、ずいぶん小柄だったのである。形状は明治32年のと同じ図と説明文で変更はない。看護婦監督の「濃紺薄絨」、看護婦長以下の「濃紺絹セル」もそのままだ。しかし階級では看護婦伍長がなくなり、看護婦監督、看護婦長、看護婦の3階級になった。看護婦伍長は「組長」となり、階級ではなく救護班のなかのポジションになった。従って左襟につける桐花章は、看護婦監督3個、看護婦長2個、看護婦1個である。桐花章は、この制定文で縦横4分（約1.2㌢）とされ、明治32年制では金色金属だったのが、銀色に変わった。

新たに服制図に加わり、制定された制帽は、その後、縫い糸の材質がコットンからポリエステルに変わったくらいで今も日赤女性看護師のシンボルとして同じ物が着用されている。

看護帽では制服と不釣り合いだということのほかに、1900（明治33）年の北清事変の際、雨が降って外套の頭巾（フード）をかぶるたびに寒冷紗の看護帽が形崩れして不便だったため、英国の看護婦の帽子を参考にデザインを決め導入したという。

本体は濃紺色に染めた麦わらで、同じ色合いの天鵞絨（ビロード）絨を周囲に巻き、前面に蝶形の結束飾りを付けた。その真下には縦横2分5厘（約7.6㍉）の赤十字章をつけた。この最初期の制帽用赤十字章は、後のような七宝製ではなく、琺瑯製であった。制定文にはさらに「留針ヲ付ス」とあるが、詳細の記述はない。明治43年になって規格が示されるが、瑠璃色ガラス製の

球がついた18番形鋼鉄線の長さ4～5寸（約12～15㌢）のシンプルな長針状かんざしで、制帽の左右後ろ側面の外側から1本ずつを後頭部の束髪（オダンゴ結び）に突き刺し、帽を固定したのである。麦藁製の帽本体の後頭部側が大きくV字形に割れているが、これは束髪に帽を干渉させないためである。

明治37年に制定された制帽。赤十字章が七宝製なので、明治43年以降の生産品らしい。帽体側周の内側には、最上部、中間部、最下段に針金の骨組みが入る。留め針を後頭部の束髪に突き刺して固定するので、やや後ろへ傾いたかぶり方になるが、かぶるというより頭に乗せるイメージである。

・靴

この服制のトピックスのひとつが、靴のデザイン変更である。「村長靴」から、黒色ボックス革の編み上げ靴になり、濃紺色の制帽制服とあいまって洗練された印象を与えることとなった。今回は略図すぎるので省略したが、脛の下部まであってヒールが高く、その後も用いられた革靴と同じだったとみられる。

この靴は当然、屋外用で、担架訓練などにも用いた。屋内（病院、教場、寄宿舎など）では、白足袋に草履ばき。明治39年ごろの記録だと看護婦生徒の草履は、屋内用は白色の鼻緒、屋外用は赤色地の鼻緒にして区別し、伝染病棟用は紅白ひねりの鼻緒だったという。

・外套

明治32年制の外套は、実は看護人ら男性職員と同じデザインであった。さすがに野暮ったいと反省したのか、女性用として、二重回し式のしゃれたデザインに変更された＝Fig.26。看護婦監督と看護婦長以下との素材の区別はなくなり、ともに「表濃紺絨、裏黒毛繻子」となった。二重なので「下衣」には黒煉無地直径7分5厘のボタン1行6個、「上衣」には同5分5厘のボタン1行4個を付けるとした。

左襟下には看護婦監督は銀色円形で赤十字を配し、看護婦長以下は真鍮製の円形に赤十字を配した徽章をつけた。ともにサイズは径6分5厘（約2㌢）となっている。

・**看護帽と看護衣**

　制帽が制定されたので、看護帽を制服でかぶることがなくなり、純粋に看護用となった。と同時に、看護婦監督の看護帽の制定がなくなり、寒冷紗製の看護婦長以下だけになった。その他は明治32年制と規定文も図も同じなので、詳細を省く代わりに、看護帽衣の記述は一部ながら、オリジナルの文面をスキャンして掲載してみたのが次表である。

fig.26　外套

　制服を着ないことになっていた看護婦生徒にも、1909（明治42）年から37年制の制服が貸与されることになった。1月9日制定の「日本赤十字社救護員養成規則」第22条には「生徒及候補生ニハ第二表ノ被服ヲ貸与又ハ給与ス」とあって、第2表に——貸与品：帽1組、衣袴2組、外套1着、看護衣2着　給与品：看護帽1カ月2個、靴1足…とある。この帽、衣袴とは制服のことで、看護衣はその後6カ月ごとに1着、靴も6カ月ごとに1足追加した。実習や担架訓練で消耗が激しかったためらしい。

・**団体識別徽章**

　日露戦争たけなわの明治37年11月16日、看護婦長以下の制服の右襟へ団体識別徽章をつけることになった。これは所属する救護班の番号などを表示するもので、看護婦長は銀色、看護婦は赤銅製とされた。縦5分5厘（約16.6㍉）で、字面は輪郭を設け、その内側を石目打ちとした。「止脚ハ裏面ニ二個を附ス」とあるから、襟に裏足を突き刺してから襟裏で曲げて固定したものらしい。この襟章は数字だけでなく、たとえば臨時救護班なら「臨」という

4　服装と所持品

日清戦争で派遣された救護班。不鮮明だが看護帽の高さ、看護衣の肩山の高さが目立つ。明治25〜43年は派遣時、看護衣左胸に赤十字章をつけていた。3寸2分（約9.7ｾﾝﾁ）大の緋絨製で白キャラコの台布がつく。

fig.27　団体識別徽章

文字と数字、病院船なら船名の頭文字（漢字またはカタカナ）、病院列車なら「車」の字または「車」の字と数字を組み合わせるなどした。明治43年の服制で白銅製となり、大正15年の改正で消滅した。fig.27の人の右襟には「臨12」とあり、臨時第12救護班員であることを示す。同班は明治37年9月9日、日赤本部（東京）で編成され、特設病院船幸運丸と山城丸で勤務、戦後も傷病兵の引き揚げに従事し、明治39年2月2日に解散した。図例の「10」は言うまでもなく救護第10班、「弘」は日赤が建造した病院船弘済丸のことである。同じく日赤病院船博愛丸は「博」の字であった。

明治43年の服制

　明治40年代は、日露戦争を経験して戦時救護班を派遣するための組織や制度、規則、装備が一気に充実した時期である。1910（明治43）年6月に陸海軍大臣の裁可を得て制定され陸海軍のいう「服制」となった今回は、「これが完成版！」という感じで、制服や看護服から下着、所持品の小物類までがこまごまと掲載された。以後は第2次世界大戦期までこの服制の改正という形がとられている。

4 服装と所持品

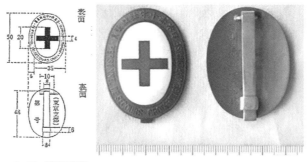

fig.28　救護員徽章

・救護員徽章

　今回の服制で特筆するべきは、小判型の救護員徽章が制定されたことである。日露戦争の教訓から、他国の救護員と同じ場所で、あるいは共同で救護活動をする際、国籍を明らかにし彼我の区別を容易にして無用の混乱を避けつつ、万国赤十字条約に基づき政府の公認した救護員であることを周囲に表明する必要があるとしてつくられた。fig.28図は昭和16年服制のものだが、寸法が詳細なので掲載した。当時の万国赤十字社に共通のデザインだったとのことである。

　赤十字のある七宝焼の台地は純銀で、裏に2本の足をつけ、「日本赤十字社救護員」「PERSONNEL DE SECOURS CROIX-ROUGE JAPONAISE」の文字を浮き彫りにした銅台にはめ、その背部へ銀台の足を通して固定した。留め金固定金具は真鍮ろうで付着して銀製の留め金を取り付けた。裏面には支部名と通し番号を彫った。

　図に引用した昭和16年服制では、七宝焼の台地が銅製、留め金が真鍮ニッケル鍍金に変わっている。掲載写真の例示品がそれで、裏面を見せている方には「岡山支部第一二九號」と彫ってある。救護人や書記ら男性救護班員も看護婦も共通であり、いずれも制服の右乳下に装着するもので、看護衣など作業着系の衣服にはつけなかった。

183

この救護員徽章は、戦時救護班員として各日赤支部から出征する際、桐材またはボール紙の箱に入れて支部から個々へ貸与され、召集が解除されたり、救護班が派遣満期で解散したりすると返納した。元救護看護婦でもこれを「認識票」と呼ぶ人があるが、返納と貸与を繰り返して人手から人手に渡る物であり、数字は管理目的の通し番号であった。また彼女たちの勤務先は原則的に兵站病院までとされていて最前線で戦没する前提がなかったため、軍人のような金属製認識票（いわゆるドッグ・タグ）の制度もなかった（部隊によっては自製して持たせたところもあった）。出征先において、公的あるいは国際的に彼女たちの身分を保証するのに、最も大切だったのは別章で説明した「救護員認識証明書」である。陸海軍省の台帳に発行番号と受領者氏名を記載されるこれこそが、彼女たちの「認識票」であった。

・制服と制帽

　服と帽自体は明治37年服制と変わりはない。制服の材質が「濃紺絹セル」から「濃紺セル」に変わったくらいだが、これが絹からウール製に変わったことを意味するらしい。ちなみに裏地は「鼠スレキ」となっている。

　この服制から、別に型紙のついた「救護員制服作製心得」「救護員被服物品作製心得」がセットで公布されることなった。これは被服など戦時医療資材の調達保管が各支部の平時業務になったためで、服制の図説とこの「心得」を業者へ渡して「各支部で規定通りの物を作ってそろえておけ」ということにしたのである。救護員制服作製心得は男女の制服とそれにつける記章類について、救護員被服物品作製心得は看護帽衣から下着、櫛などの雑貨類に至るまで図入りで材質や寸法を規定した。心得が2種類なのは、この時から服制が「制服」と、それ以外の「被服物品」の2本立てになったからである。いずれも、たとえば制服や看護衣なら着丈や胸囲、袖丈など1〜4号に分けたサイズごとの細かい寸法、サイズごとに必要な材料の分量まで決めてある。

　現在も同型が使用されているので制帽を例にみてみると、形状、寸法は図に示され「濃紺麦藁製ニシテ濃紺天鵞絨ヲ以テ周囲ヲ巻キ前面胡蝶形ノ結束

飾ヲ附ス」などと説明されている。加えて「心得」にある製法を現代仮名つづりで記すると①裏は黒色の薄絹を用いて天井で絞り、その下縁の表と裏の間に積みひだをとってシフォン（粗い織りの絹）を挟む（これにより縁の内側が独特のギザギザになる）②装飾の天鵞絨鉢巻きの

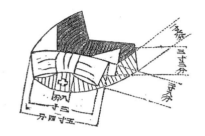

作製心得にある制帽図

高さは1寸6分（約4.8㌢）とし、胡蝶形結びの上側にくる羽根の幅は3寸3分（約10㌢）、前側にくる羽根は幅2寸8分（約8.5㌢）とする——などとなっている。

　こうして諸々の被服・徽章について説明した後、こんなただし書きが出てくる。「以上ニ掲クル各部ノ寸度ニ依リ作製スルヲ要スト雖モ各部ノ曲線其他歪状ハ寸度ヲ以テ示スコト能ハス依テ是等ノ点ハ型紙ヲ以テ示スコトトセリ左レハ当業者ニ作製ヲ命スル場合ニ寸度ヲ示スト共ニ型紙ヲモ提示スルヲ要ス」。また業者へ地質（材料）を購買させたり、貯蔵品を出したりして業者へ交付する場合は、あらかじめ1着あたりの要尺を業者へ心得させることが重要だとしている。

・看護婦組長肘章

　先述のように、これまで看護婦伍長と呼ばれ救護班のなかで5人前後ずつの看護婦をまとめる階級の看護婦がいたのが廃止され、組長というポジションが設けられてこの役目を引き継いだ。階級でなくなった代わりに組長であることを示そうと、緋絨製の山形肘章を設け、制服と外套の右上膊部外側に縫い付けた。右下図の通り幅約2寸（約6㌢）の緋絨製で、濃紺セルの台地がついた。大正15年に図説がなくなり、廃止されたとみられる。

・革靴

　明治37年服制で定められたものと同じと思われ、黒子牛革製品で、(編み上げの?)深さは4寸3分(約13㌢)、ハトメ5対に上部はホック4対で、両端に黒色真鍮製の刺金がついた長さ3尺6寸(約109㌢)の黒毛織平打組紐で締めた。この靴は、今日まで大きな変更点はない。

・看護帽と看護衣

　この服制で帽前面が高くなり、後頭部へ向けて急斜面を描くような形状へ変わる。帽前面が最高部となり5寸5分(約16.5㌢)、後面の最低部が2寸8分(約8.4㌢)、その下の鉢巻き部分は長さ1尺7寸(約51㌢)、幅1寸2分(約3.6㌢)で、合計高さが20㌢ほどにもなった。

　後頭部の調節紐、左右頭側面部にもうける8折ずつのひだは同じだった。帽正面の赤十字章についても、この時から「長サ六分幅二分ノ赤十字形ヲ作リ白金巾ヲ以テ裏打ヲ為ス」と規格が詳しくなった。白巾金という

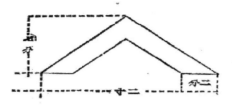

護婦組長肘章

革靴

看護帽

のは現在のシーチングのことで、現物を見ると「裏打」というより、緋絨周囲の白縁になる台布のような取り付け方である。

この明治43年から、生徒として日赤の養成所や病院へ入る際に2個、また救護班要員になると別に3個を支給し、それぞれ以後は自作するものと定められた。大正15年からは、支給は養成所の入学時だけで、あとは任用後もずうっと自作ということになった。すなわち戦時給与品表のなかで「看護帽　三個」の下に「材料ヲ給シ自製ス」という但し書きがはいったのである。

このため明治43年に『看護帽裁縫図解』という製作マニュアルがつくられた。Ａ４サイズの1枚紙で、fig.29はその一部だが、

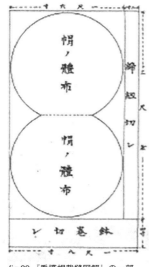

fig.29　『看護帽裁縫図解』の一部

この裁断で寒冷紗を切り出し、帽子の前部と後部の高さが規定通りになるようにしながら、ひだを定められた深さで1折りずつ仮留めし、鉢巻き部分でまとめてとじ込むという製作方法を教授した。前額部分内側には、寒冷紗製の汗取り布を付けることが奨励された。帽章の赤十字章は、規定通り白色キャラコで裏打ちした完成品をパーツとして支給されたから、これはしこしこ切り抜く必要はなったようだ。

白キャラコ製の看護衣も本体に大きな変化はないが、全周にあったスカート部分のひだが前と後ろの4条ずつになった。日中戦争までこの服で従軍したので、少し詳しく説明しておきたい。

ボタンは直径5分（約15.2㍉）の貝製四つ目（皿形）で、襟元に1個、前開きに5個、両袖口に各1個と上膊部外側に各1個をつける。次いで①身ごろの長さは踝関節まであり、袖長は腕関節まで。蹴回しは10尺（約303㌢）②乳

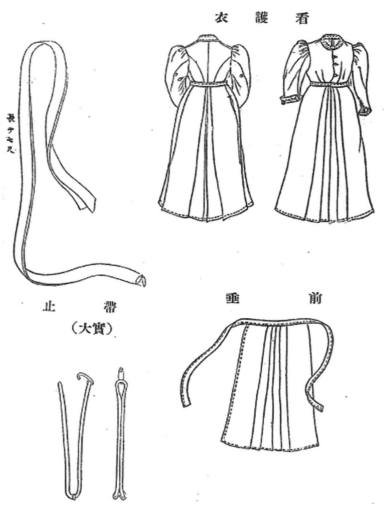

明治43年服制の公式図

房部分をゆったりさせるため帯上に2条のひだを取り、帯下の前後部に各4条のひだ積みを設ける。各ひだの深さは2寸3分（約7ギン）③襟は幅1寸（約3ギン）の立ち襟で、襟付け内部の中央に吊り紐をつける④左側物入れ（ポケット）の裏面に所管部名と氏名を記入するための白布をつける⑤袖口は内側の縫い目約2寸5分（約7.6ギン）を開く。袖口の折り返しは約7分（2.1ギン）とする。袖口前部内側にはボタン用ループを設け、袖ボタンに掛けて袖口を絞ったり、腕まくりをした際に上腕部につけた小ボタンに掛けて固定したりした⑥帯下左右両側に、開口部が縦に約5寸（約15.1ギン）の切り込みポケット各1個をつける。ポケットの深さは1尺余り（約30ギン以上）＝形状図は省略⑦前開きは帯下6寸（約18.1ギン）まで⑧裾の折り返しは5分（約1.5ギン）⑨左襟に識別徽章（桐花章のこと）⑩帯は長さ7尺（約212.1ギン）とし、幅はキャラコ半幅をたたんで制服と同じ0.25尺（約7.6ギン）くらいにする（明治32年以来のボタン留め式は廃止された）。帯留めは制服と同じ物を用いる＝白銅線13〜14番製で長さは後ろ帯幅に適合してある。衣寸法表の方をみると、上体部と裾を別に作って縫い合わせている構造だったこともわかる。また少なくとも、大正時代の生産品の肩山部分はキャラコ布が二重になっていて、肩山の形を保持するようになっていた。

　前垂（前掛け）は長さ紐下2尺8寸（約84.8ギン）、幅2尺2寸（約66.7ギン）で、左右各2個のひだを設けて、内方のひだ（内方のひだは中央の線に接するようにする）は深さ1分1分（約3.6ギン）、外方のひだは深さ1寸3分（約3.9ギン）で、締め紐は幅8分（約2.4ギン）、長さ6尺8寸（約206ギン）である。

　サイズは1〜4号で、最大の1号はメートル法に換算して総長130.3ギン、胸幅36.4ギン、襟長43ギン、袖長38.5ギン。最小の4号は同121.2ギン、31.6ギン、37.8ギン、34.8ギンとなっていた。左胸の赤十字章の記述がなくなっているので、このころ廃止されたらしい。

・肌着と寝間着

　肌着は「肌衣」と称され、肌衣上と肌衣下から構成される。夏用と冬用の区分があり、夏肌衣上下は白木綿縮製、冬は看護婦監督がネルで看護婦長以下が綿ネル（裏面を起毛した綿）。夏冬とも裁断は同じで肌衣上は、背長2尺4寸（約72.7ゼン）、前長が2尺（約60.6ゼン）で貝ボタン4個で前を閉じた。胴囲は1尺6寸×2（約97ゼン）、袖長1尺3寸（約41ゼン）とフリーサイズで、2寸（約6ゼン）幅の肩当てがついた。肌衣下は、いわゆるドロワースと呼ばれるタイプの婦人用下衣で、夏冬の材質は肌衣上に同じ。総長3尺（約91ゼン）で股上1尺（約30ゼン）、股下2尺（約61ゼン）となっている。腹囲は1尺3寸5分×2（約82ゼン）で、尻側に切り込みがあり、幅2寸（約6ゼン）の胴回りに幅1寸4分（約4.2ゼン）長さ2尺2寸（約66.7ゼン）の平帯が付属する。裾口には白テップの締め紐がついた。

　明治時代の女性の下着は腰巻きが一般的だったが、看護衣などの洋装をまとい野外担架訓練などで激しく動き回ることから、日赤では明治20年代に早くも洋式下着を導入したという。この肌着がモデルチェンジするのは、昭和16年の服制改正の時のようである。

　寝間着は冬用を袷衣、夏用を単衣といった。夏冬とも裁断は同じで、冬用は文字どおり二重の白真岡木綿、夏用は同木綿1枚でできていた。着丈は4尺2寸（約128ゼン）あり、プルオーバー式で1尺8寸（約54.5ゼン）ある前開きを直径4分5厘（約14ミリ）の皿形貝ボタン5個で閉じた。肩幅は1尺3寸（約39ゼン）、胸囲2尺×2（約121ゼン）、裾回り3尺2寸×2（約194ゼン）で、身頃上部には肩を下がること7寸（約21ゼン）のところまで前後とも各6条のひだ積みを設け、各ひだの深さは3分（約9ミリ）、背側のひだ積みは縫い付けた。袖長は1尺3寸5分（約41ゼン）、袖口は4寸5分（約14ゼン）であった。寝間着は、こうした衣類の大改正があった昭和16年の服制で言及されていないため、ずっとこのままだったと思われる。

4 服装と所持品

肌着と寝間着

・水筒

　四十三年式というのが名称で、当時の陸軍下士卒用の水筒をそっくり踏襲している。昭和16年に新型が登場した後も、在庫がある限り使用され続けた。

　アルミニウム製の筒体は、高さ5寸9分（約18㌢）、口の内径8分（2.4㌢）。表面が茶褐色に焼き付け塗装してあり、後ろ側（下げた時に腰へ当たる側）に「二號活字大」で「日本赤十字社本部」または「日本赤十字社〇〇支部」と朱書きすることになっていた。栓は、丸カン（鈹）のついたアルミ製上蓋とアルミ製座金の間にコルクを挟んでアルミ製ねじを通した構造で、筒をセットする革条と一体になった栓留め革および管付尾錠（シングルピンバックル）で固定した。革条の負い革部分の長さは長さ6尺（約181.8㌢）、幅6分5厘（約2㌢）で、一方に管付尾錠、もう一方に10個の穴を空けてあり長さを調整できた。革類はいずれも「自然色多脂牛」、金具は「亜鉛引鉄」とされた。

　昭和期になって間もない頃と思われるが、負革や胴革はfig.30の写真のように「真田織厚平紐」製となり、鉄製茶褐色焼き付け塗装の複カンと角カンを用いて長さを調整する構造に変わった。栓留めだけは革製で、これも複カン尾錠で留めるようになった。

　ここで少し脱線するが、今後も本稿の説明で登場するので、こうした装具類に多く使われた金具について説明しておくので、ご参考とされたい。

191

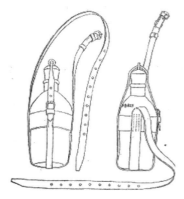 

fig.30　四十三年式水筒

　fig.31は、陸軍が昭和5年に制定した「昭五式水筒」用の金具類であるが、日赤看護婦らの装具にも形状、大きさ規格とも同様なものが用いられている。複カンというのは図の通りで、いわゆる「日の字金具」である。図のような真ん中の横棒が動くタイプを特に移動式複鈑と称することもある。この真ん中の横棒にベルト穴へ通すためのピンがついているのが「複鈑尾錠」である。軍隊では、ピンで革帯穴と連結する金具を全般に「尾錠（びじょう）」といった。

・飯盒

　これも四十三年式として制定された。アルミニウム製の蓋と掛子（中蓋とも。日赤の表記は「懸盒」）、盒体からなり、蓋をした高さは2寸7分（約8.1㌢）、幅5寸4分（約16.4㌢）と、兵士に官給された飯盒と形は似てはいるが、2合炊きのハーフサイズで高さが半分ほどである。レディースだからかと思いきや、服制の図説では特に女性用へ分類されているわけでもなく、どこを探しても別に男性用のは示されていないので、制定上はこれが救護員共通の男女兼用だったことになる。これには11番形真鍮製の手柄（釣り金、吊り手）がついた。釣り金と飯盒表面は茶褐色が焼き付け塗装され、蓋と盒体の後ろ

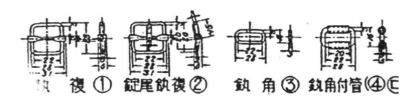

fig.31　陸軍が昭和5年に制定した「昭五式水筒」用の金具類

側に、やはり二号活字大で「日本赤十字社○○支部」などと朱塗りで書いた。

　飯盒袋は、飯盒の形に合わせて茶褐色ズック布を縫製したもので、上部がぱっくり開いて飯盒を出し入れするようになっていた。この出し入れ口は、管付き尾錠と穴を空けた革ベルトで閉じるようになっていた。これを肩から掛けるのに、亜鉛引鉄の尾錠のついた長さ5尺6分（約169.7㌢）、幅5分5厘（約1.7㌢）の自然色多脂牛革の負い革がついた。

　飯盒は昭和16年に釣り金が「軟鋼製」になった他は、戦後までこのままの形が使用された。ちなみに昭和16年制の大きさは、蓋をした状態で高さ81㍉などである。袋もこの時に「茶褐防水綿布」製と薄手になり、口はテップ紐で結んで閉じる方式に変わった。負い革は水筒と同様に、昭和期に入って複カンと角カンで長さを調節する真田織厚平紐に変わった。昭和16年服制が定めた負い紐の材質は「茶褐袋織紐」である。日赤の救護看護婦たちは養成所の野外演習で、飯盒炊爨の訓練もした。そのためか、fig.32写真の飯盒（長野支部の物）は表面に焼けこげがある。

　飯盒は、水筒ともども任地へ移動する間のためのもので、野戦用というわけではなかった。握り飯などを入れる容器にもなったそうである。

・靴足袋、手套、襟布

　靴足袋とは靴下のこと。看護婦長以下は木綿メリヤス製で踵部の湾曲があり、「筒深ノモノトス」であった。つまり長さが大腿部まであるニーハイソックスだった。靴下留めが必要だった可能性があるが、服制では言及がない。

193

手套というのは手袋で、図示はなく「普通婦人型トシテ夏冬兼用ノモノトス」としか書かれていない。看護婦監督は毛メリヤス、その他は白ガス糸メリヤス製だった。

　襟布は制服のカラーで、長さ2尺2寸5分（約68.2㌢）、幅7寸（約21.2㌢）の白キャラコ布を4つ折りにして、襟裏へ波形に縫い付けた。

・小物類

　これらは貸与品であるが、看護婦への貸与品一覧表には燕口袋（公式図では単に袋と表記）とナイフしか出てこない。しかし服制には大正11年まで、

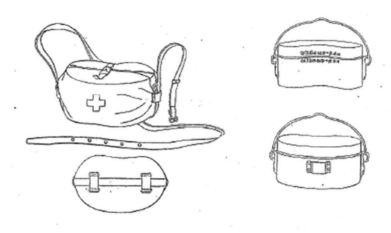

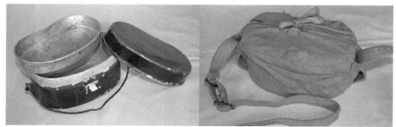

fig.32　飯盒

194

この fig.33 の図のように燕口袋やナイフとセットで櫛や糸巻きが出ていて（ひとつの段落で一気に説明されている）、その後は袋ともども服制の図説には登場しなくなる。しかし貸与品一覧の方には、そのまま袋とナイフだけ表記され続けて、昭和16年の服制を経て終戦に至っている。

ひとつずつ服制の名称通りに説明すると、燕口袋は本体がズック布製で、覆蓋に幅2分（約6㍉）、長さ1尺（約30.3㌢）のテップが締め紐につく。図とは異なり、方形の布地の3隅を中点に集合させて縫い合わせ、残る1隅が三角形の覆蓋となるように作る。完成の高さ2寸3分（約7㌢）、幅5寸6分（約17㌢）で、蓋の長さは三角形の頂点まで2寸（約6㌢）であった。写真の袋は、燕口状だが帯紐が規定より幅広くなっている。

女性のたしなみに欠かせない櫛は、黄楊材を両刃の梳櫛形に削り出したもので、長さ3寸3分（約10㌢）、幅1寸7分（約5.1㌢）である。

これは裁縫用と思われるが、鋏は鋼鉄製の女鋏で、長さは3寸4分（約10㌢）。糸巻は写真のように本体内部が空洞で、握りのような部分の真ん中ほどをねじって回し外せば中が針入れになっており、また糸を巻く筒の部分を外せば錐が出てくるというスグレモノである。全体の長さは5寸（約15㌢）、径7分（2.1㌢）。四つ目錐の長さは1寸4分（約4.2㌢）。縫い針は4本を内蔵し、4箇所を繰り削られた糸巻き部分には茶褐色、深緑、濃紺、白の4色のカタン糸をそれぞれ巻き付けておくことになっていた。

ナイフはバネ付きの折りたたみ式で、鋼鉄製の刀の長さは、さやと接続する関節部分から先端まで2寸5分（約7.6㌢）、軟鉄に鹿角を張ったさやは長さ3寸3分（約10㌢）。紐などで下げるように16番形真鍮製のカンがついた。

このほか図にないが、服制の説明文によると、別に飯包布というのがあり、木綿幅1尺1寸（約33.3㌢）の生麻布で、長さ1尺6寸（約48.4㌢）の「麻二枚糸」を生麻布の一隅に縫い付けたものという。

・衣のう

看護婦監督以上は、厚さ3分5厘（約1㌢）の桧板で組み立て表面にズック

木綿布を張り白エナメルで塗り固めた2尺2寸（約66.6㌢）×1尺1寸（約33.3㌢）×7寸7分（約23.3㌢）の箱「衣服行李」に衣類を入れて使丁に運ばせたが、看護婦長以下は衣のうに入れて、自分たちで担いだ。

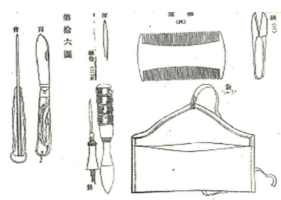

fig.33　小物類の公式図

形状はfig.34の通りで、ズック製の深さ1尺3寸（39.3㌢）、二重底は1尺3寸（同）×9寸（27.3㌢）の袋で、口周囲に20個の穴を設け、麻三綯細綱をかがり通して絞った。中央

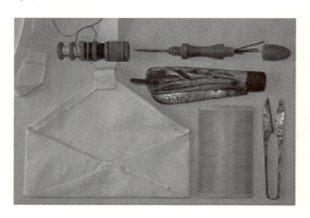

部に長さ3寸（約9㌢）幅1寸（約3㌢）の赤十字をつけ（材質は何だったのだろう？？）、その左側に「日本赤十字社○○支部」などと黒色で書いた。

・毛布

　明治32年の服制で、貸与品のなかに赤毛布というのがあったのを覚えておいでだろうか。明治43年服制では、これについても説明している。長さ6〜

7尺（約182〜212㌢）、幅5尺3寸〜5尺5寸（約160〜167㌢）という大きな赤紙で、量目は540匁（約2025㌘）とされた。

これまで列挙してきた被服や品々のうち、毛布と外套は丸めて筒状にし、馬蹄形に曲げて両端同士を紐で結び、水筒と飯盒とともに肩から掛けることになっていた。

・検査印および記名布

明治43年の服制から、被服装具類につけることになった。いずれも物品の裏側か、裏側に相当する場所に縦2寸4分（約7.3㌢）、横1寸5分（約4.5㌢）の白布2枚を並列して縫い付け、うち1枚には制作年月日を印でいれ、さらに「日本赤十字社検」または「日本赤

fig.34 衣のう

十字社○○支部検」と印刷した下に検査済印を捺し、行を変えて「第○号」と捺し○に数字を入れてサイズを表記、最後に四角で囲った納入業者印を捺した。2枚目には「　年　月給与」と印を捺しておき、救護員へ給与する際に年月を書き入れて、その左下に受領者が「第○○救護班」などの団体番号（班の通し番号）と氏名を記入することとした。

この規定文は大正11年の服制改正まで存続していたが、その後はなくなった。このころからか略式となり、昭和期製造品は縦4〜5㌢、横6〜7㌢くらいの白布1枚となって、捺されているのは、日赤名で円形、または支部名で角形の「検査済」印とサイズ表記、納入業者印、検定担当者印になった。受領した看護婦たちはこれに団体番号と氏名を記入した。

ところでその団体番号だが、日中戦争が続き昭和15年ごろになると、第○○救護班などと番号が入った正式名ではなく、埼玉支部で編成されていれば「埼玉班」というように編成地の道府県名を通称に使い、記名にも用いるようになった（救護員手帳の経歴欄など公式には団体番号を記入した）。防諜上の

理由によるものとみられる。ちなみに大きな部署で、同じ支部の班が後から来て重なった場合には、もといる方に「旧」を、新着班に「新」をつけた。「旧福岡班」「新福岡班」というふうにである。現存品の記名をみると「新潟一」「新潟二」としたパターンもあったようだ。

大正15年の服制改正

制服が上下二部式から現在に通じるワンピース型となり、外套が一新され、雨覆（雨マント）が新規制定された。これで、その他は明治43年制と合わせ、太平洋戦争開戦ごろまでのかたちが完成した。

・制服

新制服は1926（大正15年）6月22日、明治43年服制の改正というかたちで導入された。規定文は「従来ノ制服ハ当分ノ内之ヲ使用スルコトヲ得」となっていて、一斉交換ではなかったらしい。

2年前の大正13年に社内で「日本赤十字社女救護員制服改正取調委員会」がつくられ、出征や儀式の時だけでなく平常の外出時にも制服を着用できるよう、また世界的な服飾の時流も意識して、洋装と和装の折衷だったのを一新することにしたものである。前合わせも、旧制服は和服を採り入れた右前合わせだったのを洋式の左前合わせに変えている。

新制服の地質は濃紺セル、裏地は黒毛繻子。プルオーバー式で、前開きを径5分5厘（約16.7㍉）の黒色角製無地ボタン6個で閉じ、下半身のスカート部分に飾りボタンとしてもう6個をつける。両袖にも同じ物を3個ずつつけ、袖口自体はニッケル製またはニッケル鍍金製のスナップボタン（押釦と称した）で留めた。裾の長さは踝関節の上5寸（約15.2㌢）、上半身前面には両肩から帯上までに7条のつまみ縫いを施し、うち3条は乳房あたりまでとした。スカート部分にも上半身と同様に左右に各2条、裾まで届くたたみひだをつくり、ひだの内部にスラッシュポケットを設けた。上半身背面にも前部と同

様に帯部分まで届く左右各4条のつまみ縫いをして、スカートの下半身にも脇下の帯部分から裾に達する左右各2条のたたみひだを形成した。帯部分の左右各1寸5分（約4.5ボ）間隔で小ぶりのひだ4条をつけてウエストを絞った。

　fig.35の写真左2枚は現存する太平洋戦争中の生産品であるが、裏地が暗緑色のスフ製で、本体のセル地もスフが交じっているらしく時の物資不足が反映されている。規定通り上半身は6個のボタンで前開きを閉じるようになっているほか、帯付近の腹部は1組の大型ホックで、その下方はスナップボタン3個で閉じるようになっている。下半身の4個のボタンは飾りであるが、本来は6個のはずである。袖ボタンも3個から2個へ省略されているようだ。写真の例示品には紛失したのかついていないが、本来は専用の「帯」がベルトループを通して付いていた。服地と同じ二枚縫い合わせの濃紺セル製で、幅1寸4分（約4.2ボ）、長さは3尺（約90ボ）。先端に前開きを留めるのと同じ黒色角製無地ボタン2個を横に並べてつけ、もう一方の端に、やはり横に並べてボタンホールを設ける。要するにボタン留めの布ベルトで、ボタンの取り付け位置でウエストサイズに合わせるしくみである（右端写真を参照）。この制服は昭和30年の服制改正で膝下くらいに丈が短くなって下半身の飾りボタンが7個になったほか、生地にポリエステルが入るようになったくらいで、あとは布ベルトともども驚くほどまったくそのまま同じ物が生産されており、現在も各支部の看護専門学校の卒業式などの式典で、出席する女性看護師や看護師生徒たちに貸与され続けている。

　この服のデザインを決めた「日本赤十字社女救護員制服改正取調委員会」では、委託した女性服飾家と婦人服専門の洋服商に6種類の試作品を作らせ吟味した。高すぎると不便がられていた襟を低くし、「時代ニ適セス」として衣と袴の二部式をやめてワンピース式にすることが、当初から目標とされた。試作品は、白い襟飾りがついたものやボタンを外せば開襟にできるタイプなどがつくられ、実際に「中肉中背」の看護婦に着用させることもした。残された議事録には、文中で解説されている「添付図」が欠落しているため、

fig.35 大正15年制の制服の正面と背面（上写真左と中）。布ベルトが欠落している。右端は昭和40年ごろの同制服。ボタン留め布ベルトの形状の参考に掲載した。戦後もデザインがまったく変わっていないのがわかる（ただしボタンの材質と服地は異なる）。

それぞれどんなデザインだったのかは想像の域を出ないが、委員会では「多少華美ノ気味アリ」「威厳ト上品等ノ点ニ就テハ再考ヲ要ス」などと、どれにも否定的な意見が出された。だから原案のどれが採用されたのか結局わからないのだが、調べているうち、制定された新制服とそっくりの服が、実は大正4〜5年に限定使用されていたのを発見した。第1次世界大戦でロシア、フランス、イギリスへ派遣した救護班の看護婦長と看護婦に着せていた「欧州派遣服」がそれで、経緯は

不明ながら、この服を手直しして制定した可能性が一番高いと思われる。

　欧州派遣は、日本赤十字社にとって初めてとなる救護班の海外派遣であり、「諸国救護班ト比肩シテ其ノ成績ヲ挙ケントスルニ於テ責任ノ甚大ナルヲ慮」って、日赤では本部および全国47道府県と台湾の支部に命じ、「外国語ノ素養」があり「技量優秀」で、「身体強健」かつ「精神堅実」な者を選抜させ、3個班（看護婦長計5、看護婦計53、これに医員、通訳、事務員など）を編成した。

　全国のエリートを選りに選りすぐったのであるが、さらに詳細にわたる「勤務心得」をつくって配布し、「空前ノ新事業ニ慮シテ本社ノ毀誉、帝国ノ声価ニ及ホス影響ヲ顧慮シ誠意熱心全幅ノ努力ヲ傾注スヘキ」などと社長自らが精神訓話もした。外国の救護班と肩を並べて活動するのであるから負けることは許されず、その成績に日本の国際的名声がかかっているのだと、高ぶる日赤の緊張感が伝わってくる。

　そんな事情を反映し、服装から見劣りしてはならぬと、欧州派遣要員には特別に誂えた制服も着せることにした。当時の絹製上衣と袴ではなく、濃紺色ウールのサージ製、ボタン留めの布ベルトがついたワンピース。両肩に2つずつ大きなプリーツが入り、長いスカートには大ぶりの飾りボタンがダブルで並ぶ。おそらく欧州における当時の最新モードを採り入れたのであろうが、胸やスカートのプリーツ、飾りボタンなどを簡素化すると、大正15年の新制服とほぼ同じになる。

　この特別服には、金鎖のネックレスがセットで支給されることになっていた。

　fig.36は、大正4年8月の欧州派遣班で、イギリスで撮影されたらしい。全員が飾りボタンのついた特別な制服を着ているようで、ネックレスをかけている。それにしても、副社長が政府の派遣方針を陸軍大臣から告げられ仰天したのが大正3年9月8日、全国から要員をかき集めて最初にロシア班を編成したのが10月21日だから、少人数とはいえよく制服をそろえることが出来たものである。

こうして大正15年に導入された新デザインは陸軍大臣と海軍大臣の承認を得ているが、事前に日赤から案の提出を受けた陸軍省が海軍省へ説明した改正理由が生々しくて面白いので、書き下し文にして紹介する。

fig.36　大正4年、イギリスで撮影された欧州派遣班の看護婦

「現在の制服は衣と袴に分かれた二部式で、制定当時の流行を加味したものであるが、上衣は襟が高くて胴および腹部が狭く、これを着装するにあたり袴との接合部を袴の帯にて数回まわして緊迫しないと衣と袴が分離して下着を露出してしまい不体裁であると、いきおい腹部をコルセットのように強く緊縛するため、衛生上よろしくない。また袴は和服に兼用できるように製作されているので、多くの皺襞があるうえ、2条の幅広い帯紐と2条の幅が狭い帯紐がついているため多くの布地を必要とし、衣袴ともに製作が複雑で経済上不利な点も多いので改正することにした」

　この新制服について日赤は戦後、ふたたびリニューアルしようとした。実際に複数のデザイナーに改正を打診したが、「まったく非の打ちどころのないデザインで、改正する理由がない」と言われたため、今日に至っているという。

　なお明治37年に制定された制帽も、実はこのときデザイン変更が検討されていた。「従来品がやや小型すぎる」のが理由で、「改正の必要はあるが制服が決まってから選定する」ことになっていた。そこで「欧米各国の看護婦が1枚の布地に裏地を付けた頭巾のような物を使用するのが流行っているが、これがきわめて簡便で裏地を洗濯すれば常に清潔を保つことができ、看護婦の帽として適当」だと候補に挙がっていた。しかし「日本では外観が尼僧の

頭巾に似ている」という理由で却下され、従来品を大型化するような案も出されたが、「暑苦しくて夏冬兼用に適さず、外套の頭巾をかぶるにも邪魔」とボツになって、結局、従来品が継続されることになった。

・襟留

　この新型制服から襟元のホックを廃し、代わりに「襟留」というバッジで襟を閉じることにした。赤十字を七宝焼した径7分5厘（約22.7㍉）の円形で、材質は単に「銀色金属」と指定されているが、当初は銀で作られていたようである。

　fig37の写真は、左2個が昭和戦前期生産品の銅製、右端が制定当初の銀製である。現在は再び銀色金属製にもどっているが、めっきが妙につややかな印象だ。

徽章つながりでいうと左襟の桐花章は、この服制から「識別章」と改名された。サイズなどは変わらない。おさらい的に階級ごとの取り付け方を示す。

　このほか制服に着装するのは、改めて記すまでもないが右乳房下に救護員徽章、左胸に日赤社員章、従軍記章、勲章である。赤十字肘章は制服だけでなく、外套やマントにもつけた。

・外套

　こちらも明治調のトンビマントからモダンに変身した（fig.38）。表は濃紺のメルトン地で、内張は黒毛繻子、制服用より大きい径1寸（約30.3㍉）の黒色角製無地ボタン3個で前を閉じ、襟元には径7分5厘（約22.7㍉）の同ボタン1個をつけた。裾は踝関節の上方6寸5分（約19.7㌢）、袖は手首より1寸5分（約4.5㌢）の長さが適度とされ、1～4号のサイズが作られた。袖口は3寸（約9㌢）折り返し、折り襟の広さは肩より6寸（約18㌢）。背部中央に折り込みひだ（アクションプリーツ）を設け、蹴回しは7尺2寸（約218㌢）とした。ほかに口が斜め後方を向いたスラッシュポケットが左右両腰につく。やはり服地と同じベルトがセットで、長さは3尺7寸5分（約113.6㌢）、黒色

金属製のバックル付きである。

　このとき外套に識別章をつける規定はなかったが、昭和17年の服制改正時に取り付け方が図示された。ということは付けることにしたらしい。少し先の話になるが、行きがかり上、ここでその図も fig.39 と一緒に示しておいた。太平洋戦争後期、看護婦らにも軍服類が交付されることもあったが、どんな服であっても折り襟の場合は、桐花の下辺を地面に対し水平になるように付けるのが基本であった。写真は1939（昭和14）年1月、中国・蘇州に到着した外套姿の看護婦たちである。規定前なので、まだ識別章を襟に付けていない。下に着ている制服の襟留が見えている。

・看護帽、看護衣

　大正15年の服制は明治43年の改正であったので、改正部分しか掲載されていない。看護帽と看護衣については言及がないので、そのまま変化がなかったことになる。ただ、足が隠れてしまうほどであった看護衣の裾が、だいたいこのころ足首が見えるくらいにまで短くなっている。もともと担架輸送などの作業に長い裾は不便で、端を踏んづけて転ばないよう看護婦たちが帯のところでスカート部分をたくし上げて勤務することが多かった現状に鑑み、改善したものだろう。服制ではなく「製作心得」の型紙レベルの変更と思われるが、肩山も若干低くなった。着装規定では「看護衣の帯留の位置を前ボタンの列に合わせよ」という文言も登場している。

・雨覆

　防水黒綾織布製で、長さは膝下3寸（約9㌢）を適度とし、乳房下部に縦の切り込みを入れて「手出シ」とした。ボタンは黒色煉製で、径7分5厘（約22.7㍉）の物5個で前を留め（うち4個は隠し）、径5分5厘（約16.7㍉）の物5個を折り襟の襟裏に付けて頭巾留めとし、頭巾の覆面も同じボタン2個で固定した。外套もそうだが、雨覆も、制服着用時だけでなく看護衣姿で屋外

4 服装と所持品

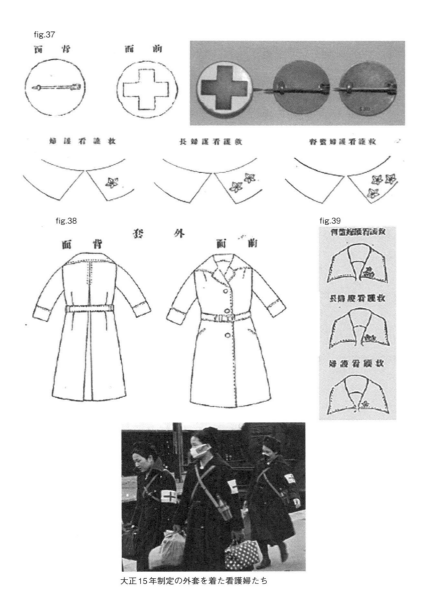

大正15年制定の外套を着た看護婦たち

へ出る際の着用が認められた。さらに外套同様、識別章をつける規定は、この服制では示されていない（fig.40）。

・貸与給与品区分と着装区分

明治43年から戦時救護員への貸与品、給与品の区分表の品目が若干変わった。大正15年改正時のものであるが、これも昭和16年まで同じなので、ここで掲載しておく。

貸与品（これまでと同様、保存年限を定めず、実用に耐えなくなった物のみ新調交換する。救護班の解散や召集解除の際は、受給者に返納の義務がある）： 帽（制帽のこと）1個、衣服（ワンピース式新制服のこと。衣袴から名称が変わった）1枚、外套1枚、雨覆1枚、救護員徽章1個、襟留1個、衣服行李甲（ただし救護看護婦監督以上）1個、衣服行李乙（看護婦長以下）1個、半部毛布（例の赤毛布のハーフサイズということ？ 戦地または国外派遣の者が対象で、必要に応じ所属団体において臨時に4枚まで増加することができた）1枚、飯盒1個、水筒1個 …これら以外に、必要に応じて防蚊覆面その他の防寒防暑特殊被服の貸与を受けることができた。また、内地勤務者には所属団体において寝具も貸与された。

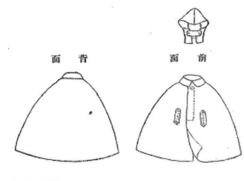

fig.40　雨覆

給与品（受領者の所有品になる。これまで保存年限が定められ、更新支給を受けることになっていたのが、保存年限を定めず実用に耐えられなくなった際に追給されるものとなった）： 看護帽3個（今回から、すべて材料の支

給を受け看護婦個々が自製するとされた）、冬肌衣上下2組（肌衣下のみ3枚）、夏肌衣上下2組（同）、冬下衣2枚、夏下衣2枚、襟布2本、袖布2組、手套2組、靴2足、靴足袋2足　…必要に応じ防寒手套、防寒用靴足袋を支給された。

　ではこれらはいつ、どんなふうに身につけることになっていたのか。

　召集中の服装に限れば、単独の場合に着用する第一種服装と、団体をもって行動するときの第二種服装とがあった。いずれでも儀式その他廉ある場合においては、勲章徽章を佩用するものとされた。看護婦の場合は、第二種で身につける水筒と飯盒が第一種にないだけで、他は同じである。靴は「廉アル場合ノ外短靴ヲ用ウルコトヲ得」とされ、水筒は右肩から左脇へ、飯盒は左肩から右脇へ掛けることと定められた。外套は、着ていないときで隊伍に列する場合は筒状に巻いて左肩から右脇へ掛ける。風雪の天候に着用する雨覆は、単体だけでなく外套の上から着ることも認められていた。

・衣服行李乙

　さて、上記貸与品のなかに「衣服行李甲」「衣服行李乙」というのが登場している。衣服の運搬保管のため明治43年服制で看護婦長以下に衣のうが制定されたが、これを移動のたびサンタクロースのように担がせるのはさすがに気の毒と思ったか、大正時代にスーツケース型へ改め「衣服行李乙」と命名したため、救護看護婦監督以上が使う桧材製の運搬用ロッカーである「衣服行李」の名を「衣服行李甲」へ変えたものである。

　ただ制定文や当初の図説を発見できなかったので、ここは詳細が示された昭和16年の服制図説から解説する。日中戦争初期などの写真を見る限り、昭和16年以前のものも、この図説と同じである（fig.41）。

　表が防水茶褐帆布、内側が防水茶褐綿布でできており、本体は縦33㌢、横55㌢、奥行き15㌢で、籐でつくった長方形の枠2組で形が整うようにしてあ

207

る。各蓋は茶褐色杉綾織紐と24×25ミリの金属製角カン2個で閉めるようになっており、まず左右の横中蓋を閉じて1組の紐と角カンで締め、さらに2組のテップ紐を結んでとじ合わせる。次いで名札入れがついている下中蓋を2組の紐と角カンで、外中蓋も2組の紐と角カンで締め、最後に2組ある真田織の外蓋締紐で全体を固定する。当初の制定では下中蓋の名札入れの右側に救護班の番号、左側に「日本赤十字社」と黒書きすることになっていた。外蓋表面中央部には、幅13ミリ43ミリ角の緋色金福布製の赤十字を付けた62ミリ四方の白葛城織の方形白布を縫着した。fig.41写真の品には、外蓋に、図にはない記名用の白布が付いているが、これは昭和の初めごろから正式になったものらしい。

この外蓋締紐は、一方に金属製のハトメ穴8個が35ミリ間隔で並び、もう一方のニッケルめっき製尾錠で締めるようになっており、昭和16年服制の図説もそうなっているが、日中戦争が始まった頃にハトメ穴が廃され「日」の字形の移動複カンに紐を通して締め上げる方式に変わった。また図にある、中蓋内側のプリーツ付きポケットも廃止された。TRさんの持ち帰り品である写真の品は、この戦時型である。

持ち手部分は、樫材を茶褐防水帆布で包んだ提手台座と、麻芯に茶褐葛城織綿布をかぶせた提手を真鍮ニッケルめっき製の角カンでつないだ独立パーツになっている（写真参照）。ケース本体上面の両端近くに厚手の真田織紐のループが作り付けられており、提手台座の両端をそれぞれに通して固定するようになっている。また提手台座側にも真田織平紐のベルト通しがついていて、外蓋締紐を通して固定を丈夫なものにしていた。

ところで現存する衣服行李乙には、この持ち手部分を取り外してしまっている物が目立つ。敗走や引き揚げの際に、片手に提げていては不便だったためであろう。外蓋締紐や別に入手した類似品を提手台座固定用の本体ループに通し肩から斜めに掛けて携行したり、外蓋締紐をうんと緩めそれぞれに腕を通して背負ったりしていたのである。そうやっても使えるようにと提手台座を別パーツとしていたのかどうかは判然としないが、基本的に内地から出

4 服装と所持品

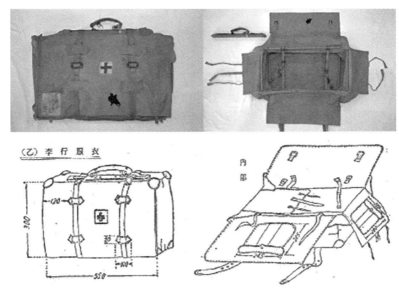

fig.41 衣服行李乙

征先の陸軍病院や兵站病院へ行くための旅行カバンで、野戦は想定されていなかった。

規定によれば、この衣服行李乙は貸与品と給与品を入れるもので、たとえば休日を過ごす私服や余分の下着類、入浴具などの私物は、これに入りきれなければ出征に際し携行できないことになっていた。そのためどの写真を見ても衣服行李乙は、これでもかと詰め込まれてパンパンに膨れあがってしまっている。

・その他大正年間の服制

雑嚢＝厚布製の肩掛けカバンである。これ自体は明治43年に制定されていたのだが、この時の救護員服装規程では看護人や書記ら「男救護員」用の貸与品に分類されていた。それが1922（大正11）年5月1日に改正された同規

209

程の「女救護員」の貸与品表で、新たに「雑嚢　一」（数字は個数）が加えられた。それまで飯盒と水筒をそれぞれ左と右の肩から掛けていた着装方法も、水筒と飯盒は右肩から左脇へ、雑嚢は左肩から右脇へ掛けるものと変更になった。この大正11年の服制にも明治43年と同じ雑嚢の図説（fig.42）が掲載されていて、それは以下の通りであるが、水筒と同様、制定当時の陸軍下士卒に貸与されていた物と同じであったようだ。

　袋は茶褐ズック製で、縦7寸（約ケン21.2）、上部の横幅8寸8分（約26.7ケン）、下部1尺2分（約36.7ケン）。襠（マチ）幅は上部が3寸（約9.1ケン）で、下部は3寸4分（約10.3ケン）。これに縦8寸5分（約25.8ケン）、上部が幅9寸（約27.3ケン）、下部1尺2分（約36.4ケン）の蓋布がついた。帯布（負い布）は幅1寸（約3ケン）で、5寸（約15.2ケン）の短い帯布と3尺7寸（約112.1ケン）の帯布を真鍮製角カンでつなぎ、長い方の帯布に真鍮製複カンを取り付け長さを調節した。また袋には長さ2寸（約6ケン）の金具付き帯吊りが付着した。袋の口は両側面に1組ずつの真鍮製ホックがつき、口と蓋布はそれぞれ革ベルトと鉄製焼漆尾錠で閉じた。蓋布の内側には「日本赤十字社」または「日本赤十字社○○支部」と黒で書いた。

　しかし同規程が大正15年に改正されると、女性救護員の表から雑嚢は忽然と消滅し、その後も再び登場することはなかった。合わせて水筒は左肩から、飯盒は右肩から掛けるよう着装方法も元へ戻された。しかし大正11年の規程のように左肩から右腰へ雑嚢を提げている救護看護婦の写真が日中戦争中にも多数のこされていることから、規定にはないものの、多くの場合に貸与されていたと考えるほかないようだ。

　実際に何度もご登場いただいているTRさんの救護員手帳を見ると、給与品、貸与品のページの表に雑嚢は印刷されていないが、手帳の後表紙内側のポケットに折りたたまれて入っていた昭和18年4月13日付（彼女の応召日である）の「受領證」には水筒や飯盒などとともに、「雑嚢　一」とある。この受領證はガリ版印刷で、「右受領候也」と印刷された下にTRさんが署名、捺印しており、TRさんも雑嚢を所持していたことがわかる。

210

4 服装と所持品

南方戦線の看護婦たち。大正11年の規定と同じく、右肩から
水筒と飯盒を、左肩から雑嚢を掛け、胴締をしている

　陸軍用でも雑嚢や飯盒は、完成品こそ被服廠（または被服支廠）の担当者が出来を検定するが、製造はほぼ100パーセントが外部委託であった。日赤が陸軍と同型の水筒や飯盒を軍用品メーカーへ製造委託していたことからすると、雑嚢も同様だったに違いない。本来、服制で定めた図説は、後から新しいものが制定されるか、抹消を表明しない限りそのまま残り続けるはずであるが、雑嚢に関しては服制においてニューモデルへ改訂された形跡がない。

　しかし明治時代制定の牛革や真鍮製金具を多用した雑嚢が、日中戦争が進んだ物資不足の時代に貸与されていたとも考えにくく、たとえば昭和15年以降は陸軍で昭和15年に制定された雑嚢とするなど、委託先メーカーの製造に

fig.42　雑嚢

211

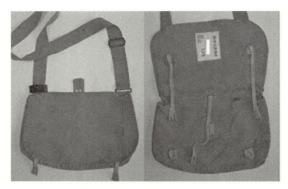

fig.43　FYさんの雑嚢

合わせた雑嚢が貸与されていたと考えるのが自然な気がする。fig.43の例示品は、群馬支部の救護看護婦FYさんの雑嚢で、陸軍の昭和15年型である。軍用なら必ずある被服廠の検定印はなく、代わりに蓋裏面に、制定図通り逆さまに「日本赤十字社」と印刷した記名布が縫い付けてあり、納入業者印などが捺してある。FYさんが所属班名と姓名を書き入れている。

　負い紐についている革製の部品は負紐留という。スナップボタンによる着脱式で、胴締（ベルト）を用いず左肩から飯盒を、右肩から水筒を掛けた際に、それぞれの負い紐が交差する胸のところで両方を束ねるのに使う。腰に提げた飯盒や水筒が不要に動き回るのを防ぐためで、男性救護員と異なり、必ずしも胴締を貸与されることになっていなかった女性救護員用独特の付属品である。

　医療嚢と包帯嚢＝本来は明治年間の服制で紹介するべきであったが、雑嚢の流れからここで紹介する。これは陸軍で1907（明治40）年に制定された革製の肩掛けバッグで（四〇年式という）、総革製だったからか砲兵工廠で生産し、衛生材料廠が実費を払って受領していた。日赤は衛生材料廠から供給を受け（費用は払ったはずである）、医薬品や医療機材と同様の救護班の備品とした。もともと救護看護婦の勤務地は兵站病院までだったが、日赤戦時救護規則では、命令があれば短期間、野戦病院へ赴くこともありえた。医療嚢や

4 服装と所持品

fig.44 繃帯嚢と医療嚢

包帯嚢はそうした際や、移送に際して患者の容体急変に備えて持ち出す物であった。

　大正時代の日赤戦時救護規則付録によると、班備品の医療嚢は看護婦長用で、包帯嚢は看護婦用。だから看護婦長と看護婦計22人の救護班に医療嚢は2個、包帯嚢は20個が定数だった。医療嚢も包帯嚢も実測だと縦22ギン、横25.5ギンで、全長1240ギンの負革と、220ギンの専用帯革がつく同規格の製品だ。外見上の違いは、外蓋にある赤十字マークの白色台地が医療嚢は四角形、包帯嚢は楕円形ということだけである（fig.44は左が繃帯嚢、右が医療嚢で、ベルトは専用の帯革）。

　昭和16年になって女性救護人の貸与品一覧表に「救護看護婦長携帯嚢」「救護看護婦携帯嚢」というのが突然、現れる。看護婦長用の医療嚢、看護婦用の繃帯嚢が個人貸与品へ変わった際に、それぞれ名前も変えたものらしい。軍医や医員が持つ革製の軍医携帯嚢、医員携帯嚢に名称を合わせたのかもしれない。

　医療嚢、繃帯嚢それぞれ規定の内容品は以下の通りで、これをみれば用途の違いがわかっていただけると思う。

○医療嚢＝　薬品：蒸留水（15ク゜ラ）、護謨絆創膏（65平方寸を2枚）、莫比錠（30個）、硫規丸（200個）、カンフル液（15ク゜ラ）、甘汞錠（10個）、昇汞錠（10個）、××児散（50包）、健胃散（50包）、メントール武蘭（30ク゜ラ）　器械：皮下注射器（1具）、消息子（1個）、鉗子（1個）、木製薬杯（1個）、包帯剪（1

213

個)、膿盤（1個）、体温計（1個）　治療用消耗品：昇汞ガーゼ（1尺3枚入り包みを3包）、三角巾（3個）、巻軸帯（1個）、海綿（2個）、安全針（5個）雑用品：ゴム帽付鉛筆（1本）、報告紙（10枚）

〇包帯嚢＝　護謨絆創膏（65平方寸を2枚）、メントール武蘭（30㌘）、昇汞ガーゼ（1尺3枚入りを3包）、三角巾（5枚）、巻軸帯（9個）、安全針（5個）、包帯剪（1個）、木製薬杯（1個）

　医療嚢、包帯嚢いずれも総牛革製の贅沢な製品であり、戦争が進行すると材料が枯渇した。豚革や馬革の物も登場し、端切れを用いたため新品状態でツギハギになっている製品もある。また革に代えて、樹脂板を厚手の綿帆布で挟んで貼り合わせた素材も用いられるようになった。

　屋外勤務用被服＝大正11年5月11日に制定された。「瓦斯糸織鼠色微塵縞」という材質で、折り襟隠しボタンの長袖短上衣と、右腰にアウトポケットのついたロングスカート、ホック掛けの布ベルト、胸当て付きのエプロンからなるが、これは主に児童保養所の勤務用であったので、ここでは省く。

　避暑帽＝上記の屋外勤務用被服の一環として採用された。濃紺色麦藁製で、鉢巻きは「綿琥珀織紫紺色」、裏地は黒毛糯子を天井で絞ったもの。看護帽と同じ白金巾裏打ちの緋絨赤十字章をつけた。同時期に採用された看護婦生徒の「通学帽」とそっくりだが、同じものかは不明。ただ、鉢巻きの結び目が避暑帽とは逆だったようで、赤十字章もつかなかったようである。

・看護婦生徒の服制まとめ

　通学帽の話が出たところでちょっと足踏みして、看護婦生徒の服制に、簡単に触れておこう。

　大正15年に新制服が制定されるまで、生徒にとって制服は式服・礼服であり、通学や寮からの外出は矢絣に袴などの私服であった。外出着としても使えるよう新制服が導入されたのは先に書いたが、これにより新制服と新外套は生徒の外出着、通学服としても着用されるようになった。

　Fig.45は野外で水質検査の実習をしている生徒たちだが、紺色の制服に襟

留をつけ、麦わらの通学帽をかぶっている生徒の制服がわかる。屋外訓練などでない限り、ふだんの行動や通学では編上靴ではなく、黒革の生徒用短靴をはいた。生徒たちの遠足や修学旅行は、野外訓練を兼ねている面も多かったそうだ。　左襟に付けているのは桐花の識別章ではなく、「学年別徽章」。これは制服も看護衣も、看護婦と生徒のが同じであったため、身分を簡単に見分けることができるようにと明治43年4月に左襟へ付けることにしたもので、真鍮製で縦1.5㌢の洋数字の徽章である。写真のは「1」だから1年生を示す。つまり同じ制服姿でも、学年別徽章を付けているのは看護婦生徒、桐花の識別章をつけているのが救護員に任用された看護婦または就学中の看護婦長候補生、なにも付けていないのが一般の看護婦という区別が戦後間もなくまで続いた。

　第二次世界大戦期の基本形となった1933（昭和8）年12月22日制定の「救護看護婦生徒救護看護婦長候補生養成規則」によると、生徒への被服の支給状況は次の通りであった。

　貸与品＝制帽（1個）、制服・襟留1個付（1枚）、外套（1枚）、雨覆（1枚）

　給与品＝　看護衣（3著）、看護帽（1カ月2個）、靴（1足…たぶん制服用
　　　　　　編上靴のことだろうか）

＊この員数は初度貸与または給与のものであるが、看護帽についてはこの後より原料を給与して自製させることとする。看護衣は9カ月ごとに1著、靴は1年半後に1足を給与する。

　給与品は耐えられるうちは修理することにして、その分の給与数を減らすことにする──。

　この被服欄が改正されるのは、昭和16年12月で、貸与品に夏帽（1個）、夏衣（1枚）、作業衣と作業袴（各1枚）が

fig.45　野外実習中の看護婦生徒

加えられて、雨覆がマントに改名し、看護衣が1枚に減らされた。そして「保存期限を定めず、実際使用に耐えざるとき交換する」とケチくさくなってきた。給与品は看護略帽が導入されてこれが2個ずつ給与されることになり、代わりに看護帽が1個に減った。そして「爾後必要に応じ支給す」と、交換時期の確約をなくした。制服用の黒靴下2足と看護衣用白靴下2足も生徒へ給与されることとなったが、「第二学年以降毎年二足ヲ支給ス」と2足で1年間もたせなければならない状況だった。

昭和16年の服制

日中戦争勃発から3年半、太平洋戦争開戦の約10カ月前の昭和16年2月1日、戦時下の資材状況なども考慮した大きな服制改正があった。

・制帽、制服

いずれも大正15年制の図説が再掲されており、変更はない。その図説は、他の看護衣や物品がメートル法で説明されているのに、尺貫法のまま引き写されているほどだ。ただ国内の物資不足から素材の入手が困難になっていたとみえ、服制の図説には書かれていない品質低下が、この頃から制帽制服にも及んでいたことが現存品から確認できる。fig.46の制帽はTRさんが華北から持ち帰った大量の被服類のひとつだが、帽正面の蝶結び飾りなど周囲に張られているのが、本来の濃紺天鵞絨ではなく、濃紺絹縮緬で代用されている。

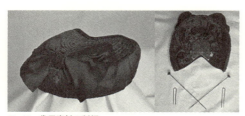

fig.46　代用素材の制帽

216

TRさんは昭和18年4月の任用・出征なので、すでにこの頃までに代用素材の制帽が生産されていたことになる。生地が薄いので、飾りのボリュームが心持ち平べったくなった印象である。TRさんの制帽には、規定通り「留針二本」がついていたが、ほんらい瑠璃色ガラス製だった球は制服ボタンと同様に黒煉製に変わっている。ついでに説明すると、写真にある2本のU字形ピンが、薄絹の内張布に突き刺して麦藁製の帽本体内側に這わせた針金の骨組みにひっかけてあった（うち1本は先端が折れたため、長さをそろえてヤスリで尖らせてある）。これは民生用のふつうのヘアピンらしい。

制服を着て式典へ出席する機会も多いという日赤勤務の女性看護師さんに伺うと、留針は帽側面両後端部の、それぞれ後ろ端から前方へ約1ジ、下縁から上へ約1ジ入ったところで、斜め上へ向けて先端部がクロスするように突き刺すのが使い方という。束髪（お団子結び）へがっちり上手に刺せば、頭を多少振り動かしても制帽がずれることはないそうである。U字ピンについては、「現在では使われておらず見たことはないが、留針で帽子をしっかり固定した後では、帽子と頭の間へ指を入れにくく使いようがない」「ただ、髪が短く束髪をうまく結えない人だと留針が使えないので、こうしたピンを帽子につけて髪へ突き刺し固定するほかなかったでしょう」とのことであった。

看護師さんの話では、現在でも髪の短い人は留針の代わりにヘアピンなどを使って制帽を固定するが、帽外側にピンを見せるのは禁止なので、ぎざぎざ折りになっている帽内側下縁の袋状になったところへ刺して隠すのだという。

制服もウール100パーセントとはいかなくなったようでスフの混紡となり、手触りがざらざらしたいかにも粗悪品となってしまう。内張も黒毛繻子ではなく、国防色などのスフが用いられるようになった。スナップボタンで閉じる袖口の飾りボタンも、本来の3個から2個へ減らされているのが一般的だったようである。なお前述の通り、識別章が正式名だった襟の桐花章は、この服制から「識別徽章」という名称になった。

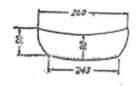

fig.47 制服の袖布

キャラコ布を3つ折りにする制服の襟布（カラー）はこれまでと変わらないが、この服制の付図で尺貫法からメートル法に変わった。襟布は長さ800㍉、幅150㍉のキャラコ布を三つ折りにして、制服の襟へ縫い付ける。また同様に制服の左右両袖裏に各自が縫い付けるキャラコ製の袖布も図示されたので、形状を説明しにくいため図を掲載する（fig.47）。襟布も袖布も給与品で、装着すると制服の写真例示品の右端のようになる。なんと現在も制服を着る際には、同型の襟布と袖布をちくちく縫い付けているのだそうだ。

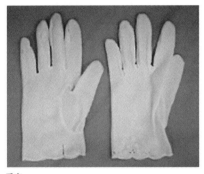

手套

・手套

紺色の制服姿を引き締めて見せているのが白手袋。昭和16年の服制には久しぶりに説明文が載っているのだが、「白瓦斯糸メリヤス製トス」とあるだけだ。

ただ定数1組の給与品なので統一規格はあったはず。写真は元救護看護婦の所持品だったものだが、なめらかなメリヤス製で、手首外側部分に花模様の刺繍がしてある。

・編上靴

正しくは女救護員編上靴といい、これも大正15年の再掲である。表が黒ボックス革製で、「白綿ダック」布が内側に張ってある。深さは135㍉以下、かかとの高さは36㍉とされた。5対の金属製ハトメ（アイレット）と、その上部の4対のホックを黒織平紐で締めることになっていたが、戦争中にはホッ

fig.48　編上靴

クをやめすべてハトメ式とし全体の数を減らして7対とした靴もあった（fig.48）。ちなみに付図は説明文に反し、すべてハトメ（9対）になっているように見える。服制では他に「内地陸海軍病院勤務者ニアリテハ紐締短靴トスルコトヲ得」とされ、さらに別途、服装規程では「儀式其ノ他廉アル場合ヲ除クノ他短靴ヲ用ルコトヲ得」ともされた。

　写真右端は戦争再末期の女救護員編上靴と考えられるものである。ハトメが打ってある「後革」の先端部が「爪先革」の内側へ縫い込まれているなど男救護員用とは基本形状が異なり（サイズも小さく甲幅も狭い）、たしかに黒革製の女性用のハトメを6対に減らして、つま先を二重にするとこうなるが、本品は出自が明らかでなく、もちろん服制にも登場しないので謎のままにしておきたい。靴裏の刻印によれば、昭和19年製、日靴の納入品である。

・外套
　これも大正15年制の再掲で、変更はない。

・マント
　大正15年制に登場した防水黒綾織布製の「雨覆」（前出）が名前を変えただけで、材質・規格に変更はない。ただ、図説にある乳房下の縦に切れ込んだ「手出」は戦争後期に省略されたようである。

fig.49 マント

 fig.49は昭和18年ごろ、ビルマで撮影されたもの。担架訓練の様子で、スコールの合間だったのか全員が手出のないマントを着用している。

・看護帽

 この改正で、前面の高さ165㍉、後面約85㍉となり、うち鉢巻き部分が約36㍉となった。8折ひだや、後頭部の調節装置は従来のままである。これは日赤社史稿第5巻の制定文からだが、日赤の資料によっては巻き部分の幅を「約25㍉」としているものもある。筆者が実物2個を確認した範囲では、鉢巻き部分の幅は25㍉と26㍉であった。規定図の鉢巻き部分も、それまでの図より明らかに幅が短くなり、帽全体の高さが低くなっている。この規定では帽章の赤十字章がメートル法で図示されたほか、材質も物資不足を反映してか「緋羅紗又ハ緋金福」と変更され、裏打ちが白金巾から白キャラコに変わった。

 この改正で看護略帽が新たに制定されたため、背の高い看護帽を着用する機会はほとんどなくなったが、1個は規程通りに手作りした看護帽を所持していた。看護略帽が支給されるようになっても、服装規程の給与品欄に「看

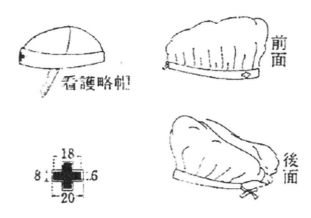

看護帽、略帽の公式図

護帽一個」とあり続けたからである。この鳥かご型の看護帽は、1947（昭和22）年に縁なし型の新しい看護帽が制定されたのにともない廃止された。

　あいかわらず自作には手間がかかりそうな構造で、特に形を整えるのは苦労したに違いない。生徒時代、作り方がうまくないと、上級生から「なんですかッそのだらしない帽子は！」と叱責され、夜中に泣きながら作り直すこともあったそうだ。現存品を調べた範囲では、どれも前後の高さ、ひだの角付けなどびしっと作り込んでいるのが印象的である。

　日赤の救護看護婦たちの髪形は、明治以来、束髪（オダンゴ結び）が習わしだった。制服着用の際は必須で、看護衣姿でも同様だった。看護帽は、この束髪も中へ入れてかぶるのため、かなり大きく作られており、しかもフリーサイズであった。1937（昭和12）年に日中戦争が始まると、間もなく看護帽制作用の寒冷紗が不足し始め、看護婦たちへの材料支給が滞り始めた。世間一般へ目を向けてみると、事変勃発の約5ヵ月後には毛製品と綿製品のステープルファイバー（人造繊維。略してスフ）混用規則が定められて「スフ混」が規則化し、翌13年6月には純綿の国内向け供給が禁止されてすべて政府の統制下におかれた。繊維資源を軍需へ回すためである。

221

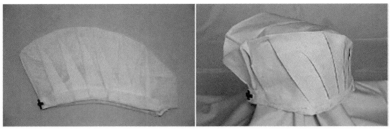

規定通り寒冷紗でつくられた看護帽（左）と総スフ製の看護帽。寒冷紗製は日赤看護婦養成所の給与品だった物らしい。スフ製は華北から復員したTRさんの持ち帰り品。

　補助機関ではあるが軍でない日赤も、この影響を受けた。そこで看護婦たちへ支給される材料に寒冷紗を見かけることがなくなり、代用材料として白キャラコやスフ布が渡されるようになった。そのため日中戦争が進むにつれ、総キャラコ製や総スフ製の看護帽が登場しはじめる。昭和15〜16年ごろの中国における看護婦たちの写真を見ると明らかに代用素材の看護帽をかぶっており、スフ製が幅をきかせていたことが手記からもうかがえる。

　陸軍省は昭和16年4月4日、陸普第689号「日本赤十字社救護員被服装具製作資材配給方ノ件」を商工省に発し、「同社救護員ハ軍ノ戦時衛生勤務ニ関連大ナルヲ以テ之カ製作資材ニ関シ優先配給方配慮相煩度依頼候也」と、便宜を図るよう求めた。

・看護略帽

　背高の看護帽では狭い場所で動き回る病院船勤務に不向きで、そうした意見は大正時代から出ていた。日中戦争が泥沼化して救護班派遣が前例のない規模で増加するなか、病院勤務者からも軽快な看護用帽が求められたこと、看護帽を自作する材料の供給が困難になり、自作作業自体も手間で看護婦の負担になってきたことなどから、昭和16年の服制改正で日赤に登場した。

　「白ギャバジン又ハ類似品」製で、キャラコ製の看護衣に比べずいぶん厚手のしっかりした木綿生地が使われている。縫製は、丸みがつくよう辺に緩い

テーパーをかけた三角形の布4枚を各頂点おいて合わせ、縁辺を縫い合わせるよう規定されている。帽周囲で別パーツになっている折り返し縁は、前面の高さ幅59ミリ、後面が40ミリ。前章は看護帽と同じものが縫い付けられた。看護婦たちはこれを「正ちゃん帽」と呼んだ。

　図にはあご紐がついているが、当時の写真を探しても利用しているのをあまり見かけない。使う際は、耳の後ろをから紐を回してあごにかけていたようである。あご紐を使わずかぶる場合は、ずれたり脱げたりしないように、やや後頭部よりの左右をヘアピンで留めて固定した。この帽は自作しない給与品であったので、ミシン掛けの量産品となっている。救護員手帳などによると、出征に際しての支給は1人3個が定数だった。

　TRさんが持ち帰った2個の略帽のうち1個（fig.50とfig.51）は、帽頂部の左右を結ぶ横向きの縫い合わせ箇所を手でつまみ縫いしてある（そのため略帽を横から見ると帽頂部が尖って見える）。これは当時の彼女たちのかぶり方で、帽子の前半分が若干上へ向くようにするための改造であった。看護帽のように余分な大きさがとれないので、後部で束髪が邪魔にならないようにするためだったのではと推察する。

　陸軍は昭和18年12月10日、陸普第6312号で、陸軍看護婦の看護帽の材質「白寒冷紗」と看護衣の「白キャラコ」をそれぞれ「茶褐寒冷紗」「茶褐キャラコ」に、看護略帽の「白キャラコ又ハ類似品」も「茶褐キャラコ又ハ類似品」に改めるとした。「白色の衣服では敵機の目標になりやすい」との理由からである。それ以前から前線では、草木の汁を使って日赤救護班の看護婦らの白衣や白帽を染めることが行われていた。日赤が陸普のような指示を社内へ出していたかどうかは未発見だが、確かにこのころから褐緑色系の略帽や作業衣袴を着用しているので、陸普と同時期に同じような措置をとったものと思われる。fig.50の右に例示した褐緑色糸織布製がこれにあたるようだ。ただ、当時は類似品が一般病院の看護婦用に流通していたことも留意しておくべきである。

　fig.52は、太平洋戦争末期に南方へ派遣されていた群馬支部の救護看護婦

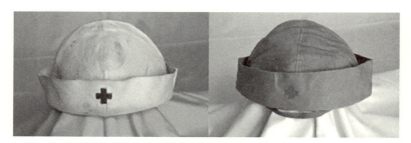

fig.50 日赤正規の看護略帽（左）と、褐緑色糸織布で作られた戦争末期型の看護略帽

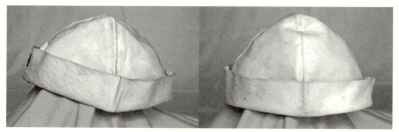

fig.51 前部が上向きになるよう改造された看護略帽（左＝直上の写真と同じもの）と、ノーマルな看護略帽の横側同士の比較。右の略帽は赤十字章が取れて、縫い糸だけが残っている。2種類の白色略帽は、日赤甲種救護看護婦TRさんのもの。

FYさんが、戦後、復員の際に持ち帰った略帽である。陸軍下士官兵用の夏衣袴（夏軍服の上下）に用いる茶褐雲斉（デニム）布とカタン糸で軍服同様に作られている一方、裁断や製法の細部は日赤の規定通りになっている。あご紐も軍衣料用の茶褐テップ紐を使ってあるが、根本付近で切断してある。日赤で茶褐色衣類を導入してからの製品と思われるが、本来はコットンギャバジンでつくるのが日赤制式なので、薄手の茶褐色糸織布よりもこちらの方が本流のイメージだ。ただ、FYさんの記名があるほかは、スタンプ類が何もないので、日赤で正規につくった物か、軍の衛生材料廠などが調製して支給した物なのか、はっきりしない。

　Fig.53は、看護略帽のかぶり方がよくわかる。帽頂部の横の縫い目を各自でつまみ縫いして、前頭部分が少し持ち上がるようにする。横から見ると、

224

fig.52　茶褐雲斉布製の看護略帽

fig.53　前半分を上に向けて略帽をかぶった看護婦

帽子の下縁が左手前の看護婦のように緩いⅤの字を描き、正面から見ると真ん中の人のように縁なし帽っぽくなる。これが彼女たち流〝粋なかぶり方〟であった。なおこの正ちゃん帽は、昭和30年6月20日の服制改正で「室内用作業帽」と名を変え、材質も白色キャラコ製になって存続し続けた。これまた息の長いアイテムである。

・頭巾布

　看護略帽と一緒に新規制定され、看護略帽に「代用スルコトヲ得」というかぶり物。材質は不明ながら（白色キャラコ？）底辺が1100㍉、高さ（頂角を二等分する線）530㍉のほぼ直角二等辺三角形をした一枚布である。

　三重折りにした底辺の中央部200㍉にわたって12折りのひだを設けた飾り布をつけ、看護帽などと同じ赤十字章を縫い付けた。飾り布は最大幅が40㍉となる弧を描くこととした。形状からして、底辺部を額に当てて両横にくる布を後頭部へ回して結び、頭頂部を覆いながら頂角部分を結び目へたくし込んだのではないだろうか。「防空頭巾を取り、白い三角巾で髪をおおった私たちは、悲壮な思いで死者と見分けもつかないような負傷者が、ただ床に寝かされている中に立った」（続ほづづのあとに　殉職従軍赤十字看護婦追悼記）などと手記に出てくる「三角巾」がこれだと思われる。

225

・看護衣

材質は白キャラコ、細かい襞を多数もうける袖の取り付け方は変わらないが肩山がほとんどなくなり、裾も若干短くなって動きやすくなった。またバックルがある布ベルトもつくようになった。

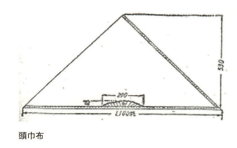
頭巾布

制定文によれば幅24㍉の立ち襟で、左襟の外側の布に識別章をつけるため縁を糸でかがったハトメ穴を開け、襟内側の布と一部を縫い合わせないことで裏面穴隠し布とした。ただし付図はボタンホールで、襟先から40㍉のところへ空けることになっていた。袖は腕関節（手首）に至る長さとし、前裕より小さなボタンで留める袖口の開きは90㍉。袖口内側前部には小さなループ（釦止紐）をつけ、腕まくりした際に、腕外側につけたボタンに掛けてずり下がらないようにした。

帯下15㌢まである身ごろの前開きは、直径15㍉の四つ目皿形貝ボタン5個閉じた。裾の長さは外踝の上約15㌢を目安とし、裾周りは210㌢。襞は前面の帯上左右に各2条、帯下に各4条。「裾ヲ括リ袴式トナスコトヲ得」とあるが、スカート状のものをどうやったのであろうか？　後述する作業袴を上からはくためだったことはわかるのだが…。また腰物入れという縦切りのスラッシュポケットが、帯下左右両側についた。サイズ区分は1〜4号である。

なんと言っても今回の特徴は、それまで長い間、折りたたんだキャラコ布の帯を腰に巻いていたのをやめ、軽快な布ベルトとしたことであろう。幅4・5㌢、布部分の長さが120㌢で、遊環と縦60㍉のバックルがついた。このため帯部分の左右両脇腹に1個ずつ、ベルトループが設けられた。

Fig.54の真ん中は、TRさんの持ち帰り品3着のうちの1着である。出征時の貸与数は3着だから、そのまま終戦まで2年余りも大事に使い続けていた

4 服装と所持品

fig.54 看護衣の公式図とTRさんの持ち帰り品

らしい。これが昭和16年制で、布ベルトがつき、写真右上のように、左襟には縁を糸でかがったハトメ穴が設けてあり、表布の一部を縫い合わせていない構造がわかる。3着のうちもう1着は識別章の取り付け箇所が写真右下のようなボタンホールになっていた。この服だけ裾が4㌢ほど長く、布ベルト用のループがもともとついていなかったようなので、明治43年制の最終ロットまたは過渡期品だった可能性がある。この旧型服は激しく着込まれていて、すり切れた襟の縁はガーゼをあてて手縫いで補修され、そのほかかぎ裂きや穴なども当て布をしたり、自分で縒った太糸を編んだりして丁寧に直している。看護衣は使用頻度が極めて高いため、日赤の被服規程では6カ月ごとに新品と交換することになっていた。そして看護婦被服は、日赤が調達し陸軍衛生材料廠が追送品に加えて現地へ送ることになっていた（昭和6年、陸普第327号など）が、戦争後期にはままならない状態になっていたのだろう。

・作業衣袴

この服制に図説が初めて登場するが、日中戦争初期の1939（昭和14）年ごろの写真でも同じようなものを着ているのが確認できる。明治・大正年間の

227

fig.55 作業衣の公式図と大阪支部の未使用品

前垂に代わるものだ。

　作業衣は背開きの割烹着スタイルで、白色キャラコ製。袖はいわゆる七分袖で肘関節の下方約120㍉を目安とし、襟から袖先までが400㍉になるようにつくった。前身ごろの丈はくるぶし上方120㍉が目安というから、看護衣の裾縁と同じ高さだった。襟元から裾端までは1000㍉、胸あたりの幅は590㍉とされた。ただサイズが1～4号と区分されており、この例示寸法がどのサイズを指しているのかはわからない。

　背中側は、幅30㍉、長さ330㍉の締め紐で結んだ。この胴締め紐は衣内側に縫い付けてあり、首の後ろ部分は、丸打ち紐の輪と幅18㍉、長さ115㍉の紐で結んだ。説明文では「後面両側上端ニ締紐及丸打紐製環紐各一個ヲ付ス」となっている。右側縫い目の下方、帯締め紐の直下付近にスラッシュポケットがついた。裾がカーブしているのが、日赤製の特徴である。

　Fig.55の写真は大阪支部の未使用品だが、説明文にある紐環は省略されたのかついておらず、左右から向かい合った2本の平紐を結ぶだけの構造になっている。襟がなく、幅広の見返し布をつけた首周りの構造が独特である。背中側に標記布がつき、検査済みを示す日赤の丸形印が捺されている。戦争後期には「茶褐色糸織布」製のも生産されるようになった。

　この型の作業衣は戦後も使用され、昭和30年6月20日の服制改正で右腰だ

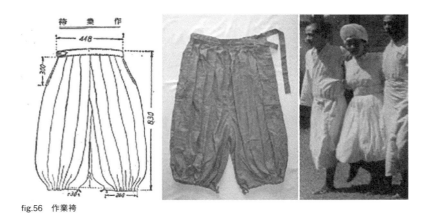

fig.56 作業袴

けにあったスラッシュポケットを廃しした代わりに両腰外側にパッチポケットをつけ、裾のカーブカットもやめて直線的にした。現在でも、この改正型と同様の品が医療用被服も扱う作業服量販店などで売られている。

　作業袴は、裾が膝下までのニッカボッカー風もんぺである。看護衣の上から穿くもので、全体に多数の縦プリーツが入っていて、看護衣のスカート部分を収容するのに便利だった。白色キャラコ製で、腹幅448㍉、丈830㍉。裾部分には紐が内蔵されて絞ることができる。また袴上部右側に300㍉の裂きを設け、帯切の左端に複カン（尾錠と記されている）を、右端に締め紐をつけて複カンに通してウエストを締めるようになっていた。帯切右側の内側に標記布をつけ、サイズは大、中、小の3区分だった。fig.56右端は、ワンピースの看護衣と作業袴を組み合わせた婦長で、着装の様子がわかる。

　経験者に伺うと、看護衣のスカートの後ろ裾を股下にくぐらせて下腹部へ持ってきてから、前裾を後ろへ回して衣の帯下辺りに安全ピンで留めて作業袴を穿いていたという。ところで日中戦争初期、つまり作業袴制定前にも、病院船などで看護衣の上から白色の同型品を穿いている写真がけっこうある。見覚えがあるなと思ったら、大正時代に採用された養成所生徒用の「体

操服」＝カリキュラムの章の担架運搬の写真を参照＝のブルマースと酷似している。推定だが、病院船勤務でスカートの看護衣では潮風にめくられるし、野外でも足を機敏に動かしにくいなどの不便があったから、この体操服のズボンを看護衣の上から穿くことが一般化し、昭和16年の作業袴制定につながったのではないだろうか。

　まん中の写真は「褐緑糸織布」でつくられた戦争後期の生産品と思われる。金属製の複カンは省略され、袴切左側で紐を結ぶようになっている。作業袴は、昭和30年に新しく「作業ズボン」が制定されているので、このころ廃止になったらしい。

・看護靴

　看護婦も生徒も、看護衣を着た野外訓練の時は黒革の制服用編上靴を履いたが、院内では大正末ごろまで白足袋に白草履であった。昭和に入ると白靴下に白靴を履くようになる。しかしなぜか、そのためにこのころから給与されるようになったのは長い白靴下だけであった。戦時下になると衣料事情が悪化したため、当時の写真では黒っぽいものや一見して布製とわかるもの、なかにはサンダルなど、色デザインともまちまちな短靴を履いている。やがて布靴さえ手に入らないようになり、ふたたび草履が幅をきかせるようになったという。

　しかし服制を見渡しても院内で履く屋内靴のようなものは出てこないし、服装規程にも定めがない。つまり貸与品にも給与品にも含まれていないの

fig.57　上靴

230

だ。だが、「上靴」（じょうか、と読む）という定形の靴はあったらしく、TR
さんが署名捺印した貸与品・給与品の受領證に「上靴　一足」というのが出
てくる。服装規程の貸与品・給与品一覧にはない上靴を、彼女は出征に際し
て支部から渡されていたのである。どういうことか。筆者は、平時は基本的
に看護婦たちが日赤の指定品を買っていたのだろうと類推している。看護婦
養成規則の明治42年改正のとき一時的にだが、被服給与品の項で、上靴かど
うかはわからないものの「靴」について「金三円以内ノ料金ヲ給スルコトア
ルヘシ」と出てきていて、買わせていた前例があったからだ。

　定形の上靴とみられるのが、看護婦の足元ばかり集めたfig.57だ。生徒も
看護婦も皆が履いているので、これが定形の上靴だったと思われる。いずれ
も白色の革製のようで、足の甲に留め革を回してボタン様のもので留めてい
る。踵の底部分だけに黒いゴムを張ってあるらしい。

　これとそっくりなのが1923（大正12）年10月に陸軍が制定した、いわゆる
陸軍看護婦の服制（陸普第4427号）に出てくる「上靴」だ。写真と一緒にそ
の図を掲載したが、きわめてよく似ている。この陸軍看護婦服制の看護帽と
看護衣の図説が明治43年の日赤服制の完全コピーであることからすると、上
靴も日赤のを真似た可能性は高い。陸軍の上靴は黒革製で、白色ではないが、
留革はハトメ留めで革底、踵の地面に接する部分がゴム張りだった。

・下衣と肌衣
　この服制で、下衣という胴着が新規指定され、明治調ですでにデザインが
古風になっていた肌衣（下着上下）も一新された。
　下衣（fig.58図左）は、「白キャラコ又ハ薄藍鼠色綿布」製で、300㍉の前開
きを四つ穴皿形の貝ボタン4個で留める。見返しの幅は30㍉。着丈950㍉など
全体サイズは図の通りで、裾周りは平面に置いた幅で680㍉。幅20㍉の締め
紐通しは、背筋上端の下方約300㍉の線を中心とした第3〜4ボタンの間が上
端となるよう別パーツで袋切れで設けた。締め紐自体は、長さ600㍉で、白
色の杉綾織り紐を二つ折りして縫い合わせ幅15㍉となるようにした。サイズ

231

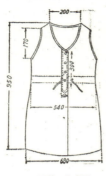

fig.58　下着の公式図

は大と小で、左前面持ち出しの下方裏面に標記用白布を縫着した。プルオーバー式の胴着でスリップの代わりだったようだが、色物もあるということは、白い看護衣ではなく紺色の制服の下に着るためであったのか。給与品で、出征に際しては1人に2枚の支給が定数だった。

　肌衣上（図右）は、冬用が「白裏毛綿メリヤス織又ハ類似品」、夏用が「白綿メリヤス又ハ類似品」製で、四つ穴式皿形貝ボタン4個で前開きを留める着丈700〜800㍉のシャツである。半袖だが、先端77㍉はクジ織りメリヤスとした。図からすると、丸首の襟元も袖先と同様だったようである。サイズは大と小、左前面裏に標記用白布をつけた。給与定数は、1人につき夏冬とも2枚ずつであった。

　しかし綿メリヤスは、戦時下の日本では貴重な素材であった。実際にはメリヤスではなく冬は生綿小絨と呼ばれる裏面を起毛した白い綿布、夏は白色キャラコへ材質が変更された。生綿小絨は下士官兵の冬用の襦袢と袴下（軍服の下に着るシャツとズボン下）と同じ素材で、軍では昭和13年から襦袢だけ茶褐色に変更した。看護婦用の冬肌衣も、間もなく白または茶褐色の生綿小絨となり、夏用も兵士の夏襦袢と同じ襦袢用綾木綿で生産されるようになった。ボタンも下士官兵用の襦袢と同じ陶製が用いられた。また戦争末期に

4 服装と所持品

fig.59 太平洋戦争期の下着類

は、当初の規格より裾が短くなり、幅もやたら広くしたタイプが支給されるようになった。

　肌衣下は「普通市販ノ"ズロース"トシ地質、色合ハ適宜トス」と規定された。ただし給与品であったから購入するのは日赤で、「左前面締紐ノ付根ノ下方裏面」に標記用白布を縫着してから支給した。給与定数は1人につき冬肌衣下が2枚、夏肌衣下は3枚であった。日赤ではズロースにも冬用と夏用があったわけだが、それぞれどんな材質か制定文には書かれていない。しかし少なくとも昭和16年の後半ごろからは、日赤が業者に生産させた定形型を支給していたようである。それは肌衣上と同様に冬用は軍用の生綿小絨、夏用は白色キャラコ製だったが、軍の（夏）襦袢用綾木綿なども使われた。現物を見ると、夏用と冬用とではお尻の裁断が異っている。

　fig.59はFYさんの持ち帰り品などで、左から白色生綿小絨製の冬肌衣上、戦争後期タイプで丈が短くなった茶褐色生綿小絨製冬肌衣の上と下、同じく白色キャラコ製の夏肌衣上下、兵士用の夏襦袢生地の夏肌衣下である。

・靴下

　「黒色及白色綿メリヤス製ノ二種類トス。長サ四五〇粍以上トス」とあるだ

233

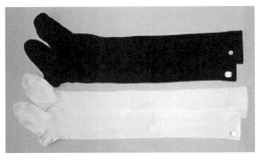
fig.60　靴下

けだ。実物を見ると無地薄手で踵があるニーハイソックスで、上端が折り返して縫われており、その部分を大腿部で二つ〜三つ折りにすれば靴下留めがなくてもずり落ちないようにつくられていた。給与定数は制服用の黒が2足、看護衣用の白が3足。当然ながら作業服である看護衣用のが多く必要だったのだろう。規程では半年に1足を追加給与することになっていた。

　FYさんに給与された靴下がfig.60で、黒色の制服・夏衣用と、白色の看護衣用である。「綿100％」といいながら実は化繊系の伸縮に強い糸を裏に入れていることがある現在のメリヤスと異なり、本当に綿100％なので、穿いたり洗濯したりを繰り返すと、すぐに伸びてしまう代物である。黒色は踵からの長さが約63ギン、白色は65ギン。黒色には私的な改造でボタンを2個ずつ取り付けてあり、白黒とも布片を縫い付けて記名している。

　FYさんについては、日赤の胴締や水筒の記名から群馬支部が編成した救護班の班員に間違いなさそうだが、救護員手帳など所属した班番号を記した資料がなかったため、派遣先も判然としない。唯一あった紙片のような英文の書類によると、1946年7月に浦賀で検疫を受けたこと、最終乗船地（？）がコーチシナ（ベトナム）のSt.Jacquesだということくらいしかわからない。どんな従軍経歴の人だったのだろうか。

・水筒
　この服制で、明治43年制のトックリ形から、このころ陸軍が下士官兵へ貸与していたいわゆる「昭五式水筒」と同型にした。

軍用と同じ型を用いて整形した筒体はアルミニウム製で、外面全体には茶褐色焼漆塗をほどこし、軍用とは異なり口部外周囲に洋銀製の雄形螺旋を取り付けた。中栓は、円筒形のコルクの上下をアルミニウム製座金ではさみ、コルク内を貫通させた革通カンでつないだもの。この上から、

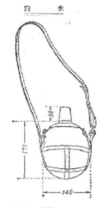
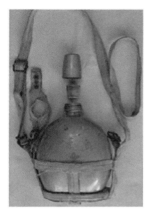

fig.61　水筒

アルミニウム製で下部内周に雌形螺旋を切り込んだ外蓋（水呑、コーンカップ）をはめた。外面内側（腰にあたる側）に朱塗りで、本社か支部かを問わず一律に「日本赤十字社」と書き入れた。

吊り紐は茶褐色袋織紐で、その全長は1860㍉。長さ調節用の移動式複カンと角カン、口部押さえ革を留める左右の尾錠は鉄製茶褐色漆塗とされた。

ただ筒体が茶褐色に塗装されていたのはごく初期だけだったようで、間もなく表面を陽極処理した無塗装が主流となり、文字の朱書きもなくなって筒体表側に3㌢角の赤十字マークをマスキングで吹き付けるだけになった。また口部押さえ革も、袋縫い紐に鉄製ハトメを左右3個ずつつけた「布製」に代わった。fig.61はTRさんの持ち帰り品で、後期生産型だ。口部押さえ革（布）の独特の形状がわかる。なお服制の説明文では、旧式となった明治43年型も「代用スルコトヲ得」とされた。

・胴締

規定文では昭和16年に初めて登場するが、作業衣袴同様、正式にいつごろ制定されたのかは不明。陸軍将校が肩から腰へ提げた図嚢（マップケース）

fig.62 胴締

や拳銃嚢（ホルスター）などを腰周りで束ねて固定するために用いた胴締と、まったく同質・同規格、同用途の製品である。規定文には、男救護員用は茶褐絨製で女救護員用は濃紺薄絨製、帯の一端に真鍮製ニッケルめっきのバックルを付け、もう一方には鳩目10個を並べて付ける——とあり、あとは「形状図ノ如シ」となっているだけだ。しかし、その長さや幅が書き込まれていたはずの肝心の図が見当たらない。

昭和16年の服装規程では看護婦長以下に各1個が貸与されることになっており、実際、水筒や飯盒を肩から掛けて大きなバックルが目立つ濃紺色の胴締をしている救護看護婦の写真は多い。同規程では「水筒、飯盒及携帯嚢等携行ノ際衣ノ上ニ着装」するもので、「胴締、水筒、飯盒ハ貸与ヲ受ケタル場合ニ限ルモノトス」と但し書きがついた。必ず全員に貸与されたものではなかったことになる。そのためか肩から掛けた水筒や飯盒の上から、制服の帯（布ベルト）を締めている看護の写真も見ることがある。

fig.62の例示品は前出FYさんの品で、厚い麻芯入りの幅約3.2㌢の濃紺色サージ製、裏には全長にわたって幅約2.7㌢の牛裏革が張ってあり、陸軍将校用とまったく同じつくりの品である。見てのとおりシングルピンバックルは仕事が雑な亜鉛鋳造製で、アイレットはアルミニウム。この品質低下も戦争末期の陸軍将校用に見られるのと同じだ。布の帯部分の長さは約100㌢、アイレットの間隔は約4㌢である。

236

4　服装と所持品

fig.63　夏帽、夏衣

・夏帽、夏衣

　紺色の制服は外出着と式服・礼服を兼ねた一張羅だったが、日中戦争で日本軍が海南島や広東を占領し、日本よりも高温多湿な任地も想定されたからか、1941（昭和16）年2月1日の服制改正で、夏帽と夏衣が新規制定された。前年には北部仏印進駐が、この制定5カ月後には南部仏印進駐が行われた時期である。太平洋戦争開戦後、インドネシアへ派遣された愛知支部の第327班が昭和17年2月16日、出発直前の広島で、本社から「夏帽子」22個、夏衣22枚を受領した記録がある。

　制定された夏帽衣は盛夏期や酷暑地における外出着であり、「制服ニ準ス」るものだった。そのため襟留と識別徽章のほか、出征先では国際法上の身分を示す救護員徽章（右乳下部に取り付け用のループが設けてある）と、赤十字肘章をつけたが、あくまで外出着であり、紺色の制服の「通常外出時、通学時」に該当するものなので、当初この服では日赤社員章をつけず、勲章記章類も佩用しなかった（間もなく佩用するようになった）。また洗濯しやすいとされたのか、襟布や袖布も取り付けなかった。

　こうした夏帽衣の位置づけから、ラバウルのような南の島でも、社員章や勲章記章類の佩用が必要な「廉アル場合」は紺色の制服に着替えなくてはな

237

fig.64 後期型(?)の夏帽、夏衣

らなかった。服装規程でも両方を貸与することになっていたので、出征時に持っていく荷物が増えてしまって大変だっただろう。

帽衣とも材質は、汗で汚れ何度も洗濯するのを考慮して「薄藍鼠色薄織麻布又ハ類似品」。夏帽は鉢巻き付きハット形の軟式で制帽と同じ金属七宝製の帽章をつける。サイズは大、中、小の3区分。帽頂部は円形の別裁断で、おそらく新品の時は附図のような形状だったのだろうが、洗うとfig.63右上のように全体が丸っこくなり、つばも縮むのかちんちくりんになってしまうようだ。

夏衣はプルオーバー型のワンピースで、皿形の鼠色煉ボタン5個で前を閉じ、折り襟の襟元と袖口はスナップボタンで留める。また服地と同色同質の布ベルトとネクタイがつき、布ベルトはスナップボタン3個で留め、ネクタイは一方を服本体へ縫い付けて固定してあり、もう一方をスナップボタンで脱着できるようになっていた。「換襟及換袖先一個ヲ付ス」とあるが、制定当初の襟や袖は着脱式だったのだろうか。

裾の長さは外踝の上方約210㍉、袖の長さは腕関節（手首）下15㍉が目安で、サイズは1〜4号。肩のつまみ縫いは左右6条ずつ、左胸にパッチポケットを、帯下の左右両腰にもポケットを付けた。

fig.63の例示品は、TRさんが出征先で着ていたもの。かなり着込んであるのは、彼女の勤務地が黄河流域にあるゴビ砂漠近くの都市で、カイロやテヘランなどと同様の気候区分の地だったためだろう。帽子には規定にある七宝

の赤十字帽章がついていないが、金属製の裏足を差し込んでいた跡もない。当時の写真を調べても夏帽に帽章をつけているのは少数だから、もともとつけていなかったと判定している。また、取り外して洗濯しやすいよう帽内側下縁の全周に糸で仮留めしてある内張は絹製である。右耳側には黒色丸打ちのゴム紐が少し残っているので、あご紐もついていたとみられる。

この夏衣には「後期型」とでも呼ぶべき改良版（？）があり、未使用品で古物市場に出回っていたのがfig.64である。

帽衣とも色がグリーンのかかったカーキに変わり、前開きはアウトボタンに変更されているのが外見上の大きな違いとなっている。後ろ襟内側直下に標記布が縫い付けられており、ゴム印で「貳號」とサイズが捺されている。内側の標記布に「小」とある帽子の方は、戦

南方における前期型の夏衣姿

和山支部の看護婦たち

後の生産品と思われる。帽内側に仮留めする内張の形と取り付け方がよくわかる。また丸打ちのゴム紐があご紐としてついている。

「後期型」の生産や貸与がいつから始まったのかは不明だが、TRさんが任用・出征したのが昭和18年4月であること、同年8月に出征した別の班の人の記念写真では後期型になっていることから、18年前半ごろと推定される。もっとも昭和18年12月以降、新たに南方へ派遣される救護班がほとんどなかったため、写真のように南方における夏衣姿は、たいていが前期型である。

制定後1年ほどで後期型をつくった理由は、他にもあろうが生地と染料が脆弱だったためではと思われる。特に帽子は洗濯で縮み、太平洋戦線における多数の写真を見ても、みんなヨレヨレで帽子の形がちゃんと附図のようになっている人は少ない。後ろ側を折り上げてなんとか定形に近づけようとしている人、あきらめて麦わら帽子のような形でかぶっている人、全周を上方へ軽く折り曲げている人など様々だ。

現存写真を観察すると、後期型夏衣は、戦争末期にネクタイを外し、解襟にして着ることになったようだ。そして、そのまま戦後も存続し、昭和30年6月の服制改正で、紺色の制服と同じ裁断とつくりで布地だけをトロピカル（毛足の長い羊毛を平織りし、熱でケバを取った薄手の布）にした「夏制服」が新規制定されて消滅した。これに合わせて夏帽も、濃紺色フェルト製の登山帽型になったが、付図を見る限りでは昭和17年制と外形的に大差はない。

昭和28年7月の紀州水害に派遣された和山支部の看護婦たちの写真では、昭和17年制の夏帽と開襟にした夏衣を着用している。中央の看護婦の腰にあるように、戦時中の水筒も戦後しばらく使われていた。

手術衣

文字どおり手術の際に着用する特殊作業衣で、明治43年の服制で初めて登場し、昭和17年に改正された後も戦後まで残り続けた。通常だと服制は「男救護員用」「女救護員用」と分けて表記されるが、これはどちらにも区分されていない。ただ、図説と当時の写真で合致するのは看護婦が着用している場面ばかりなので、看護婦たちの服装紹介に加えた。

4　服装と所持品

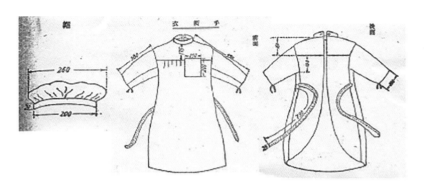

　もっとも、看護婦たちの手術衣姿は戦時中の写真では見あたらず、特に戦地では看護略帽と通常の作業衣で通していたようである。手術衣は看護婦らへの貸与品ではなく、病院の備品だったから、戦地では配備が追いつかなかったのかもしれない。

　帽、衣とも白色キャラコ製で、帽は天井の直径が250〜260㍉、鉢巻き部分の幅は約30㍉で、その長さ（帽周囲）は550㍉または590㍉とされた。つまりサイズは2種類だった。赤十字の帽章はつけない。
　衣の方は、四つ目ボタン留めの立ち襟式で、割烹着のような背開き式の背中側を同じボタン3個で閉じた。サイズは帽子と同じく、大小の2種類。大サイズだと袖の長さは380ミリ、袖口は袋縫いに白色テープが通され、手首のところで絞るようになっていた。丈は、裾が外踝の上方18㌢くらいになるのを適度とし、前面胸部の中央と背面の同一線上の下方に向けて多数の皺襞を作り、左右の脇下の縫い目に長さ73センチの締め紐を1本ずつ付けた。左胸に縦20センチ、幅15センチの縫い付け式ポケットがある。
　手術衣にはゴム布製の前掛けも付属できることになっていたが、詳しい図説は省かれている。

避病衣

避病衣付属足袋

　伝染病棟で勤務する際に着用する防護衣のことであり、個人への貸与品ではなく救護班の備品であった。裁断や縫製は明治43年制定の外套形作業衣とまったく同じで、材質が作業衣の白雲斉に対し白キャラコになっているくらいしか違いがない。これには生雲斉製の「避病衣付属足袋」がセットになっていた。深さ1尺3寸5分（約41㌢）で靴底の長さは8寸5分（約26㌢）、ふくらはぎ側に裂きがあり、長さ2尺（約61㌢）の白色テープ紐で履き口を絞る構造である。こんなキャラコや雲斉布で伝染病をブロックできたのかどうか疑問だが、昭和期には作業袴をはいた看護衣に、マスク、ゴムエプロンとゴム長靴を身につけるスタイルになっていた。

防暑看護衣

　華南地方や台湾などへ派遣された看護婦たちには、開襟の運動着を腕まくりして勤務している写真がみられる（襟に識別徽章はつけていない）。これとは別に、昭和16年制のバックルベルト付きの看護衣を開襟半袖にしたような防暑看護衣とでもいうべき服が昭和17年ごろに登場し、華南地方やビルマ戦線で着用されている（こちらは多くが識別徽章をつけている）。

　ところが服制や服装規程をずっとたどっても、この服についての記述がまったく出てこない。看護婦被服の補給状態はどの戦域でもひじょうに悪かったので、現地軍の補給機関であり物品調達もした陸軍倉庫やその下の野戦貨物廠、あるいは看護婦被服の補給に責任があった衛生材料廠の出張所あたりが調達した民生品を交付していた可能性はある。

　参考までにfig.65右側は、TRさんの持ち帰り品。正規品の看護衣とまった

く同じ白色キャラコで出
来ており、スカート部分
のひだの入れ方や肩山の
作り方などもだいたい同
じで、改造品ではなく、
初めから半袖開襟にして
作ってある。ベルトルー
プもあるが、共布のベル
トは紛失したのか付いて

fig.65　防暑看護衣

なかった。開襟部の三角形の布は一方がスナップ留めになっており、後ろ襟にTRさんが名前を書き込んでいる。女性用なのに合わせが右前だが、日本でもこの時代、女性用の洋服は左前が普通になっていたのに、日赤は看護婦制服を左前にしながら服制の看護衣だけは着物と同じ右前を固守し続けた。そうした点も本品は酷似している。結局、資料がないため日赤の正規品と断定できないが、左襟には識別章をつけていた穴が残っているので、少なくとも正規品に準じた着用が行われていたことを示している。

　その写真左側は、広東第一陸軍病院での撮影という。ここでも看護婦たちは、例示品とほぼ同じ品を着ている。医師の奥にいる看護婦を見れば、TRさんの服と同じように、裾もかなり短いことが分かる。

陸軍軍服

　戦争末期には陸軍が、お抱えの陸軍看護婦だけでなく日赤救護看護婦にも下士官兵用の軍服を着せたケースが目立つ。弾薬や糧食の補給さえ途絶えた当時の第一線では、看護婦被服の追送品など望むべくもなかったし、病院も戦闘に巻き込まれて戦場と化してしまっていたからであろう。ビルマ戦線では褐緑色に染めた婦人標準服（女性用の国民服みたいなもの）甲型を1個班全員が着せられているし、台湾では防空服と称された軍服様の服装もあっ

fig.66　FYさんが着用した下士官兵用の夏襦袢

た。

　軍服については、陸軍の給与令細則で、兵士らへ支給または貸与する軍帽や略帽、軍衣袴（上着とズボン）、襦袢袴下（アンダーシャツとズボン下）、雨外套（レインコート）、編上靴（軍靴）、巻脚絆（ゲートル）、背負袋、背嚢、携帯天幕など25品目のうち、必要があると認められる物に限り、部隊で保有しているなかから看護婦を含む軍属へ貸与できることになっていた。

　また毛皮のついた防寒帽や防寒外套、防寒手套（手袋）、防寒長靴、防寒襦袢袴下、防寒靴下など13品目の防寒衣料（特殊被服）が朝鮮半島や満州の部隊に「備付被服」として配備されており、それらも必要があれば部隊において看護婦らへ貸与しなければならないことになっていた。こちらは凍死させないために「貸与しなければならない」であり、病院も部隊であったので、満州の零下30度にもなる朝の通勤時には、看護婦たちも、多くの写真に残されているように兵士と同じ防寒帽や防寒外套姿となったのである。

　しかし備付被服は、満州なら気候に応じ第1～第4区分に分けてあって部隊へ交付される数に限りが設けてあり、満州第3区分であれば下士官兵と判任文官の定員数のほか、雇員傭人は現在人数の3分の1に応じる数とされていたから、兵に準じたとはいえ看護婦たちの全員へは行き渡らず、交代で着回すほかなかった。同様に台湾など南方の部隊（病院）でも、防暑帽（サンヘルメット）、防蚊覆面（頭からかぶる蚊帳）や防蚊手袋、防暑衣袴などが備付被服で、これは下士官兵の定員数に応じた数しか配備されていなかったが、どうひねり出したのか軍属にも貸与されていた記録がある。

　fig.66の例示品はFYさんの持ち帰り品で、陸軍で昭和17年に制定された下士官兵用の夏襦袢である。兵士が夏用軍服（夏衣と称した）の下に着るシ

ャツで、夏衣を開襟にして着た際の体裁を整えるため、それまで丸首だったのを開襟型にしたもの。昭和19年製で、メーカーから上がってきたものを被服廠大阪支廠が検定して印を捺している製品だから、陸軍倉庫などが管轄した追送品であろう。

fig.67　フィリピンのセブ島で降伏した日本軍の一団（AP／アフロ）

　この襦袢には軍の所有・管理品であること示す被服廠の検定印をつぶすように、上から大きく「交付品」と朱印が捺されている。軍隊経理用語で「交付」とは、組織から組織へ所有権および管理義務が委譲されることを言う。被服廠から部隊へなど軍隊内での委譲交付にいちいちスタンプは捺さないので、この服は軍の所有管理を離れ、日赤もしくはFYさんが所属する救護班へ委譲された物だったことを示している。スタンプ類の下方にFYさんが班名と氏名を入れており、たしなみから私的に改造したのであろう、胸元の開きを小さくするため、第2ボタンの上にスナップボタンをつけてある。

　fig.67は昭和20年8月、フィリピンのセブ島で降伏した日本軍の一団である。前列に5人、その後列に少なくとも3人の看護婦がいるようで、全員が前述の夏襦袢と夏袴を着用しているほか、地下足袋や自前の短靴に軍用ゲートル（巻脚絆）をきれいに巻いている。うち4人は昭和16年制の日赤救護員用水筒を、もう2人はその初期型の塗装された物か軍用の昭五式水筒を肩に掛けている。全員がおそらく日赤から貸与された雑嚢（内容品で膨らんでいる）を提げており、その少なくとも4人は女性救護員用の胴締を用いている。前列一番左奥の人は、軍用の九九式背嚢を背負っているが、日赤で調弁された

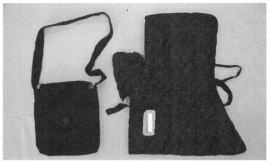

fig.68 高知赤十字病院における消火訓練の様子とTRさんの防空頭巾など

物かはわからない。

　そして、どの看護婦も赤十字の標示物を身につけていないようである。特に戦争最末期の南方戦線でだが、看護婦に軍服を着せただけでなく、目立つからと被服に赤十字の表示も禁じる部隊があったらしい。「国際法で保護されるべき赤十字の救護員であることを隠してジャングルを彷徨わせたことが、敵襲などによる看護婦の犠牲を大きくした原因ではないか」と指摘する研究者もいる。

防空服

　日中戦争が始まると国内各地で民間人を巻き込んだ防空演習が行われるようになり、実際、戦争後期には米軍機による都市空襲の惨禍が日本を襲った。

　日赤も自治体や軍が主催する防空演習へ救護班を仮編成して参加していたが、やがて各病院でも防空演習を実施するようになった。当初は看護衣姿であったが、昭和18〜19年ごろから「緑色」の防空服なるものを貸与するようになった。

　写真は昭和17年、高知赤十字病院における防空演習の模様で、全員が看護略帽に、おそろいの婦人標準服乙型を着ている。防空服は、おそらく各支部

や病院で調達していたので、日赤の全国統一型というのはなかったようだ。中央病院では、ブラウス様の上衣に2個のボタンで前を留める布ベルト付きのもんぺを履いている写真が残されている。この同じ服装はシンガポールやビルマでも見ることができるので、全日赤的な統一規格だったようだが、制定文書は発見できていない。当時一般的な防空スタイルでもあるので、市販品を大量に買い付けた可能性はある。

彼女たちには訓練でこそ、日赤が調弁した鉄帽（鉄かぶと）や防毒面（ガスマスク）を貸与されたが、いずれも病院や養成所の備品であったので、訓練が終われば返納した。通常は防空頭巾を自分たちで作り、装着に使う紐を使って肩や腰に掛けていたという。材料には着物をほどくなどした私物の布が用いられた。fig.68右はTRさんが華北の派遣先で使っていた物で、着物の生地を転用した手作り品である。TRさんは日赤から雑嚢を支給されていたので、一緒に写っている私製雑嚢は避難の際の貴重品入れだったと思われる。

救護員手帳

fig.69はTRさんの物で、実測で縦123㍉、横88㍉。救護員に任用されると支給され、救護員である間は結婚して家庭に入っても何しても所持保管し続けなければならず、各種召集には訓練であっても持参した。俸給の等級や物品の貸与・給与状況の証明にもなるので、転属の際に提示が求められた。満期年齢に達するなどして救護員を罷免されると、当人へ下付された。

ケースを兼ねたブルーグレー色の布製の表紙デザインを始め、全体の体裁、内容とも兵士たちが所持していた軍隊手帳とそっくりで、オモ

fig.69　救護員手帳

 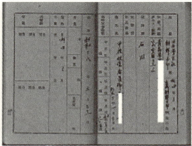

TRさんの救護員手帳の46〜47ページ(写真左)。左側の47ページは、救護員へ任用された際の日赤社長への宣誓で、「召集ノ際ハ速ニ之ニ応ジ救護ノ業務ニ従事可仕候也」などとあり、TRさんが署名捺印している。写真右の50〜51ページは任用時の所属、養成所の卒業年月日、本籍住所、職名および姓名と生年月日、戦時俸給額、看護婦としての採用年月、救護員の宣誓年月日の記入欄。大正10年生まれのTRさんは朝鮮本部所属で昭和18年3月31日、養成所卒業と同じ日に宣誓している。俸給欄は初任給などが未記入で、昭和20年4月に月額60円へ昇級したことだけが書かれている。

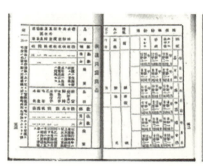 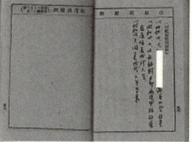

同上。左の写真右側の52ページ目はチフスや赤痢など予防接種の記録、帽子や衣服、靴のサイズの記入欄。53ページ目は、その貸与品の一覧表。右写真の56ページ目は任用前の履歴記載欄で、昭和12年3月に女学校を卒業し、15年4月に朝鮮本部の養成所へ入学、3年課程を経て昭和18年3月に卒業したとある。別の書類によると彼女は卒業直後に救護班へ編入されて出征、中国大陸で勤務し、昭和21年に復員しているのだが、そうしたことが書かれていたはずの57ページ目(右写真の左側)以降の任用後履歴が破り取られている。引き揚げの過程で隠滅する必要があったのだろうか。

テ表紙においては色を除けば陸軍の五稜星章が色刷りの赤十字になっている
くらいなもの。表紙の「職」欄には「救護看護婦」と記入されている。

オモテ表紙の裏面には顔写真を入れるためなのか4×3ギの透明セルロイ
ドのポケットがついており、裏表紙の内側はアコーディオン式のポケットに
なっていて折りたたんだ書類を収めることができるようになっている。

中身は全87ギに加え、任用後履歴などの書式ヒナ型を例示した三つ折りの
紙1枚がとじ込まれている。教育勅語にはじまり対米英開戦の詔書、軍人勅
諭、救護員への御諭旨、陸軍文官宣誓、海軍軍属宣誓、勅令の日本赤十字社
令などなど、実に前半46ギが精神訓戒系に費やされている。

それからやっと日赤社長に対する救護員としての宣誓書面があり、50ギ目
以降に所属や任用年月日、俸給の等級と金額、住所本籍地、続柄、生年月日
など個人データの記入欄が続き、56ギ目から任用前と任用後の各履歴、賞罰、
どんな給与品を受けていたかを記す給与通報欄となっている。

補記

明治後期までに主要な看護婦養成機関がでそろうと、「日赤風」寒冷紗製
看護帽は全国的に広まった。どの病院でもおそろいではなかったが、官営や
民営を問わず「看護婦さん」といえば、この帽子が庶民に連想されるほど一
般化した。看護略帽を初めて導入したのが日赤だったのかどうかは突き止め
ることができなかったが、この「正ちゃん帽」も第二次世界大戦後期に急速
に広まり、世間一般的に看護婦の象徴のようになった。しかも日赤以外にも、
認定を受けた多くの医療機関が帽正面に赤十字マークをつけたので、同型の
帽子類が多数現存することになった。

ただ、日赤のものは材料の品質低下はみられても、製法や規格は服制の図
説がかなり守られていた。たとえば看護衣は、戦前はワンピース型でどこも
似たり寄ったりだったが、日赤は終戦まで、襟の形やボタンの付け方など細
部まで服制規定通りにつくっていた。従軍看護婦に特化して当時の写真や遺
物などを調査、研究する際には、本当に日赤もしくは看護婦を派出した機関

249

の物かどうか、注意をはらう必要がある。

なお紺色の制服については、よく似たベルト付きワンピースが骨董市場に出ることがある。今回の資料には採用しなかったが、これらは昭和40年ごろ、同窓会（戦友会にあたる）へ出席するため元従軍看護婦たちが個々に作らせたものであることがわかった。記憶に頼って注文しているから正規品と異なる点も多いが、これはこれで、歴史の遺産であろうと思っている。

戦争末期の国立習志野病院（現・千葉県済生会習志野病院）の看護婦たち。空襲被災者ら民間人の救護に尽力した人たちだが、いわゆる「従軍看護婦」ではない。日赤救護看護婦の看護略帽や看護衣とよく似ているが、襟の形やボタンの付け方など細部が異なる。

5

陸軍看護婦

日本赤十字社の救護看護婦たちが、軍属の宣誓はするものの雇員や傭人といった軍属固有の身分にならず、そのため俸給が陸軍雇員傭人給与規則などではなく日赤で定めた額を軍から支払われていたのに対し、こちらは宣誓した後、雇員や傭人の身分になり雇員傭人給与規則によって俸給を支払われていた〝正規の軍属〟であった。また日赤救護看護婦たちが属して出征した救護班が、日赤から軍へのいわば組織的な「貸し出し」だったのに対し、陸海軍の看護婦は軍病院など軍医療機関における人事上のれっきとした定員で、各個人と陸海軍との雇用契約で成り立っていたのが大きな違いだった。

　まずは人数の多かった陸軍看護婦から取りあげよう。

衛生兵の〝補欠〟だった陸軍看護婦

　陸軍看護婦が誕生したのは1919（大正8）年7月。シベリア出兵（1918〜1922年）で、陸軍官衙（陸軍省や工廠などの役所）と学校（士官学校、経理学校など）に詰める看護卒ら衛生部員に欠員を発生したのがきっかけだった。

　看護卒というのは後の衛生兵のことだが、当時は「隊付看護卒」と「病院付看護卒」という2系統があった。隊付は歩兵や騎兵、砲兵などの「部隊」へ入営した初年兵で、おおむね4カ月間の基礎訓練を受けた者から選抜して最寄りの衛戍病院（後の陸軍病院）へ送り、8カ月の訓練を受けさせてから部隊へ戻して看護卒とした。これに対し病院付看護卒は初めから病院用に徴募された病院定員の初年兵たちから成り立ち、管内の歩兵連隊などにまず入営し、4カ月間ほど基礎的な軍事訓練を施してから、病院で専門教育と勤務をさせたものである。

　軍人が勤める官衙や多くの生徒を集める学校にも衛生部の出先はあり、看護卒や衛生下士（下士官）が勤務していたが、彼らは衛戍病院から派遣されることになっていた。明治時代、病院も官衙、学校も部隊に頼らず独自に「看病人」（俗に看病人夫とも呼ばれた）を雇っていた名残で、同じ軍服を着た看

護卒でも隊付とは発生起源が異なっていたのである。部隊と病院の系統の違いは戦時の動員も同じで、戦地で陸軍病院や兵站病院を開設するには、内地の病院長が編制担任官を命ぜられ、病院から動員をかけ定員をそろえて編成し送り出した。

　この制度でシベリア出兵が始まり、ウラジオストクやハルビン、チタなど戦域各地へ陸軍病院を開設した結果、国内の病院付看護卒および下士が要員に続々派出されて定員割れが深刻な問題になった。当然、官衙や学校へ派遣するどころではなくなる。そこで陸軍は出兵開始翌年の大正8年4月1日、陸軍省令第4号「衛生部員代用雇員傭人採用規則」を制定し、衛生部下士である看護長の代用雇員と、看護卒の代用傭人を雇う制度を導入し、わずか3カ月後の同年7月7日には省令第21号の同規則改正で、看護長代用雇員に看護婦長を、看護卒代用傭人に看護婦を充ててもよいことにしたのである。これには病院側が欠員発生を心配することなく、官衙や学校へ看護卒を派出できるようにするねらいがあった。一方で、さっそく翌8日には陸普第2643号「衛戍病院看護婦採用ニ関スル件」という実施基準も通牒。まるで看護婦の雇用が最初から目的だったみたいなトントン拍子である。

　シベリア出兵の最中だったこの場合、衛戍病院が人手不足ならば日赤に要請して救護班を寄越してもらうテはあった。しかし日赤救護班は、赤十字条例第1条で「戦時救護ヲ幇助ス」となっているため、早い話が事変・戦時中でないと原則来てくれないことになっている。陸軍の看護婦雇い入れに向けたテンポ良い段取りは、シベリア出兵終結後の平時を見越していたとしか思えない。

　このころは、ちょうど日赤の看護婦たちが日清戦争、北清事変、日露戦争と派遣実績を重ね、軍と一般社会からの信用を勝ち得て評価を高めていた時期にあたる。日露戦争後半からは軍病院の病室管理は看護婦が任されるようになっていたし、大正時代中期には一般世間の衛生意識も高まり看護婦たちの社会進出もめざましかった。陸軍がようやく看護婦たちの価値を認め、平時にも彼女らが必要だと思えば、自分たちで「お抱え」するしかなかったの

だ。

　さて、最初の省令4号「衛生部員代用雇員備人採用規則」は欠員補充が目的であるから、看護長や看護卒の代わりに日赤の看護人（男救護員）や陸軍の元看病人ら看護経験のある者を軍属として雇い入れ、即戦力にしようというものであった。雇員、備人というのは、嘱託とともに「公官庁に勤務する官吏以外の者」に属し、行政権を持たない（行政職ではない）現業部門の存在であって、私法上の雇用契約に基づいて採用される。このうち雇人は、軍では軍属（文官）の仕事を補佐する「臨時職員」みたいなもので、服制など場合によっては軍属の最下位に位置づけられることもある。備人は、さらにその下の常勤アルバイトのような存在で、単純労働を主体とするため「雑役夫」と呼ばれることもあった。

　これを同年7月の採用規則改正で、特に指定する衛戍病院に限り、看護長代用雇員または看護卒代用備人は看護学を修得した年齢20歳以上45歳未満の看護婦で充用することができるようにした。そして同時に「看護長代用雇員タル看護婦ヲ陸軍看護婦長トシテ看護卒代用備人タル看護婦ヲ陸軍看護婦トス」と名称も定めたのであった。条文のここの部分は、規則制度が変遷しても、昭和20年の終戦まで残り続けた。しかし制度上の正式職名はあくまで「看護卒代用備人」のちに「衛生部員代要員」であり、男性救護人らとの区別が必要なら「衛生部員代要員たる看護婦」といった呼び方をした。

　この規則は大正9年8月にも部分改正され、なぜか年齢制限の条項が削除された。

　しかし矢継ぎ早に制度を整えておきながら軍当局は、実施についてはソロリソロリと一歩ずつ確かめるようなやり方を採った。まとまった人数の女性を雇うなど、大日本帝国陸軍始まって以来なのだから慎重にならざるをえなかったのだろう。つまり前述の大正8年7月の「看護婦採用ニ関スル件」だと、看護婦を採用できるのは「当分ノ内東京第一衛戍病院ニ限ル」だったのである。採用条件は「日本赤十字社養成ノ者」で、人数も看護婦長2人と看

護婦20人以内と限定した。第3項で、看護婦は重症患者を収容する病室および特に必要と認める病室手術室で勤務させることとしたのは、陸軍が日赤看護婦たちの技量に信頼を寄せていた証しと言えるだろう。このなかでは、看護婦の制帽や看護衣を制定し、被服料を支給することや月給も定められた。

　この「看護婦採用ニ関スル件」はわずか4カ月後の12月に改正され、採用できる病院が「東京第一」だけだったのから、「内地一等衛戍病院ニ限ル」と広がった。すなわち東京第一が婦長3人と看護婦26人、広島が3人と20人、大阪及び小倉が2人と10人と、病院ごとの定員を決めたのである。衛戍病院は受け持ち管内の部隊の人数や病床数、設備によって一〜三等に区分されていた。

　さらにこれが大正9年には「内地一、二等衛戍病院」へ拡大された。一等は前述のように病院ごとに看護婦の定数が示されたが、二等病院が看護婦を採用するのは男性の看護人を採用できない場合に限るとし、一、二等ともに病室の掃除など看護婦の下働きをさせるため、看護婦5人につき雑仕婦1人の採用も義務づけた。そして大正11年3月に衛戍病院条例が衛戍病院令へ改正された際に、衛戍病院へ看護婦を常時配置することが規定され、看護婦長は「平時編制定員」に、看護婦は「平時編制備人定員」に加えられた。それまでの「採用することが出来る」という補備的な存在から、正規スタッフとなったのである。

　採用条件についても、大正10年9月には、日赤出身看護婦だけで定員を満たせない場合は、一般看護婦、つまり日赤以外の医療機関や看護学校で看護婦免状を取得した者でも採用できると改められ、大正12年10月には初めからどちらでもよいことになった。これは一般看護婦も社会的に認知されてきたことに加え、人的供給源を日赤だけに頼ると今度は戦時救護班の編成に障るからであろう。採用条件の思い切った転換は、改正を重ねてきた「関スル件」が大正12年10月、「看護婦長及看護婦採用規則」へ取って代わられたことによる。これは昭和になっても条文の改正はなく終戦まで至るので、陸軍

の看護婦採用実施制度の完成形といえるものであった。

　これによると看護婦長は、日赤救護員養成規則による看護婦長適任證書を下付され1年以上の実地経歴がある者、一般看護婦出身では看護婦と看護婦長の実地経歴が4年半以上の者から、試験委員の詮議で採用を決めるとした。看護婦は、日赤救護看護婦の課程を卒業した者か看護婦免状を持つ者を傭人として採用した。採用と解雇の最終決定者は、その衛戌病院を管轄する師団の軍医部長である。勤務形態は、通勤を原則とした。

　看護婦と婦長の病院ごとの採用数は、大正12年に「平時編制定員」と「平時編制備人定員」から独立し、新たに「衛戌病院看護婦長看護婦定員表」がつくられた。翌年に「大正十三年度以降」という改正版が作製され確定したかにみえたが、同年中に廃止されて、婦長は「平時編制定員」表に、看護婦は「平時編制備人定員」表へ再び組み込まれて、第2次世界大戦に至った。**表11**は昭和15年度の「平時編制備人定数」から看護婦関係だけを抜き出したものである。看護婦長は雇員以上であり「平時編制定員」表の方に入っているので、この表には含まれない。といって同年度の「平時編制定員」表が見あたらなかったのだが、婦長は看護婦10人につき1人が基本配置なので人数の類推はできよう。

衛生部員代用雇員傭人採用規則の変遷

　陸軍看護婦の採用を決めたオオモトの規則・衛生部員代用雇員傭人採用規則の方は大正10年7月、省令第20号「衛生部員代要員採用規則」にとって代わられ、昭和7年まで運用されることになる。つまり同年2月に「衛生部員代用員並歯科医採用規則」が制定され、廃止になるのである。戦時新規則は昭和12年に改正され、改めて看護婦に関係するカ所を抜き出すと次のようになっていた。

5　陸軍看護婦

表11　大正15年度看護婦定数表

陸　軍　病　院			定　員	小　計	雑仕婦
内地	一等	東京第一	18	18	3
		大阪	8	8	2
		広島	17	17	3
	二等	東京第二、習志野、宇都宮、水戸、仙台第一 金沢、名古屋、豊橋、京都、姫路、善通寺 熊本、小倉、弘前	7	98	各2
		国府台、下志津、柏、村山、浜松	5	25	各2
		相模原、久留米、旭川	8	24	各2
		千葉、上敷香（樺太）	6	12	各2
	三等	高田、各務原、岡山、加古川	4	16	各1
		所沢、豊岡、仙台第二、三島、津、福知山 大村、札幌、盛岡、菊池、松江、新田原、八戸 甲府、若松、松本、岐阜、敦賀、篠山、浜田 高知、福岡、都城、鹿児島、山形	3	75	各1
		その他の陸軍病院21個	2	42	各1
朝鮮		羅南、京城	7	14	各2
		会寧、平壌	5	10	各2
		咸興、連浦	3	6	各1
		大邱	2	2	1
台湾		台北、台南	7	14	各2
		屏東、台中	3	6	各1
		基隆	2	2	1
合　　計				389	124

　衛生下士官代用員（主に看護婦長のこと）は病院を所管する師団司令部などの軍医部長が、衛生兵代用員（主に看護婦）は先出軍医部長の認可を受けてそれぞれの欠員に応じて必要な人員を採用する。禁錮以上の刑に処せられた者、破産の宣告を受け復権していない者、素行修らざる者は採用されない。看護婦は日赤の養成所で救護看護婦の課程を修了した者か、一般病院の養成所などで看護婦免状を取得した者を採用する。勤務形態は、すべて通勤とする。制式とした被服を貸与する。給与は傭人俸給の看護婦の欄に基づく。

　これに加えて昭和13年11月には規則とは別の通牒で、看護婦を採用するにあたり、おおむね10人に1人の比率で、10人に満たない端数の場合は5人以上になった時に限り、看護婦1人に看護婦長を命じることができると定め

257

た。任命後の身分や取り扱いは、代用員採用規則の婦長の条項に準じるとした。

　これによると陸軍看護婦長には、「看護婦長及看護婦採用規則」に則り初めから婦長として採用された人と、看護婦に採用されたのち適任者として婦長に任命される人の2種類がいたことになる。背景には、日中戦争が激化して、日赤でさえ戦時救護班を編成するのに婦長不足で苦しむなか、「看護婦長及看護婦採用規則」の採用条件に合致した日赤の看護婦長適任證書所持者や現役看護婦長の応募者がなかなか出てこなくなってしまった事情があったのだろう。豊富な実務経験が欠かせず育成に長い時間がかかる婦長は貴重な存在だったのだ。

　次の補充システムの章で事情を詳しく書くが、日中戦争が始まるとどこの軍病院でも人手不足に陥り、多くで定員数以上の看護婦を一時的に雇用した。昭和19年には、このあたりの事情を反映させて規則を大幅に改正した。

　この改正条文で目立つのは、定員数以外で短期的に雇う看護婦も陸軍看護婦の身分とすると明記したこと、それと看護婦長看護婦採用規則にもとづき最初から看護婦長として採用された人を「判任官」という身分にしたことであった。

　制度が始まったころの婦長の身分であった「雇員」は官吏ではないが、判任官は、下級とはいえりっぱな官吏、文官である。官吏だから恩給ももらえるし、もし20年以上勤続すれば定期叙勲の対象にもなる。逆に、看護婦として採用され編成上の都合から看護婦長を命じられた人は「判任官ニ非ラサル婦長」として区別され、身分は嘱託（判任官待遇）か雇員とされた。

　ただ、昭和初期から「判任官タル看護婦長」という身分はあり、以前から「看護婦長及看護婦採用規則」で正規に雇用した看護婦長を判任官としていた。少なくとも昭和12年の文官任用令では、日赤の救護看護婦長適任證書を有し1年半以上の実地経歴年があるか、官公立病院において看護婦ならびに看護婦長を4年半以上勤務した者は判任官へ任用されていた。このうち私立病院や看護婦会における勤務年数は、それぞれ3分の1ずつで換算された。

根幹をなした一般看護婦とは

　日赤臨時救護看護婦の章でも出てきたが、日赤以外の機関で養成された「一般看護婦」とは、どういう人たちだったのだろうか。

　戦前、看護婦になるには、看護学校あるいは養成所へ入って勉強するか、見習い看護婦として病院または各地の看護婦会に勤めながら修業するという大きく二タ通りの方法があった。いずれも内務省令「看護婦規則」が定める試験を道府県で受けて看護婦免状取得の資格を得るのだが、看護学校や養成所は大学医学部や官立病院、民間大病院に付属していることが多く、そのうち特に「地方長官指定の養成機関」だと、生徒は卒業すれば無試験で看護婦免状を取得することができた。現在と違って、看護婦免状を下付するのは地方長官（知事。東京府だけは警視総監）であり、看護婦試験に合格したうえで、合格証書を添えて地方長官らへ申請して、やっと免状をもらうことができる仕組みになっていた。

　日赤救護看護婦の従軍活動が伝えられ、一般社会でも看護婦の活躍の場が広がっていた大正時代後期以降、看護婦は花形職業であり、女性にとって数少ない社会進出の機会でもあった。当時の日本の一般家庭、とりわけ農村部は貧しかった。そんななか生活費をもらいながら勉強できて1〜3年という期間で職業資格を取得できるうえ、特に看護婦は不況のさなかでも就職先、働き口があった。さらに後年、試験内容に看護婦との共通点が多い産婆の資格もとれば独立することが出来たし、専門学校入学者検定試験（専検）も受けやすかったから、高等女学校卒業と同様の資格を得て女医学校や女子大、高等師範学校へ入ることも制度上ねらえた。昭和初期、看護学校だけで全国に347あり、「看護婦試験過去問題集」「看護婦になるには」「看護婦養成機関のすべて」といったハウツー本が多数出版されていることからも人気ぶりが想像できよう。

　病院付属養成所の入学条件は、品行方正、身体健全はもちろん、独身で、

表12　東京帝大養成所カリキュラム

第1期	修身大意、国語、数学、看護婦ニ必要ナル心得 解剖学大意、生理学大意、衛生学及伝染病学大意、一般消毒法、病室装置法、患者運搬法、薬餌用法、食餌用法、救急療法、医科小技術（皮下注射法、浣腸法、吸入法、脈及呼吸計法寒温器法など）、実習
第2期	修身大意、国語、数学、繃帯学、医科器械学、外科的消毒法、病室装置法、患者運搬法麻酔法、薬餌法、食餌法、救急療法、医科小技術 内科病患者看護法、伝染性諸病患者看護法など、実習
第3期	修身大意、国語、数学、外科病患者看護法、整形外科病患者看護法、精神病患者看護法産科婦人科病患者及妊産婦看護法、小児科病患者看護法及育児法、眼科病患者看護法皮膚病科黴毒科病患者看護法、耳鼻咽喉科病患者看護法、歯科病患者看護法、実習

年齢16～30歳といったところだった。学力は高等小学校卒業または高等女学校2年生程度が求められた。試験科目は、身体検査と学科試験（国語、算術、理科）および試問がふつうで、受験者の感想は「それほど難しくなかった」そうだが、とはいえ合格率十数倍という狭き門でもあった。

合格すると「見習看護婦」として採用され2年間、看護学の理論と実地を学ぶことになる。東京帝国大学付属病院看護法講習科では最初の1年を1学期、2年目を2学期とし、さらに1学期を第1～第3期に分けて、**表12**のようなカリキュラムをつくっていた。

2学期はまるまる、各科入院患者に付き添わせて看護法の実習とした。そして1学期末に学科試験、2学期末に卒業試験を行った。生徒は寄宿舎へ入って日給を与えられ、制帽や制服（白衣）、道具類を貸与された。ただし晴れて卒業し免許を取得したら、以後2年間の「お礼奉公」が義務づけられていた。この東大の養成所は無試験免状取得ができたが、上記のような勉強をしてから看護婦試験を受けなければならない養成所もたくさんあった。看護婦試験は地方長官の監督のもと、どこの府県でも毎年2回、おおむね5月と11月に実施されていた。会場はたいて府県庁内で2日間にわたり、試験科目は①人体の構造および主要器官の機能②看護法③衛生病および伝染病大意④消毒法⑤繃帯および治療器取り扱い大意⑥救急処置の6つと決まっていた。包帯法

と救急処置、器械の取り扱いについては実技試験だった。

　内務省令「看護婦規則」で、受験資格は「1年以上看護学術を修業したる者」、免状を与えられるのは満18歳以上とされていた。だから15歳くらいで勉強を始め16歳や17歳で看護婦試験に合格するのも制度的に可能だったが、免状をもらえるのは18歳になってからだった。

　いっぽう看護婦会などに直接就職する方法は、たとえば「野良仕事を手伝わされて、小学校しか出ていない」といった人たちにも開かれたチャンスであった。こちらは看護婦会で働きながら独学するのと、看護婦会から紹介された私立病院や医院で働きながら勉強する道の大きく2種類があり、あっせんなしで縁故を頼りに個人医院へ住み込みで働き勉強するケースもあった。

　看護婦会というのは、看護婦をプールしておき患者宅などへ派遣する業者のことで、届け出制であり警察の管理下にあった。看護婦会へ就職すると、見習看護婦として派遣看護婦の手伝いをしながら、学術を独学するのである。この点、医院などへ住み込んで仕事を手伝っていた方が、医師らから実地指導を受けたり、学術を教えてもらえたりすることもあったので勉強しやすかったようだ。ただし昼間は医師や看護婦らの仕事を手伝い、診察室や建物内外の掃除、白衣や繃帯の洗濯、器具薬品の準備・片付けなど下働きをする。なかには家政婦よろしく住み込み先の3食の準備と片付けをする人もいた。そして夜遅くなってから、お下がりをもらうなどした教科書や参考書を開き、病名や器官の名前を繰り返し声に出して読み、図説はていねいにノートへ書き写して覚える。まさに刻苦勉励である。こうして1年以上働くと受験資格を満たしたことになる。医師に「受験資格証明書」を書いてもらい、願書とともに提出する。どの道から上がってきても、試験問題は共通。合格ライン以上であれば誰でも、何人でも合格したが、落第して翌季にふたたび受け直す人もかなりいたようだ。免状を取得すれば二等看護婦。さらに1年前後を働くと一等看護婦になり給料もアップした。

　昭和10年当時、官立など大きな病院や医院での見習看護婦には月額15〜20円が与えられ、看護婦になると月額初任給は25〜30円。個人の医院でも見

習い期間は月額5円から10円をもらい、正看護婦になると15〜25円くらいの初任給をもらえるのがふつうだった。看護婦長へ昇格する国家試験はなく（病院によっては実施するところもあった）雇う側が実績経歴で決めた。婦長を配置できるのは大きな病院だったが、そのサラリーは月額60〜100円くらいだった。

　看護婦会で免状をとると、数年間はその会所属の派遣看護婦として働いた。派遣される看護婦が依頼者からもらう看護料は府県で額が定められており、伝染病ではない普通病だと、契約期間の長短による等級ごとに1日あたり1等2円、2等1円80銭、3等1円50銭。往復車馬代や食料寝具代は依頼者に負担してもらえたが、看護料の2割を会へ納めなくてはならなかった。

　こうした人たちが、陸軍看護婦の根幹をなしていたのである。

臨時看護婦　陸軍看護婦の補充システム①

　陸軍看護婦は、日赤救護看護婦のような班編成はとらず、陸軍病院を所管する師団長クラスが、隷下各病院の定員表または動員編制表に基づき、人件費の枠内で個別に採用した。ただし、病院内で病棟ごとに「山田班」とか「鈴木班」などというふうに責任者名を冠した職場班をつくることはあった。病院ごとの定員数は、先に掲げた「平時編制備人定員」の表をみると一〜三等の病院区分で仕切るのではなく、病床数などに応じて病院ごとに決めていることがわかる。そして第二次世界大戦の終結まで、このやり方は変わらなかった。

　戦時中の内地の陸軍病院はまず、①衛生兵を戦地や新編成の病院へ転属させなくてはならず、衛生兵に多数の欠員が生じる、あるいは②戦地からの還送患者を病院船が入る港または港近くの陸軍病院へ引き取りに行って護送してくる出張要員がひんぱんに抜けるうえ、患者が収容能力を超えることが常態化して看護の人手が著しく不足する——という問題に直面した。

　昭和10年5月、患者収容能力417人の一等病院・広島陸軍病院には323人

が入院していた。朝鮮半島からの還送患者40人が20日に到着予定で、さらに関東軍から「29日に190人を還送する」と連絡があった。こうなると患者数は553人にもなって、施設も看護態勢もパンクしてしまう。病院長は、閉鎖中だった広島市内の基町分病室を開くことにしたが、それを実現させるには新たに定員外の軍医と看護婦長が2人ずつ、看護婦10人は必要となる。衛生兵や本院定員17人の看護婦たちから分病室要員を引き抜くことなど論外だった。そこで同病院を管轄する小磯国昭・第5師団長は5月17日、林銑十郎・陸軍大臣あてに「1カ月間でいいですから」と、「臨時看護婦増加雇傭」の許可を申請したのだった。

　陸軍の場合、定員外で雇われた看護婦を「臨時看護婦」と称した。一般看護婦に軍事教育を施した日赤の「臨時救護看護婦」とは異なり、こちらはたんに定数外という意味である。「臨時」だから1カ月、長くても1年と雇用期間を限定し、人件費などの見積もりも添えて申請した。たとえば相模原陸軍病院は昭和15年9月に臨時看護婦6人を増加雇傭したが、許可された期間は昭和16年3月31日まで。そこで16年3月初めになると、同病院を隷下に置く近衛師団長は「採用期間延長」を陸軍大臣へ願い出なければならなかった（めでたく許可されている）。

　こんなケースもある。第3師団隷下のある病院では満州事変の終結から2カ月たった昭和7年9月、戦地部隊の要請により病院付看護兵が14人も引き抜かれてしまった。この穴埋めをするため第3師団長は7月1日、やはり陸軍大臣に同数14人の看護婦採用を申請している。すでにその病院に定員いっぱいの人数の看護婦がいれば、申請分は定員外なので臨時看護婦となるわけだが、不足した看護兵の補欠に看護婦を雇うというのは、そもそも陸軍看護婦の起源となった措置だ。7月8日には、14人の1カ月分の備給計630円と、被服新調費など計210円を事件費から支出する許可が下りている。

　このように近衛や第3の師団長たちがいちいち陸軍大臣へ雇傭許可を求めたのは、看護婦が「陸軍大臣ノ特ニ配属スル要員」に指定されていたからである。この通称・大臣特配要員とは、おおざっぱに言えば技能者や高級要員

のうち、部隊編成や雇用において特に大臣の管理下に置くべきとされた軍人軍属たちのこと。これは社会の技能者や学識者を軍が無制限にとりすぎないようにするストッパーの役割も果たした。現に、還送患者が多すぎるとして昭和14年に大阪陸軍病院が発した臨時看護婦55人の増加雇傭許可申請は却下されてしまっている。これとは逆に、定員内の看護婦であれば「看護婦長及看護婦採用規則」などに従い病院長や師団軍医部長の権限で採用できた。つまり定員に欠員ができて補充するのに、いちいち大臣の許可は必要なかったのであった。

外国人も雇用　陸軍看護婦の補充システム②

　いっぽう戦時中、戦地に新たな病院を開設するときにはどうしていたのか。内地の陸軍病院が動員をかけ要員を集めて新病院を編成し、戦地へ送り出していたことは先に述べた。戦争が激化すると、いずれも戦地において、すでにある病院から要員を抽出して新たな病院を編成することも行われた。

　昭和15年の華南戦線で、いくつかの野戦病院や予備病院を統廃合し、新設する広東第1陸軍病院（一等）と広東第2陸軍病院（二等）へ集約することになった。編成管理官は後宮淳・南支那方面軍司令官である。病院を新編成するには、現役要員を転属してもらったり、予備役などを召集したりしてかき集め、現存の医療資機材を点検し修理もして、不足があれば衛生材料廠へ申請しなければならない。患者の転送も伴う大仕事である。

　こうして昭和15年11月21日に編成は完結し、広東第1で軍医少将の病院長以下227人、広東第2で軍医大佐の病院長以下128人の「編制表」が作製された。その表は広東第1の場合、軍医少将1、軍医大佐1と始まり、衛生上等兵31、衛生一二等兵118、主計尉官1、主計下士官3に至る詳細なものである。しかし、看護婦長も看護婦も定員であるはずなのに表には入っていない。雇員と備人は、あくまで現地採用が原則だったからである。

　戦地の陸軍病院における看護婦の定数については、一等病院で看護婦長8

人と看護婦50人、二等病院で婦長3人と看護婦20人という大まかな枠が決まっていた。しかし満州や中国で、看護婦資格を持つ日本人女性がそんなに大勢いるわけがなく、定員さえそろえられない。そうした場合は、内地の市町村役場や職業紹介所を通じて、内地で募集するほかなかった。

日中戦争が始まって1年にもならない昭和13年6月、病院の増加設置などのため関東軍が看護婦の定員を計56人増やそうとしたところ、そもそも元の定員に計35人の欠員が生じていることが判明した（もとになる定員数は資料になく不明）。そこで植田謙吉・関東軍司令官は6月6日、板垣征四郎・陸軍大臣に「看護婦は従来努めて現地において採用しありたるも」「現地においては採用困難にして日本内地より募集採用せざるべからざる状況」と訴え、「旅費を支給せざればその要員を得がたきにつき、採用地より配属病院間の赴任旅費支給を認可されたし」と求めた。この申請は6月20日に認可され、以後、戦地の病院が看護婦を採用する際のモデルケースとなった。

しかしとりあえず平穏な満州国内ならいざしらず、臨戦合囲地境など戦地では、なかなかそうもいかなかった。しかし看護婦の募集となれば急を要する。そこで行われたのが、内地などの陸軍病院ですでに勤務している看護婦へ辞令を発し、転属させる方法だった。たとえば昭和15年8月には、支那派遣軍がまとめて300人もの看護婦を増員することになった。このため留守近衛師団5人、同第1師団25人、同第2師団15人、同第3師団と同第4師団各20人というふうに内地の留守8個師団、出征中7個師団と臨時東京第一陸軍病院は、割り振りで5〜35人ずつの看護婦の差し出しを命じられた。前述の広東第1と第2病院を開設する際にも、留守5個師団と戦地にある4個師団、内地の2陸軍病院が計96人を差し出している。

こうした場合、転属を命じる相手の看護婦「差出人員」は、いちおう「転属希望者ニ限ル」とされていた。そして看護婦を差し出して生じた欠員は、差し出した病院が自ら補充することになっていた。内地であれば募集もしやすいだろうというわけである。

新任地へは、各地から差出病院関係者の引率で船舶輸送司令部のある広島

へ直接集合するか、転属者を取りまとめる役となった病院へ集合してから広島へ移動し、船舶輸送司令部へ出頭することになっていた。そこから将校か文官軍属の引率官1〜2人が同行するのである。先出の広東第1と第2病院へ看護婦が派出された際の引率官は、陸軍省医務局課員の軍医中佐と判任文官の2人だった。また船舶輸送司令部の参謀には事前に別途、看護婦たちの到着日時が知らされ、同時に宿舎を用意するなど便宜を図るようにとの指令が出された。こうして広東第1と第2病院要員の看護婦たちは、中佐殿に率いられ、広島の宇品港で特設病院船・波上丸（4730㌧）へ乗船したのである。新任地へ身分が切り替わる「転属日」は、船から派遣地へ上陸した日とされていた。

　このほか要員差出部隊は、転属者連名簿と1人ずつの身上明細書または留守担当者名簿、給与通報、種痘予防接種完了證明書を取りそろえて、集合地で待ち構える引率官へ渡すことになっていた。種痘予防接種は、送り出す前に差出部隊の責任で、種痘のほか、腸チフス、パラチフスAとB、細菌性食中毒、赤痢、コレラの予防接種を済ましておくこととされた。

　移動中の賄料（食費）など転属にかかる経費は臨時軍事費特別会計からの支出で、差出部隊が陸軍大臣へ実費請求した。参考までに、臨時名古屋第2陸軍病院が昭和17年10月に看護婦6人を南方陸軍病院へ差し出した際の実費は、人件費が616円、旅費が124円、名古屋から宇品までの汽車賃が124円、出発手当金や被服新調料など諸手当が492円となっていた。なお昭和17年に松江と小倉の陸軍病院から計5人を南方陸軍病院へ派出した際の指令のなかに、「荷物ハ最大限柳行李二個以内トナス」とあるが、柳行李の大きさがわからないし、5人分ぜんぶで2個なのかどうかもはっきりしない。ただ荷物の制限は受けていたことはうかがわせる。

　さて、現地採用で人手不足を解消する「奥の手」は、現地人の看護婦や親日的な者を「雑役婦」や「雑仕婦」などの名目で、傭人として雇うことであった。雇用枠は雑役婦であっても「但シ看護婦勤務」と書類に明記され、白衣を着て看護教育を受けながら日本人看護婦たちの下働きをしていたから、

事実上の補助看護婦である。

前出日赤看護大・川原氏のリポートによると、戦前のビルマには官立や地方自治体立などの主要病院が321あり、男性951人、女性599人の医療従事者がいたというから、人材はあった。またタウンジーとカローではハイスクール

中国兵と紅十字会の看護婦

出身の80人を募集して3カ月間、教育して採用。「ビル看」と呼ばれていた。ラングーンではビルマ人看護婦124人が働いていた。1944年には11人に看護婦免状を交付したという。陸看のいない病院であったのか、教育係は日赤救護班の看護婦が務めた。

中国にも赤十字社にあたる「紅十字会」があり、看護婦が養成されて中国軍へ配属されていた。中国にも看護婦はそれなりにいたわけで、華北戦線のある病院では、陸軍看護婦22人に対し、中国人看護婦が10人いたという。雑仕婦なら大臣特配要員ではないし、採用規則に国籍条項がないこともあって黙認されていたとみえる。彼女らには規則に従って給与も支払われたし、旅費や賞与も出た。

手記や記録を追うとフィリピン、マレーシア、インドネシアでも同様のことが行われていたらしい。マニラの「第〇兵站病院」には200人（！？）のフィリピン人看護婦がいると「写真週報」（昭和17年8月12日号）で紹介されている。別の記事によればフィリピン人看護婦たちの仕事は、汚れたシーツや患者衣、繃帯などの洗濯、病室の掃除、汚物の処理など看護婦の下働きで、検温や皮下注射など看護婦の助手をしながら実技を学び、担架輸送やリハビリも手伝ったという。写真はその「写真週報」に掲載の日比の看護婦たち。フィリピン人看護婦は、日本人看護婦と異なり開襟、半袖の看護衣を着ている。看護略帽は同型のようだ。

またこれとは別に陸軍は、日本の植民地だった朝鮮半島や台湾でも現地の人から「陸軍看護助手」を募っていた。このうち台湾では、昭和17年4月に200人を募集したのが始まりである。条件は、志操堅固・身体強健で滅私奉公の熱意を有する年齢満16～25歳の未婚女子、高等女学校卒業またはこれと同等以上の学

『写真週報』で紹介された日比の看護婦

力があると認められる者、であった。台湾先住の高砂族ら応募者6千人から選ばれた第1期採用者は、台北州55人（なぜか日本人2人を含む）、新竹州30人、台中州40人、台南州40人、高雄州35人。いずれもまず香港へ派遣されたようである。昭和18年にも第2期が募集された。終戦までに採用されたのは1千人に及んだとの説もある。

　とにかく戦地へ集められた看護婦たちだったが、日赤救護班員と同じように「おおむね勤続2年で交代」という原則があった。勤続途中に結婚その他の事情で退職する者もいたし、病気の重篤化や病後の回復が遅れ帰国または解雇を余儀なくされる者も出てくる。こうして定員に欠員が生じたり、臨時看護婦も含め長期勤続で交代の必要が出たりすると、内地の病院から差し出されて来た看護婦であれば差出病院が還送を受け、新たに補充交代員を送ることになっていた。公募に応じてきた看護婦の補充は、改めて公募するなどした。看護婦の解雇、退職には所属軍司令官の許可が、臨時看護婦の解雇、退職は陸軍大臣への報告が必要だった。ますます看護婦公募作業は大変なのであった。

日赤より低かった？給料

　陸軍看護婦たちは紛れもない軍属であったから、給与面では「陸軍給与令」
「陸軍戦時給与規則」と「同細則」に従った。俸給・料と被服以外の部分は
日赤救護看護婦たちと一緒であったので既述だから省略し、ここでは俸給に
ついて述べる。

　軍属の世界で、判任官など文官へ支払われるサラリーを俸給といい、雇員
と傭人のは給料といって、様々な法令規則類で区別されていた。雇員と傭人
の本俸に関する取り決めも「雇員傭人給料支給規則」というのがあって、文
官とは違う系統だった。明治32年に制定され、金額などが何度か改正され
て、太平洋戦争たけなわの昭和18年ごろの看護婦関係カ所は、次のようにな
っていた。

　看護婦が属する身分の傭人は日給が基本だったが、看護婦は月決め払いだ
った。長く日赤救護看護婦の本俸の乙額と丙額それぞれの上限の中間に相当
した月額55円以内だったが、この年一気に70円以内へと改められた。あくま
で上限同士の比較だが、これで日赤救護看護婦の本俸甲額と同じになったわ
けである。月額70円といえば、下士官のボス陸軍曹長の2等俸と同額であっ
た。

　傭人給料額基準表だと、陸軍看護婦は「女子」枠中、「技手（技能者）」の
区分で「国民学校高等科卒業者」に分類されていた。これは平均的な看護婦
養成所の入学資格が「高等女学校卒業者または同等の学力を有する者」とな
っていて、日赤以外の一般看護婦が必ずしも高女卒業者ばかりではなかった
からである。看護婦養成所はどちらかといえば「職業訓練所」に属し、学歴
とはみなされていなかったようである。

　初任給は一日1円〜1円20銭、さらに10銭以内の技能加俸がプラスされる
ことになっていた。日給は実働日数分（出務現日数という）で計算されたが、
祝祭日と日曜日、定例休暇日、暮れ正月、公務による疾病治療にかかる日数

269

などは算入された。国内で募集して戦地へ連れてくる看護婦の初任給を取り決めた支那派遣軍の内規をみると、日赤出身者は月にして50円以内、その他の養成所出身者は45円以内としている。看護婦長の任官条件でも明らかなように、軍は、すでに軍隊救護のノウハウがある日赤出身者を優遇していた。給与規則だと非日赤の看護婦の月給は55円とされている。別の話になるが、陸海軍とも軍病院へ現在勤務している日赤出身の陸（海）軍看護婦については、戦時救護班要員にしないよう日赤へ通牒している。軍としては、日赤養成所の卒業生にとって軍病院を魅力的な就職先のひとつとしておき、戦時もそのまま抱え込む作戦だったと思われる。

　看護婦長は前述の通り、雇人の婦長と判任官の婦長の2種類がいたが、雇人の婦長の本俸は「雇人給料額基準表」に従い月額上限80円以内（昭和18年ごろ）であるほかは、ほとんど看護婦（傭人）と同じだった。

　一方、判任官は文官なので、「雇人傭人給与規則」ではなく、本俸も陸軍給与令や給与規則を根拠とした。判任官の俸給区分は1級（145円）から11級（40円）までがあり、日赤出身の看護婦長の本俸は、たいてい50円から70円くらい。任官後の俸給額が任官前より安くなる場合は、任官前の受給額を優先する規則だったから、7級（65円）や6級（75円）あたりからスタートするのがふつうだった。

　さて日赤救護看護婦の給与の基本が本俸＋戦時加俸だったように、陸軍看護婦にも——というより陸軍看護婦を含む軍人軍属にも従軍手当と呼べる制度があり、主に在勤加俸と戦時増俸、戦地増俸からなっていた。これは判任官も雇員・傭人も制度の骨格は一緒で、在勤加俸は、朝鮮や台湾などの外地または生活環境が内地と大きく異なる場所での勤務者へ平時から支払われる「ご苦労さん代」である。昭和18年7月までは在勤加俸は外地と満州が別建てで、千島や樺太は島嶼加俸という別種類のものであったが、給与令や戦時給与規則が「大東亜戦争陸軍給与令」へ統一された時に、これもまとめられたものである。

　戦時増俸は、内地または外地において戦時に行われるもので、看護婦の場

270

合は「戦争ニ関スル繁劇ノ勤務ニ服スル」という規定文で対象になっていた。こちらは一律、俸給の10分の2増しである。戦地増俸は、文字どおり戦地（帝国陸軍部隊ノ作戦行動スル範囲ニシテ陸軍大臣ノ指定スルモノ）にある軍人軍属らが対象であった。仮に樺太など外地が戦地へ指定されても、在勤加俸や戦時増俸から戦地増俸へ切り替えられ、両方もらうことはできないしくみだった。

　表13と表14は在勤加俸、戦地増俸それぞれの一覧で、看護婦が関係する部分を抜き出してつくった。判任官看護婦長は在勤加俸では2等以下、戦地増俸では5級以下になろう。雇員の看護婦長と看護婦は在勤加俸では「雇員・備人　給料月額110円以下の者」、戦地増俸では「雇員・備人　給料月額200円未満の者」が該当する。これを見ると、「その他の戦地」にはフィリピンやビルマが含まれるので、よりハードな場所で勤務する場合と、本俸月額の低い者ほど加俸、増俸が厚かったことがわかる。

　これによると、本俸上限額の80円を頂戴していた看護婦長がフィリピンへ従軍すれば技能加俸を足して合計月額123円、本俸70円の看護婦が中国戦線へ従軍すれば3割増しで技能加俸こみ合計月額94円という計算になる。しかし日赤の昭和17年9月以降の制度で、南方戦線の日赤救護看護婦長が本俸＋戦時加俸で最高190円、中国戦線の日赤救護看護婦が同130円だったのと比べるとかなり低い。

　ただ本チャンの軍属である陸軍看護婦には、日赤救護看護婦とは異なり「残業手当」がついた。勤勉手当という名であったが、たとえば「月給50円以上55円以下」の級だと、超過勤務1時間以上で15銭、2時間以上で30銭、3時間以上で45銭…と15銭刻みで増やした額を追加された。

　また救護看護婦と同じく、陸軍伝染病予防規則の対象である伝染病と、ハンセン病、流行性感冒、伝染の恐れがある結核性疾患の看病にあたる者には、月額5円50銭以内の手当がつくなど、様々な心配りはあった。外宿手当、公務傷病手当、特別手当（在勤加俸とは別に、一律で俸給の1割増しが樺太と

表13　在勤加俸表

在　勤　加　俸					
区　　　分	単　位	千島 （南千島を除く）	樺　太	南千島、朝鮮、 台湾、関東州	満州国
判任官2等以下	俸給月額	10分の8	10分の7	10分の6	10分の7・5
雇員・傭人 （月給110円以上の者）	給料月額	10分の7	10分の6	10分の5	10分の6
雇員・傭人 （月給110円以下の者）	給料月額	10分の8	10分の7	10分の6	10分の7・5

表14　戦地増俸表

戦　　地　　増　　俸			
区　　　分	支那	タイ、仏領インドシナ	その他の戦地
判任官4級	100円	105円	115円
判任官5級	90円	95円	105円
判任官6級以下	85円。ただし俸給月額の10分の17を超えないこと。	90円。ただし俸給月額の10分の18を超えないこと。	95円。ただし俸給月額の10分の20を超えないこと。
雇員・傭人 給料月額350円以上の者	給料月額の10分の11。ただし、その合計額が420円に満たない者には、420円を給する。	給料月額の10分の12。ただし、その合計額が450円に満たない者には、450円を給する。	給料月額の10分の13。ただし、その合計額が490円に満たない者には、490円を給する。
雇員・傭人 給料月額350円未満、 200円以上の者	給料月額の10分の12。ただし、その合計額が260円に満たない者には、260円を給する。	給料月額の10分の13。ただし、その合計額が280円に満たない者には、280円を給する。	給料月額の10分の14。ただし、その合計額が300円に満たない者には、300円を給する。
雇員・傭人 給料月額200円未満の者	給料月額の10分の13。ただし、その合計額が75円に満たない者には、10分の17を超えない範囲で、75円までを給する。	給料月額の10分の14。ただし、その合計額が80円に満たない者には、10分の18を超えない範囲で、80円までを給する。	給料月額の10分の15。ただし、その合計額が85円に満たない者には、10分の20を超えない範囲で、85円までを給する。

満州の2級地、2割増しが満州の1級地の勤務者に行われた）などで、年功加俸もあった。

　なお、雑仕婦は日給1円以内とされていた。傭人であるから勤務加俸や戦地増俸が加えられるのは同じである。俸給・給料は毎月15日現在の本俸や加俸増俸、諸手当で計算した額を22日に支給された。

俸給・給料以外で、糧食も給与令と給与令細則の軍属（傭人含む）に従い、日赤救護班とも同じであったが、宿舎に関して一言述べておくと、日赤救護班員の宿舎は別枠の取り決めで軍が用意するか宿舎料を給与することになっており、陸軍看護婦も定員内であれば同じであった。定員外の臨時陸軍看護婦については、別に大臣特配要員の枠で軍が世話することになっていた。こうして給料や糧食、宿舎など様々な面で軍属の規則規程に組み込まれていた陸軍看護婦たちだったが、被服に関してだけは、陸軍看護婦独自の被服規則があったので、他の軍属とは別枠だった。

あと陸軍看護婦が日赤救護看護婦と異なっていたのは、「陸軍職員」だから採用日付で陸軍共済組合員になったことだった。これは強制加入で、満州を除く勤務地の女性職員であれば乙組合員となり、男女を問わず満州に勤務する職員は丙組合員とされた。給与引き落としなどで組合費を払うと、共済給付（障害給付、脱退給付、遺族給付、慰恤給付）と健康保険給付（医療給付、傷病手当金、分娩給付、葬祭料、補給金）を受けることができた。陸軍共済病院や保養所など組合施設を利用できる権利もあったが、戦地に勤務する身では〝絵に描いた餅〟にすぎなかっただろう。

陸（海）軍看護婦は何人いたのか

日赤の記録によると、日中戦争が始まった昭和12年から昭和20年の終戦までに陸海軍へ派遣された日赤の救護看護婦長・救護看護婦は合わせて3万1450人だった。では陸軍看護婦は、どのくらいの人数だったのだろうか。防衛研究所所蔵の陸軍動員概史によると、各年度の陸軍看護婦の人数（おそらく在職者数）は次の通りである。

昭和12年度3500人、13年度4000人、14年度5000人、15年度6500人、16年度13500人、17年度、15000人、18年度16800人、19年度18000人、20年度20500人。

日赤救護看護婦たちに関しては、日赤が一括して召集、派遣、復員後の事

務を行ったため一人ひとりの記録が保管されており、派遣人数や死亡行方不明者数も把握されている。いっぽう陸海軍看護婦たちは、個々による陸海軍との雇用契約関係にあったので、終戦で解雇されて復員すると、散りぢりとなって戦後混乱期の社会のなかへ姿を消していった。そんななか一部の元看護婦らが声をかけ合い、「元陸海軍従軍看護婦の会」を立ち上げた。日赤救護看護婦の従軍経験者たちが、政府へ恩給支給を求めて運動していたころだ。

　日赤救護看護婦たちへ慰労金が支給されることになった翌年の昭和55年、旧陸海軍看護婦にも制度を拡充するため、厚生省援護局が陸海軍看護婦の人数を調査したことがある。帰還者名簿などをもとに総計2万3000人と推計したが、調査で裏付け確認できたのは1万1538人にすぎなかった。このうち満州、中国、南方へ従軍したと認定された人は、陸軍5593人、海軍369人の計5962人。昭和56年からは、日赤救護看護婦と同じ制度に組み入れられ、元陸海軍看護婦にも日赤を通じて慰労給付金が支給されるようになった。

　陸海軍看護婦たちも国と兵士たちのために苦闘したのは、日赤救護看護婦とかわらない。南方戦線において空襲で亡くなった人や満州でソ連兵に虐殺された人もあったはずだ。それなのに陸海軍看護婦については、正確な犠牲者数どころか従軍した全体人数さえも、今なお不明のままなのである。

日赤の〝パクリ〟だった服制

　大正8年7月7日の「衛生部員代用雇員備人採用規則改正」で、衛生部下士官の代用雇員に看護婦長を、看護卒の代用備人に看護婦を雇用できることにしたのが陸軍看護婦の誕生であり、翌8日の「衛戍病院看護婦採用ニ関スル件」で具体的な給料額や被服について規定されたのは、先章で書いた。ここで規定された陸軍看護婦の被服は、日赤が明治43年に制定した看護帽や看護衣と全く同じで、服制図などは日赤の印刷原盤をそのまま流用している。

　デザインはfig.70を見ていただきたいが、原文をメートル法に直して書くと、看護帽は、表裏とも白色寒冷紗の二重構造で、全面の最高部が高さ約

5 陸軍看護婦

fig.70　上図上段左から、看護帽、看護衣、帯、帯留。同下段左から看護略帽、前垂、上靴。

16.7㌢、後面の最も低い部位で約8.5㌢。ひだ積みは左右8折りずつ、幅約3.6㌢の鉢巻きの長さ約51.5㌢、鉢巻きの両端に寒冷紗製で長さ約15.2㌢の平紐をつける。前頭部につける帽章は長さ約18㍉幅約6㍉の赤十字で、白色金巾（シーチング）の裏打ちがあった。

看護衣は白色キャラコ製で、直径約1.5㌢の貝殻製の4つ穴ボタン1個で立ち襟の襟元を留め、帯下約18.1㌢まである前開きは5個で閉じ、袖口に各1個をつけたほか、左右上腕部外側にも1個ずつつけて腕まくりをしたときに袖口を留めてずり下がらないようにした。袖口の裂きは約7.5㌢あり、折り返し（カフス）の幅は約2.1㌢。また帯上側の内部にもボタン1個をつけて、左身頃のボタンループと留めることで腰部全面をしっかり閉じるようになっていた。本体の裾は踵関節に至る長さで、裾にひだを設けたこともあり蹴回しは3㍍もあった。乳房にあたる部分をゆったりさせるため帯で締めラインの上側に左右2条ずつのひだを取り、帯下の前後には折り返しが約7㌢もある4条ずつの深いひだを設けた。腰物入れ（スラッシュポケット）は左右帯下に1

275

個ずつ設け、開口部は約15␣、袋の深さは約30␣もあった。

　帯はキャラコ半幅（約45␣）、長さ約212␣で、これを4つ折りにしてから腰にぐるぐる巻いて、ちょうど前明きを閉じるボタンの列に位置を合わせて帯留めで固定した。

　前垂とは図の通りエプロンのこと。紐下の本体は縦が約84.8␣、幅約66.6␣の白色キャラコ製で、左右それぞれ外側は深さ約4␣、内側（中央に接して）約3.3␣、この上部に幅2.4␣で長さ約208␣の締め紐を縫い付けてあった。

　上靴は黒革製、深さ6.9␣の短靴で、小さなベルトを足の甲に掛けて甲外側の金具で留めるデザインであった。

規定文では「看護婦ニハ看護用被服トシテ看護帽二個看護衣三着上靴二足ヲ所持セシム」とあって、支給するとは書いていない。別項で、採用の際に新調のため被服料30円70銭を給付し、その後も毎月3円50銭の被服保続料を給付するとあり、被服は、病院が調弁してあったのを各自で購入するものだったらしい。作業衣と手術衣は、病院に備品があり貸与されることになっていた。作業衣は日赤と同型だったと思われる（日赤服制の作業衣の章を参照されたい）。

　この被服の規程は大正12年10月、「看護婦長及看護婦用被服制式」として独立した「服制」となった。

　看護帽は、大正8年の規定と比べ大差はないが、鉢巻きの長さの表記がなくなった。看護衣は前開きを閉じるボタンが4個に減ったほかは同じである。帯留めは「銀色金属製」と材質が表記された。上靴は踵のみゴム張りとなり、「留革鳩目止」と甲締め革の構造が説明された。

　この服制のご新規は、防寒衣＝fig.71＝で、つまりウールコートが加わったのである。生地は紺絨、裏地は黒繻子。前を留めるのは直径約18␣の4つ目形黒色角ボタン4個で、袖にも直径約15␣の黒色角ボタンをつけた。前合わせは隠しボタン式。これに長さ約91␣、幅約6␣の服地と同じ紺絨製で銀色のピンバックルがある布ベルトが付属する。

276

コートの裾は踝関節に達する長さで、ベルト上の左右に各1条、背面に中央に1条のひだを設ける（図を見ると、背中のはアクションプリーツである）。両腰には蓋付きのパッチポケットがある。

服制と同時に「看護婦長及看護婦被服給与規程」が陸達で出されて雇員傭人給与規則の服装規定から独立し、婦長

fig.71 防寒衣

と看護婦へ支給する被服の定数はこちらの定めになった。それによると看護帽は2個、看護衣3着、上靴2足。新たに制定された防寒衣（コート）は、北海道と朝鮮、満州にある衛戍病院の備え付け品で、必要に応じて貸し出されるものであった。

婦長も看護婦も、新規採用の際に「被服料甲額　31円」を給され、上記の被服を新調することとされた。看護婦から婦長へ昇格した場合は、継続して同じ服を使い続けるので新調費は出なかった。この服は帽子もデザインや作り方など規格が細かく決めてある品なので、衛戍病院指定の縫製所や洋服店があったものと思われる。そして採用の翌月1日から起算し、1カ月を経過するごとに「被服料乙額　3円50銭」を支給して被服の保全に努めさせた。一方で、完成品の現品支給を受ける期間は甲乙とも被服料の支給を停止する、とも規定文にはある。

この被服は水火による破損、盗難などに遭ったときは所属衛戍病院長において状況を調査し、所有者に非がなくやむを得ない原因と認定されれば貯蔵品から補給し、貯蔵品がなければ被服料甲額の範囲内で実費を支給して再新調することになっていた。とすると、前の段落で述べた被服料を給与されるか、現物支給を受けるかの違いは、彼女たちを採用した病院が貯蔵品をもっ

ているかどうかの違いだったと類推できる。

　婦長か看護婦で採用されてから、あるいは看護婦から婦長へ昇格してから、2年とたたずに罷免された場合は、着ていた被服は返納させられることになっていた。現物の返納が出来ない場合は、採用後1年未満の者であれば被服料甲額の3分の2、1年以上の者は2分の1の金額を返納させられた。返納を受けた被服は、再使用の見込みがある状態であれば、新たに採用した者へ支給したり、貯蔵品へ回したりした。「これじゃあ中古品を支給された新規採用者は不満だろう」と、その中古品ついて衛戍病院長が評定した現状価格を甲額から引いた金額を新調費として支給することになっていた。

　以上のように、陸軍看護婦用に定められていたのは白衣と外套だけで、日赤救護看護婦の紺色の制服のようなものはなかった。従って赤十字の襟留も、救護員章もなかった。陸軍看護婦は現地採用・自宅通勤が原則であり、各人が私服で登院して来て白衣へ着替えるのが前提だったからである。病院備品の外套も、病院敷地内で着る程度の位置づけだったようだ。しかし日中戦争以降は、戦地へ動員される際に「内地の港で輸送船へ乗り込む時から看護帽と看護衣を着用するように」となったので、白衣を制服に準じて着用する場面もあったらしい。

　看護婦服制は昭和17年9月12日に一部改正され、看護略帽が新たに加わった。日赤で前年に導入されたものと同じで、緩いテーパーをかけた三角形の布4枚を縫い合わせて周囲に折り返しをつけた「正ちゃん帽」である。折り返しの高さ（幅）も前面が60㌢、後面が40㌢と、これも日赤と同じ。さらに言えば官報の掲載図も日赤の服制図と同じだが、布地だけ「白色キャラコまたは類似品」だったのが日赤と異なる。これに看護帽と同じ赤十字章を前面につけ、「廉アル場合ノ外看護帽ニ代ヘ之ヲ用フルコトヲ得」と看護帽を正帽扱いにしている。fig.72は陸軍看護婦用の看護略帽で、華北地方へ派遣されていた日赤の甲種救護看護婦TRさんの所持品だった。看護被服の消耗は激しいのに日赤の追送補給が機能しなかったため、軍がストックしていた陸看用

の帽衣を日赤看護婦へ支給することは各地で行われていた。彼女の救護班の月報と照合すると、昭和19年3月24日に班員たちへ陸看用略帽などが支給されているので、これがそうらしい。日赤看護婦の略帽の支給定数は3個。TRさんが復員で持ち帰ったのも3個で、うち1個が

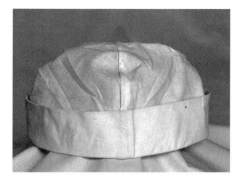

fig.72　ＴＲさんの陸軍看護婦用看護略帽

これ。定数の消耗分を陸看用で補充していたのである。

　綿キャラコ製で生地が薄いため帽周囲の折り返し部分には薄い芯が入っており、折り返した内側に芯地を固定するためのステッチが五重に入っている。服制の図説にあるような赤十字章をつけていた痕跡はない。そして汗取り布にTRさんの記名はあるが、品物の出自を示すようなスタンプ類はない。汗取り布の中には、帽子の布を三重折りして作った幅5㍉の平紐が通してある。

　陸看被服の材質と色は昭和18年12月10日に改正があり、これ以降の生産分について、看護帽は白色寒冷紗から茶褐寒冷紗に、看護略帽は「白キャラコまたは類似品」から「茶褐キャラコまたは類似品」に、看護衣も白色キャラコから茶褐キャラコへ変更された。要するに白衣の天使をやめ、ぜんぶカーキ色にしてしまったのである。空襲が激しくなったおり、敵機からの視認性を低下させる措置だった。

陸軍だから襟章は〝星〟

　話は戻るが、大正8年に初めてつくられた陸軍看護婦専用の被服規程で、襟章も定められた。日赤救護看護婦が銀色金属製の桐花章「識別章」の数で

fig.73　陸軍看護婦の識別徽章

看護婦や看護婦長などの身分を表したのと同じように、陸軍看護婦も径4分（約12.1㍉）の金色金属の星章1個を看護衣と防寒衣それぞれの左襟へつけて看護婦を、2個で看護婦長を表した。ただし日赤のような「看護婦監督」は陸軍看護婦に制度がなかったので、「星3つ」は存在しない。たんなる誤植かもしれないが、大正8年の制定時は「職別徽章」となっていて、大正12年からは「識別徽章」という名になっている。

fig.73に示した陸軍看護婦の識別徽章の現物は、大きさ約12㍉の真鍮プレス製、裏に真鍮のループがロウ付けされており、真鍮製の松葉ピンがついている。この章は後に制定される防寒衣にもつけた。日赤救護看護婦も紺色の制服や白衣に識別章をつけたが、裏がループになっていて松葉ピンで留める方式は主に看護衣用であった。陸軍看護婦用にも2種類があったのだろうか。

女子衛生兵と呼ばれた陸軍看護婦生徒

日中戦争が長引くなか、陸軍の看護婦不足は相変わらず解消しなかった。各県の医療政策担当者らを東京へ集めた昭和14年6月の「地方衛生技術官等会合」で、陸軍省医事課長の軍医大佐が「各県におかれましては看護婦の養成につき、その量的拡充と質的向上に関し特にご配慮をわずらわしたいと存じます」と要請せざるをえない状況だった。陸軍看護婦が、看護婦免状所持者に限る公募制だったからである。

公募制が看護婦定員を充当する足かせになっているとの見方は第一線にもあり、会合の前月には北支那方面軍参謀長の山下奉文中将が陸軍大臣へ意見書を送っている。看護婦を連隊区ごとの職業登録制にして各師団軍医部長が

職能を管理し、あらかじめ内地の各陸軍病院で日赤のような陸軍専用の看護婦救護班をつくっておいたらどうか——というのである。また山下閣下も意見書で示唆しているが、日赤と陸軍で奪い合うように看護婦をかき集めている状況は効率的ではない、という問題提起は陸軍省内からも出ていた。

　そこで陸軍省医務局は、山下閣下の意見書は採用しなかったが、「集まらないなら自前で養成してしまおう」という方向で検討を始めた。それもわりと早い時期で、昭和16年7月には通牒を発し「看護婦の速成教育を陸軍病院において実務教育のかたちで行う」との方針を明らかにしている。しかし制度設計ができたのは昭和19年9月になってからで、26日に省令第42号で「看護婦生徒採用及教育規則」を制定した。

　それによると生徒は志願制で、資格者は16歳以上23歳未満、身体強健にして行状方正なる者、国民学校高等科卒業以上の学力を有する者であった（なぜか実際の募集は15〜19歳だった）。夫がいる人や禁錮以上の刑に処せられた者、素行改まらざる者は採用せずとなっていた。まず「今般看護婦生徒志願ニ付御採用相成度」で始まり、本人の本籍地住所と署名捺印、保護者または後見人の本籍地住所官職と署名捺印を入れた願書に、履歴書と戸籍抄本をセットにして指定期日までに本人居住地を所管する軍司令官、師団長、連隊区司令官か最寄りの陸軍病院長へ差し出した。

　選抜は「採用検査」といい、陸軍志願者身体検査に準じた身体検査に合格した者に学科試験を受けさせた。学科試験は国民学校高等科卒業程度の国語、歴史、数学、理科で、試験責任官は（名目上だっただろうが）軍司令官か師団長で、隷下部隊付衛生部将校に採用試験臨時委員や身体検査医務官を指名し、合格者について入隊する陸軍病院へ期日と人数を通報した。軍司令官は、指揮下の各師団を通じて、病院同士の採用予定人数を融通させ合わせた。

　採用通知を受けた合格者は、保証人（たいていは保護者）に「左ハ今般看護婦生徒トシテ採用セラレ候ニ付テハ御規則厳守可致ハ勿論卒業後満二年間勤務シ決シテ自己ノ情願ヲ以テ退職申出間敷又本人ノ身上ニ関シテハ親権者

（後見人）保證人連帯保證致候也」という定型文に本籍現住所官職を記入、署名捺印した「保證書」を書いてもらい、入隊時にその人から軍司令官または師団長宛てに差し出してもらうことになっていた。入隊に際しては旅費が支払われたほか、入隊前の身体検査で「生徒タルニ堪ヘズ」となって即日帰郷を申し渡される人にも、帰郷旅費が支給された。

　身分は採用の日から陸軍傭人となり、指定された陸軍病院に配属され、そこの教育隊で約1年間、**表15**のようなカリキュラムで勉強し訓練を受けた。

　「軍隊内務」は、官給品の取り扱いや点呼、入浴、ラッパ号音による寝起きなど生活の基本動作、命令の受領・伝達の手順と方法、休暇や外出の制度と手順、各種当番や割り当て勤務の内容や注意事項、火災の予防と対処など、兵舎生活全般についてこまごま書かれたマニュアル本である。「軍隊礼式」は誰が誰に、どんな敬礼をしなくてはならないかということで、生徒たちは軍人と同様に今も警察官がやっているような挙手の礼をしていたらしい。ほかに「軍人ノ階級及服装」など、まずは兵隊に仕立てるかのような教育内容で、それから看護の基礎教育を施し、みっちりと病院で実習訓練させたのである。課外課目として「産婦人科学」をやろうとしたのは、退職後に産婆の資格をとれるようにとの配慮だろうか。在隊中も品行不正、怠惰にして改悛の見込みなき者、学業成績不良で卒業のめどなき者、傷痍疾病のため修学の見込みなき者は、教育担任官である陸軍病院長が師団長以上の許可を得て罷免した。生徒には月15円の手当金が支給され、修学に必要な器具や書籍、被服も貸与で、就学中の宿舎と糧食は官給だった。

　所定の課程を修了すると、24×30㌢の鳥の子紙でつくった卒業證署を軍司令官か師団長が付与した。これは内務省令「看護婦規則」に基づく正規のものであったので、民間の病院へ就職するときにも制度上は有効であった。しかし卒業と同時に陸軍看護婦を命じられることになっており、その後は採用時に誓ったとおり、2年間は陸軍の病院で働くことが義務づけられていた。

5　陸軍看護婦

表15　陸軍看護婦生徒教育課程表

		課　　目	摘　　　要
第1期	おおむね4カ月	一般教育 精神訓話	(1) 精神訓話は全教育期間を通じ実施するものとす
		担架教練	(2) 体操は女子の体力増強のため適当なる種目を実施す
		体操	
		軍隊内務	(3) 軍隊内務は陸軍病院内務に必要なる事項を教育す
		陸軍礼式	(4) 陸軍刑法および陸軍懲罰令は陸軍の看護婦に必要なる程度に教育す
		軍人ノ階級及服装	
		陸軍刑法	
		陸軍懲罰令	
		専門教育 陸軍病院ノ服務	
		戦時衛生要務	
		人体ノ構造及其ノ作用	
		外傷及疾病其ノ第一救護法	
		繃帯術	(1) 学科は陸軍の看護婦に必要なる程度に教育す
		患者ノ輸送	(2) 瓦斯防護は各個防護を完全に、物料防護はその概要を会得せしむ
		瓦斯防護	
		看護	
		按摩術	
		消毒法	
		調剤術	
		衛生材料	
		衛生法及救急法	
第2期	8カ月おおむね	第一期教育課目ノ補習	(1) 病院付勤務の実地に就き習熟せしむ
		病院付勤務	
備考			(1) 第2期は実地勤務のかたわら教育するものとす (2) 本表のほか第2期において課外課目として産婦人科学を教育するものとす (3) 本表のほか課外課目として適宜情操教育を行うものとす

　規則発令2日後の9月28日には省令で「昭和十九年度採用スベキ看護婦生徒ヲ左ノ各号ニ依リ召募ス」と募集要項が公示された。召募エリアは内地と朝鮮、台湾、関東州を含む満州で、志願者年齢は大正13年12月2日〜昭和3年12月1日生の者、願書差し出し日は昭和19年10月末日まで。採用検査は10月下旬〜11月上旬。採用試験は時間がなかったのか間口を広くしたかったのか、規則で定めた学科試験はやめ、身体検査と口頭試問だけとした。身体検査は筋骨薄弱程度なら合格とし、その下の甚だしく薄弱は不合格、視力も矯正で0・7以上あれば良しとした。志願者の提出書類は、願書と履歴書、戸

283

籍抄本に、最終学校長または在学校長が発行する成績証明書が加わった。

　10月11日にも関係者へ向けて具体的な募集・教育方法を示した「昭和十九年度看護婦生徒採用竝ニ教育ニ関スル件通達」が陸密で出された。

　まず示されたのは、**表16**の「採用スベキ看護婦生徒人員表」である。

　これによると総数1950人。この採用者を各軍司令官が隷下各師団の陸軍病院へ割り振ったのである。この通達では規則で定めた採用者に対する入隊前の身体検査も省略することになった。教育開始時期は11月中旬。生徒たちは教育隊に編成され、軍隊内務令と陸軍病院服務規則に準じた日常生活を送ることになった。

　教育隊には、本来は通勤とされる看護婦長および看護婦の在勤者から担当を決めて配属し、生徒と一緒に官舎で起居させた。ただし内務班長に任じるための看護婦の増員は認められなかった。生徒官舎は借り上げた施設を充てて、宿舎内の諸施設は教育および内務のために必要な程度で整備するとした。生徒には「生徒食」が給与され、主食が玄米380㌘、精麦120㌘。おかずである賄料は、その病院の営内居住衛生下士官の定額（一般的には30・9銭）によった。生徒と寝食を共にする担当看護婦たちには、実費徴収で生徒食が給食された。もし生徒が病気になった場合の治療費も官費とされた。

　こうして昭和19年度には15〜19歳の少女たちが入隊したが、教育規則で定めた教育期間の約1年を5カ月へ大幅短縮され、昭和20年4〜5月に卒業して各陸軍病院へ配属されていった。たとえば満州・興城第一陸軍病院の第1期生120人は、昭和19年11月から教育を受けて昭和20年4月に卒業し、さっそく興城、奉天、金州、大連の各陸軍病院へ配属された。

　以上が昭和19年度の1期生に関する規定と状況だったが、2期生募集のため昭和20年3月3日、「昭和二十年度採用スベキ看護婦生徒ヲ左ノ各号ニ依リ召募ス」が公示された。前年度の募集要項とは日程が異なるだけで、あとはほとんど同じである。同月24日にはこれも前回と同様に関係者向け「昭和二

5　陸軍看護婦

表16　陸軍看護婦生徒19年度募集割り

	軍　別	採用人員	備　　考
昭和十九年度	東部軍（関東、甲信越）	650	(1)　本採用人員は状況により増減することを得 (2)　朝鮮軍、台湾軍および満州軍にありては朝鮮人、台湾人を採用することを得。ただし採用人員の2割以内とする。
	中部軍（中部、近畿）	500	
	西部軍（中国、四国、九州）	300	
	北部軍（樺太、北海道、東北）	100	
	朝鮮軍	100	
	台湾軍	100	
	関東軍（満州、関東州）	200	
計		1950	

表17　陸軍看護婦生徒20年度募集割り

	軍管区別	採用予定人数	備　　考
昭和二十年度	北部	100	(1)　朝鮮軍管区、関東軍管区および支那派遣軍にありては各軍司令官（総司令官）適宜これを定めるものとす。 (2)　各軍管区の本表採用予定人員は状況により増減することを得。 (3)　朝鮮、台湾、関東軍管区および支那派遣軍にありては朝鮮人および台湾人を採用することを得。
	東北	150	
	東部	500	
	東海	200	
	中部	350	
	西部	500	
	台湾	200	
計		2000	

十年度看護婦生徒採用並ニ教育ニ関スル件」が達せられた。20年度は「採用予定者人員」との表記で、募集担当も防衛軍単位から軍管区単位となった（**表17**）。軍管区というのは部隊ではなく軍政の所管区域だが、受け持つ地域は部隊と同一になっていた。募集については前年度に引き続き新聞が告知記事を載せており、東京朝日新聞は24日付で「陸軍女子衛生兵募集」の見出しをつけた。

　20年度から支那派遣軍においても看護婦生徒の募集と教育をすることになり、朝鮮半島や関東軍管区では特に採用予定人数などを定めないで軍司令官のフリーハンドとした。生徒の教育開始は4月中旬以降とされ、実際には5月初めからスタートした。教育方法や生徒生活は前年度と同じである。しかし教育半ばで終戦となり、生徒隊は9月初めまでにすべて解散した。

285

・看護婦生徒の服装

　生徒たちの被服は、昭和19年度の「看護婦生徒採用竝ニ教育ニ関スル件」で定められた。いずれも貸与品で、看護帽または看護略帽、看護衣、上靴、寝具（毛布）など――で、帽衣の制式は大正8年に制定された陸軍看護婦長及看護婦服制と同じとされた。

　生徒たちには白衣以外の制服も設けようとしていたのか「生徒ノ制服ハ別ニ定ムル所ニ依ル」と書かれているものの、その別に定めた規定文を発見できていない。世に出ている手記や証言によると、下士官兵用の略帽と防暑衣、夏襦袢、袴下、布靴（親指が割れていない軍用の地下足袋）は支給されていた。軍袴（軍服のズボン）はなかったようで、各々もんぺで代用したものらしい。

　「関スル件」によると看護衣左襟の襟章は、看護婦生徒も陸軍看護婦と同じ金色金属製の星章「識別徽章」1個だった。ただし、その左側（外側）に「生徒」と書いた片布を付けて看護婦と区別することになっていた。

fig.74　襟章

　fig.74は、その襟章で、製造工程を省略するため絹織り出し式になった兵士用の階級章を小さく切り、廃品になった大正時代ごろの下士官兵用外套の切れ端に縫い付けてある。片布はスフで、「生徒」の文字がプリントの量産品。元生徒の遺品の襟章をご家族から見せてもらったことがあるが、「生徒」が縦書きだったほかは、同じ材質

左襟に二等兵の階級章をつけた看護婦生徒ら

で同様に作られていた。とはいえ、例示品は出所不明なので、イメージ品としてご覧頂きたい。いずれにせよ、戦争末期で襟章に使う素材の真鍮が払底し、といって専用の襟章を布織り出しで作ることもしなかったのか、兵士用の階級章を手作りで加工して間に合わせてあるのだ。台布がカーキ色なのは、すでに看護衣は規定で茶褐色なっていたし、軍服にも付けたからではと推察する。

　陸看生徒の襟章を兵士の階級章で間に合わせていた例は他にもあり、前出の興城第一陸軍病院の生徒たちは、昭和18年に制定された二等兵の階級章の左襟用をそのまま流用していた。

・看護婦生徒の生活

　これは手記から類推するほかない。以下は代表例で、昭和20年3月に岡山陸軍病院へ陸看生徒2期生として入隊した、当時18歳の女性の手記である。

　「見送りの母たちと別れると、すぐ制服が支給されました。軍服と戦闘帽、えりには白い襟布。私たちはキャッキャッとさわぎながら、いかにかわいらしく、いいかっこに着るか、いっしょうけんめいだったことを思い出します。翌日から訓練が始まりました。毎朝、軍人勅諭を唱和し、敬礼のやり方、銃剣術、行軍……。まったく軍隊と同じでした（中略）外での訓練には編上靴を支給されましたが、私の九文の足に合う小さな靴はいくらさがしてもありません。仕方なく、くるぶしのところを紐でしめあげての行軍。靴の中で足がおどっていました。くるぶしのところは水ぶくれができ、やがて血がにじみ赤くはれあがっても、やめるわけにはいかないのです。重たい担架教練は、銃剣術とともに、人一倍身体のちいさな私には大変な重荷でした」（『私たちと戦争2』　戦争体験を記録する会、1977年）。彼女たちは山の上の寺にある宿舎から、病院へ通勤していたようである。ここに出てくる「軍服」とは、茶褐雲斉製の下士官兵用防暑衣と思われるが、白い襟布を付けて着ていたことがわかり興味深い。

女学生も総動員…陸軍特別看護婦

　昭和18年12月、文部省と厚生省は「女子中等学校卒業者ニ対スル看護婦免許ニ関スル件」を公示した。看護に関する科目計600時間（実地修練300時間を含む）を履修した高等女学校など女子中等学校卒業者に看護婦免許を与えるというものである。

　昭和13年4月に公布された「国家総動員法」をもとに、昭和16年8月の「労務緊急対策要領」で16〜22歳の女子も労働力として登録されて学生生徒も勤労動員の対象となり、同年11月には女子生徒が「国家総動員上必要な衛生または救護」などへ、パートタイムではあったが従事させられることとなった。昭和18年6月には「学徒戦時動員体制確立要綱」が閣議決定され、「中等学校以上の女子学徒に対し看護その他保健衛生に関する訓練を強化し、必要に際し戦時救護に従事せしむるものとし之がため必要なる施設を整備す」と盛り込まれた。つまり中等女学校の生徒も「銃後の戦時救護に従事するは勿論、さらに場合によっては前線にも出動し得る」こととなったのである。さっそく7月に5日間、日赤中央病院と大阪赤十字病院で「女子中等学校救急看護指導者練成講習会」が開かれ、生徒を訓練する立場におかれた学校教員たちが「体育教育における救急救護」「家政科教育における救急救護」や繃帯法、人工呼吸法、患者運搬法、防毒面および防毒衣装着法などを受講した。

　冒頭の「女子中等学校卒業者——」の通達は、これに基づいた教育を行う女学校を内務省令「看護婦規則」の指定校とし、看護婦資格試験を免除にして、日赤の養成所のように卒業と同時に免状がもらえるということにした。このとき打ち出されたカリキュラムは**表18**のような内容だった。

　しかし、この制度による指定校化は指導者不足のためあまり進まず、今度は「中等学校教育内容ノ戦時措置ノ要項」が昭和19年2月に出されて、女子学生に対する救護訓練の徹底が図られることとなった。そして看護婦の資格

5　陸軍看護婦

表18　指定校看護婦教育課程表

科　　目	規定時間	内実習時間
解剖学及生理学	70	
急性及慢性伝染病予防	40	
母性及乳幼児衛生	50	30
衛生学大意	20	
栄養及調理	60	30
一般看護法	40	
各科ノ主ナル疾病ト其看護法	100	計70
消毒方法	20	10
繃帯術及治療器械取扱法	40	20
救急処置	50	35
治療及手術介助	100	100
医薬品及調剤大意	10	5
計	600	300

　年齢を17歳から16歳へ引き下げる一方で、厚生省は、女子中等学校を卒業するか地方長官がこれと同等以上の学力があると認めた生徒には、3カ月以上の看護教育で看護婦試験を受けられるようにしたのであった。看護婦試験の受験資格が生じる必要修練期間としていた従来の1年間を4分の1ほどにしてしまったのだ。ただ、こうした制度で、どれだけの女子生徒が看護婦免状を取得したのかは不明である。

　免状のある看護婦に仕立てるか、下働きの看護助手とするかはともかく、現役女学生を病院で速成して戦時救護に従事させることのできる制度が整ったのを背景に、昭和19年12月、軍と沖縄県は看護訓練の強化を各女学校へ要請。沖縄師範学校女子部と県立第一高等女学校の生徒たちは昭和20年3月から、南風原陸軍病院に通わされ訓練を受けた。そして米軍の艦砲射撃が始まった翌日の3月25日、生徒たちは南風原陸軍病院へ集められ〝入隊〟したのであった。

　証言記録などによれば、彼女たちは国防色の看護衣または下士官兵用の夏襦袢（シャツ）と、編上靴（軍靴）または地下足袋、ゲートル、日用品若干などを支給されたという。動員後のことだが、米軍が上陸する2日前の3月30日深夜、沖縄師範学校女子部と沖縄県立第一高等女学校の合同卒業式が兵

289

舎で挙行された。そこで在校生の身分は動員学徒のままで、卒業して学徒で
なくなった者（一高女の卒業生は師範女子部への進学を認められた者を除
く）は、軍属として軍に雇用する措置がとられた。在校生も採用とする話が
あったそうだが、生徒たちの「学徒として国難に殉じたい」という熱意が通
されたという。その学徒も、死亡すると「一般民で軍に協力する者が死傷し
た場合は軍属として取り扱うことができる」という陸軍の内規に従って、軍
属（雑仕婦）とする人事処理がなされた。

　死亡日付で日給1円10銭という辞令だったが、実際に支払われたわけでは
なく、将来の補償などを見越した学校側の要望に軍が応じたものとのことで
ある。ほかにも沖縄戦の終結までに嘱託の身分を命ぜられた生徒もいたそう
で身分については雑然としたが、戦後になり、全員が軍属（文官ではない。
おそらく傭人扱い）だったという政治判断がされている。

　沖縄への本格的空襲が始まったのは3月23日だったが、この日、政府は本
土決戦を想定した「国民義勇隊組織ニ関スル件」を閣議決定、これをベース
に4月13日には「国民戦闘組織ニ関スル件」が決定されて、15～60歳の男性
と17～40歳の女性は国民義勇戦闘隊に編成されることになった。6月22日に
は「義勇兵法」も公布。終戦直前、もはや学業を奪われた女学生には、軍需
工場で働きながら竹槍などで武装した民兵となるか、特別看護婦になるかの
選択肢しかなかったのである。

6
海軍看護婦

海軍にも陸軍と同様、直接雇用した軍属としての看護婦たちがいたが、陸軍看護婦と比べほとんど資料が残されていない。制度の発生時期も不明だが、横須賀海軍病院を拡張工事する際に海軍省が発した1919（大正8）年11月の指示文書に、すでに病院敷地内へ看護婦宿舎の建設が決まっているが――といった記述があることから、陸軍と前後して雇用制度を始めたものと類推できる。陸軍看護婦は現地採用・自宅通勤が原則であったが、こちらは都心から離れた軍港地なので宿舎の配慮が必要だったのだろうか。別の文書では「備入」枠が病院の「看護科代員」となっているので、制度の創設動機も陸軍と大同小異であったらしい。なお、海軍では「海軍看護婦」ではなく「海軍病院看護婦」と称したが、本章では便宜上、海軍看護婦を用いる。

やっぱり軍艦には乗務できなかった

　陸軍と比べ海軍の看護婦の資料が少ないのは、看護婦導入に際し陸軍が独立した規則を設けたのに対し、海軍はもともとある雇員備人規則の職種に看護婦長と看護婦を加える形で済ませていたことが大きな理由と考えられる。法規類を遡って調べてみると、海軍で女性が雇用されるようになったのは、大正9（1920）年3月8日付官房777号「女子ヲ雇員備人ニ使役シ得ル件」あたりだったようで、このとき採用が認められたのは筆生、裁縫手、洗濯夫、賄夫、定夫、電話手、給仕、倉庫手の8職種だった。看護婦は入っていないが、前述の指示文書との整合性を考えると、それから間もなく看護婦長と看護婦も加えられたとみられる。ちなみに海軍における女子の雇用は、その後、調剤助手、兵器手、烹炊手、製剤手、配給手などが加わり、太平洋戦争末期の女子学徒動員にいたって活躍（？）の場が広がってゆく。ただ、各要港部や司令部などを除く実質的な「艦船部隊」は女子を使役してはならないとも定められていた。勤務として「軍艦に女を乗せない」は規則だったのである。看護婦関連の法規は大正15年までに整えられたが、この段階で看護婦長の配置は病院と軍医学校、看護婦は病院と軍医学校の他、燃料廠と舞鶴要港部が

あった。いずれも採用は軍医または指定された医師による身体検査を合格した者に限られ、禁錮以上の刑に処されたことがある者、品行不正の者などは採用されなかった。雇用される期間は婦長の属する雇員が18歳〜55歳、看護婦が属する備人が16歳以上55歳以下だった。とはいえ内務省制定の看護婦規則で免状を得られるのは18歳以上だったから、実際に採用される年齢はそれ以上ということになる。なお大正時代は、日赤出身の人材を日赤へ求めていたが、昭和10年ごろまでには公募制となり、出身養成所を問わず、看護婦免状所持者であれば採用されることになったとみられる。

　採用後の看護婦長の身分は雇員、看護婦は備人であった。前にも述べたとおり陸海軍を問わず軍属であっても文官ではない雇員備人のサラリーは、俸給と呼ばず給料と言ったが、昭和15年ごろまでの看護婦長の給料は雇員最高額の月給85円が上限、看護婦は備人4等級の日給2円30銭が上限と定められていた。日給者は前月16日から当月15日までの勤務日数に応じて月末にまとめて支払われた。結核病棟勤務には日額10銭などの手当があった。昭和15年以降、看護婦長と看護婦の配置は病院、軍医学校、工廠、技術研究所、火薬廠、燃料廠、要港部となった。このほか海軍省経理局の資料を見ると、身分や給料、手当などに大きな変遷はない。おおむねこの制度で日中戦争前半まで海軍看護婦たちは働いていたのだった。

〝笠戸丸人事〟に見る海軍看護婦の実態

　1927（昭和2）年6月、海軍が大阪商船の客船笠戸丸（6011㌧）を徴傭して改装し、病院船として就役させた際、看護要員の乗組員に各鎮守府（軍港を擁して所管する海面を防備し、所属する艦艇の統率、補給、出動準備、兵員の徴募、訓練補充などにあたる海軍の根拠地で、当時は横須賀、呉、佐世保があった）の海軍病院から看護科の下士官兵計45名を差し出させた。このとき各病院で発生した欠員を補充するため、まさに看護科代員として日赤出身の婦長3人、同じく看護婦42人を雇用したことがある。

293

少なくともこのころの海軍病院には、軍属として雇用する看護婦の定員
（定数）が設定されており、定員以外の臨時雇用の看護婦や結核病棟勤務の看
護婦は、看護婦協会の派遣看護婦で間に合わせていた。

　この「笠戸丸人事」で病院看護科下士官兵に一時替ったのは、横須賀海軍
病院が婦長1と看護婦11、呉海軍病院が婦長1と看護婦16、佐世保海軍病院
が婦長1と看護婦15であった。いずれも日赤救護看護婦を紹介してくれるよ
う、日赤社長へ文書で要請している。

　要請文によると待遇は婦長の月給が73円、看護婦が58円で、それぞれに夜
間宿直料18銭がついた。これは初任給だったのか、海軍省の別の文書では横
須賀海軍病院の昭和11年の看護婦給料が日額で最高1円28銭、最低でも1円
2銭、平均1円10銭とある。いずれにせよ看護婦の額は前記の日給の範囲内
である。

　要請文には、前述の宿舎のことだろうか、「海軍病院ニ宿泊スルモノトス」
ともある。基本的な勤務時間は「普通官庁ノ執務時間ト同ジ」で午前8時～
午後4時（盛夏期除く）、様態は現在勤務の海軍病院看護婦と同じくするとさ
れた。食事は兵食の支給を受けたが、食費自弁の決まりだったので実費を払
わされたらしい。

　ところで海軍病院には、どのくらいの看護婦がいたのだろうか。陸軍のよ
うな定員表を見つけることができなかったが、昭和20年9月、三浦半島先端
部にある海軍野比病院を連合国軍へ引き渡す際に作成された施設一覧表を見
ると、「看護婦寄宿舎」が2棟あり、収容人員140となっている。もちろん、
戦時中に派遣された日赤救護班員の分も含まれていたはずだが、けっこうな
人数である。外来患者も受けていた海軍軍医学校診療部の昭和6年の文書だ
と、内科、外科、産婦人科、皮膚泌尿科、耳鼻咽喉科、眼科、歯科で看護婦
は各1人しかいなかった。ふつうに考えて、これでは休診日しか休めず大忙
しだっただろう。

「南洋じゃ倍給」―太平洋戦争期の看護婦

　昭和16年12月のハワイ真珠湾攻撃でいわゆる太平洋戦争が始まると、戦争は海軍が主役に躍り出た。そこでこれからは戦争もたけなわで、比較的まとまった資料が残る昭和18年当時の海軍看護婦に絞って記述していく。

まず従前から最も変化したのは彼女たちの身分で、その区分が看護婦長＝雇員、看護婦＝傭人長となった。では傭人はというと、新たに「補習看護婦」「見習看護婦」が職種に加わる。海軍では看護婦養成所の生徒を見習看護婦と呼んだが、昭和19年にはさらに「養成看護婦」も並んで登場する。補習看護婦とは何か、研究が至らずよくわからない。いったんリタイアした看護婦という意味だろうか。

　資料が断片的なので昭和17年ごろと推定するが、それまで雇員と傭人だけの区分だったのが、雇員長、雇員、傭人長、一等傭人、二等傭人とに細分された。階級はあくまで雇員と傭人のままで、細分化されたのは等級と称された。主に経理関係の法規に出てくることから給料や処遇のランクと思われる。昭和15年当時で雇員は10職種、傭人は40職種であったが、未曽有の大戦争で様々な局面が発生したためであろう、従来の雇員の給与区分欄は昭和18年に「雇用員、傭人長」となり51職種に膨れあがっている。当然、人数も爆発的に増えたはずで、様々な技術や資格、採用前職業の人たちが入ってきたため、これらに応じて待遇を細分化する必要がったらしい。なお海軍には終戦まで、陸軍のような文官（官吏）である判任官の看護婦長は制定されなかった。

　話は少しそれるが、海軍になぜ看護婦養成所の生徒がいたのかというと、昭和初期から海軍共済組合の病院や共済会診療所が独自の看護婦養成所を設けていたのに由来する。彼女たちは卒業して看護婦になったら共済組合の専従職員として組合病院で働くことになっていたが、昭和13年から、卒業者を工廠や燃料廠、火薬廠、要港部、技術研究所でも働かせることが出来るよう

になったため、生徒も海軍の職員として海軍が給料を払うようになったということらしい。おそらく日中戦争が本格化して陸軍同様、看護婦不足に悩んだ海軍が、養成所の卒業者を海軍でも雇用できるようにしたのではないだろうか。

身分の変更によって、給料区分も変わった。雇員の中でも最高ランクの看護婦長は月給110円以内、備人長の看護婦は月給制に変わって85円以内となった。「備人長ヲ除ク備人」の補習看護婦は日給1円50銭、見習看護婦は同1円20銭以内となった。定期昇級は、該当すれば4月1日と10月1日の年2回で、採用後6カ月たってから対象になった。

さらに遠隔地手当ということであろう、「北緯37度以南ノ朝鮮」在勤者には給料の5割、「37度以北ノ朝鮮」と台湾、当時日本領だった樺太（南部）、関東州の在勤者は6割、満州は8割、南洋群島では10割の増額があった。朝鮮半島における北緯37度とは、かつて南北朝鮮を分断した38度線より100㌔ほど南である。南洋群島とは第1次世界大戦の結果、日本の信託統治領となった北マリアナ諸島などミクロネシアの島々だ。

結核病棟に勤務する手当は月額となり、5円50銭以内と値上げされた。また、なぜか看護婦長になく看護婦が対象の給料枠があって、特に勤務環境が劣悪だったのか危険な事情があったのか、第5海軍燃料廠（平壌）の勤務者は月135円だった。同廠は旧の海軍燃料廠平壌鉱業部で、すでに大正11年から1日3円60銭となっていた。いずれもここの場合は、朝鮮半島北緯37度以北の遠隔地手当に相当する増額は除外とされた。

陸軍とは違う独自の服制

海軍の看護婦も陸軍看護婦と同じように勤務服、つまり看護帽や白衣しか制定されていなかった。陸軍看護婦では日赤にならって看護衣と呼んだが、海軍看護婦では「看護婦長看護婦事業服」が正式名称だった。海軍雇員備人

被服規則ではこれが制服に分類され、大正9年ごろ同規則に改正追加されたと類推される。白色キャラコ製、立ち襟のワンピースで、白角ボタンで襟や前開きを留めた。これに日赤などと同じように、長さ7尺（約212㌢）、幅1尺4寸（約42.5㌢）白キャラコ布を4つ織りにした帯を締めた。このスタイルだと日赤のような帯留めが必要だが、規定にないということは私物でも良かったのだろうか。

　fig.75が公式図で、全体のデザインは日赤の看護衣と酷似しているが、右腰にポケットを兼ねたボタン留めの裂きがあること、スカートの裾に3本の線が入っているのが特徴である。

　この3本線は、それぞれプリーツのように下方へ襞折りしてミシン留めしたもので、当時、民間の看護婦白衣で流行していた飾りであった。

　帽は「地質白『キャラコ』製　図ノ如シ」とあるだけで、その図を見ても実物がイメージしにくい独特な形をしている。なお、太平洋戦争中は、日赤出身者は例の正ちゃん帽、一般看護婦出身の人は白布の三角巾をかぶること

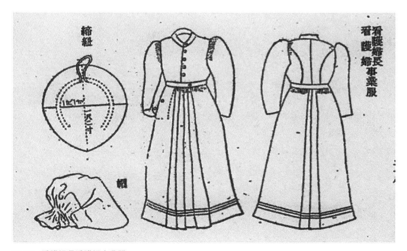

fig.75　看護婦長看護婦事業服

になっていた——という元海軍看護婦の手記もある。靴は「半靴」で、黒革製とあるが図はない。「庁内ニ在リテハ草履ヲ用フルコトヲ得」とされていた。靴下も規則にないが、病院などの内規で白色長靴下などと決められていた可能性はある。全体的にいかにも大正期のデザインで、日赤では昭和16年に看護衣を新型にマイナーチェンジしているが、海軍では少なくとも昭和19年まで、この規定文と図が通用していた。

　徽章は赤十字も何もなく、規定されているのは看護婦長を示す襟章だけ。立ち襟の前方両側に、緋色ラシャ製で直径6分（約18㍉）の桜花章を1個ずつ付けることになっていた。

　看護婦事業服は、雇い主の海軍病院などから被服料を手当されて自分で用意する物であった。その初度手当は「看護婦長、女子傭人」という区分で一括6円。自費で買わせて還付するということか、初めて採用されて2カ月たってから支給されることになっていた。その後も保続手当として年額6円が4〜9月分、10〜3月分に分けて、それぞれ9月と3月に支給されることになっていた。「職務上避クヘカラサル事故」でなくしてしまったり、使えなくなるくらい破損させてしまったりした場合には、初度手当の金額内で臨時手当が支給された。

　先の病院船笠戸丸の人事で補欠採用された看護婦たちも、これまで述べた制度によるのであろう、被服は海軍病院へ到着するまでに「白地看護衣及看護帽ヲ携帯スルコト」となっていて、2カ月以上勤務する人に限り6円の被服手当が支給された。保続手当は、採用後から毎月50銭ずつの支給になっていたのが規則と異なる。

　しかし公式図と同じ白衣を市井で探し回ったり、看護婦たちが個人であつらえさせたりしていたというのは、ちょっと考えにくい。おそらく各海軍病院などの指定の業者があって、そこが制作したものを買わせていたのではないだろうか。事実上の有料支給の状態だった可能性もある。昭和17年5月には官房第3161号で、これら事業服や帽、靴は貸与されることになり、被服保続手当は支給されなくなった。この規定の発効時点で、すでに初度手当を受

けて1年以内の人は除外された。貸与制服は、海軍省で一括契約され、各庁（工廠や病院など）で整備保有することとされていた。

　看護婦たちが事業服を用意しなければならなかったころは、「各庁艦団部隊の長」が看護婦らの被服所持定数を定めて、毎年2回は定数通り所持しているか点検する決まりだったが、事業服を貸与するようになってからは、この規定は消滅した。

　ところで、この看護婦事業服だが、海軍でこの格好をしたのは看護婦だけではなかった。洗濯夫、給仕だけでなく倉庫手や兵器手まで様々な分野で海軍が女性を雇用していたのは先に述べたが、看護婦を除くと、女性傭人で専用の制服は「電話手（女子）事業服」だけだった。袖にゴム紐の絞りを入れた黒繻子の単衣（昭和期にキャラコ製の夏事業服ができた）で、「女給仕」もこれを着用する定めだった。そして、その他の職種の女子傭人は「看護婦長看護婦事業服ノ制式ニ準ズ」となっていた。要するに無徽章の同じような服装をさせていたということになる。

7
その他の従軍看護婦

日中戦争初期、戦地の中国人らを救護するため財団法人同仁会が、医師や看護婦を派遣したことがあるほか、南満州鉄道（満鉄）や南洋興産など中国大陸や南方へ進出した企業にも診療所や病院があり、看護婦を雇用していた。また陸海軍それぞれの共済組合は共済病院も運営しており、看護婦を雇うだけでなく養成もしていた。工廠など陸海軍の一部官衙も同様で、陸軍造兵廠付属病院では看護婦を養成していた。こうした看護婦たちも、ある意味では従軍看護婦であり、特に満州地域では戦火に巻き込まれた人も少なくはなかった。

　終戦後のインドネシアで、解体される日本の軍政監部が、働いていたタイピストら女性傭人、邦人女性を看護婦として現地採用して、復員する日赤救護班へ混ぜ込み、彼女たちの身の安全を図ろうとしたことがある。当然、この人たちに看護の技能や知識はなく、日赤の記録では「ポツダム看護婦」と称されている。ここでいうポツダムとは、連合国が日本へ無条件降伏を要求し日本の敗戦を決定づけた「ポツダム宣言」のことだが、8月15日以降、陸海軍省が存続した11月30日までの間に進級あるいは任官した軍人を「ポツダム少尉」などと呼んだのにちなんだらしい。軍人らについては退官手当や恩給への便宜で進級させたが、当然ながら「ポツダム看護婦」に看護婦の資格が与えられたわけではない。

　なお、手記などで出てくる「特殊看護婦」は、いわゆる従軍慰安婦のことを指すようだ。もちろん陸海軍の看護体制に正式に組み入れられていたものではないが、そうではあっても軍は、連合軍の攻勢で戦線が崩壊すると、ビルマ戦線では居合わせた慰安婦たちを補助看護婦としてタダ働きさせたし、サイパン島の戦闘では避難民の邦人女性を病院で働かせていた。こうした「この際だれでも」という看護婦扱いが、とかく戦後の戦争被害論争をややこしくしている一要因なのは間違いないだろう。

〈付録〉

救護員ニ賜ハリタル御諭旨

日本赤十字社ハ

天皇皇后両陛下眷護ノ下ニ立チ政府ノ監督ヲ受ケ海外各社ト同盟聯伍スル所ノ国体
ニシテ其目的ハ戦時ノ傷者及病者ヲ救護スルニ在ルヲ以テ国家有事ノ日ニ方リ其任
務ヲ全クスルハ専ラ救護員ノ力ニ頼ラサルヲ得ス是レ本社カ年来救護員ノ準備ニ務
メ其選択養成ニ苦心スル所以ナリ

明治二十七八年ノ戦役ニ於テ軍衛生部ノ事業を助ケ両陛下ヨリ優渥ナル勅語令旨
ヲ賜ハリ又三十三年ノ北清事変ニ際シ彼我ノ患者ヲ救護シテ広ク内外ノ称賛ヲ受ク
尋テ三十四年勅令ヲ以テ日本赤十字社条例ヲ発布セラレ救護員ハ軍人ニ准スルノ待
遇ヲ得本社ノ光栄洵ニ大ナリト雖モ其責任モ亦重キヲ加ヘタリ況ヤ赤十字条約ヲ海
戦ニ応用シ事業ノ範囲為メニ広汎ヲ致ス救護員タル者ハ其職責最モ重大ナリト謂フ
ヘシ因テ茲ニ其要項ヲ示シテ遵守スル所ヲ知ラシム

一、篤ク本社ノ主旨ヲ体シ
　　天皇皇后両陛下一視同仁ノ聖意ヲ奉シ忠愛ナル衆社員ノ心ヲ心トシ勤勉以テ其
　　職ヲ盡スヘシ
一、陸海軍ノ衛生勤務ヲ幇助スルニ当リ能ク法令規律ヲ守リ服従敬礼ノ道ヲ失フヘ
　　カラス
一、患者ヲ救護スルハ彼我ノ別ナク懇篤深切ヲ旨トスヘシ
一、品行方正ニシテ風紀ヲ保持シ艱苦ヲ忍ヒ缺乏ニ耐ヘ能ク其任務ヲ全クスヘシ
一、各其分限ヲ守リ同心協力以テ全体ノ効績ヲ挙クルコトニ勗ムヘシ

以上数項ノモノ一モ之ヲ闕クコトアラハ戦時救護ノ目的ハ完全ニ達スルヲ得ヘ
カラス救護員タル者ハ常ニ此旨ヲ服膺シ至誠以テ報效ヲ図リ本社ノ光輝ヲ発揚
セムコトヲ望ム

　明治三十六年十二月十八日

　　日本赤十字社総裁　大勲位功四級　載仁親王

8
日赤戦時救護班960班の足跡

日赤戦時救護班 960 班の足跡

　基資料は日赤社史稿第5巻。班番号は前後してしまうが、派遣次数の順番
で、派遣根拠となる令達ごとにまとめ直した。【】内の数字が派遣次数。【10】
なら「第10次派遣」という意味である。軍側の派遣要請の理由がわかったも
のについては、概略も併記した。

　表記方法：班番号①編成支部または本部。カッコ内は編成支部または本部
へ要員を提供した他の支部があった場合②編成人員（単位は人）③班の編成
年月日④解散年月日。継続中とあるのは、昭和20年末までに未帰還、あるい
は任務を解かれていない班⑤配属先。昭和15年以降の資料には部隊名しか書
かれていないが、できるだけ場所を調べた。班のほとんどは何度か転属して
おり、判明したのはおおむね当初の派遣先か最終所在地だった。また同じ病
院でも、戦時中に名前が何度か変わっている。たとえば昭和11年11月にハル
ビン衛戍病院から改名したハルビン陸軍病院は、昭和17年9月にハルビン第
1陸軍病院、昭和20年6月に関東軍第56陸軍病院となった。昭和15年以降の
通称号だと満州第7部隊。しかし本編では、とりあえず判明した名称を使わ
ざるをえず、表記がばらばらになっている。

【1】陸支密93（昭和12年7月28日）陸軍部隊動員下令にともなう
臨1①本部②46③12・8・1④15・4・11⑤病院船あめりか丸
10①大阪②32③12・8・3④15・4・13⑤病院船六甲丸
14①兵庫②24③12・8・3④15・4・13⑤病院船六甲丸
64①鳥取②24③12・8・3④15・4・13⑤病院船六甲丸
68①岡山②26③12・8・3④15・4・12⑤病院船六甲丸
72①山口②24③12・8・3④15・4・13⑤病院船あめりか丸→パシフィック丸
173①広島②23③12・8・3④15・4・10⑤病院船あめりか丸→パシフィック丸
【2】陸支密272（昭和12年8月14日）陸軍部隊動員下令にともなう

3①京都②29③12・8・20④14・4・11⑤病院船興安丸→竜口丸

22①群馬②28③12・8・20④14・2・10⑤病院船扶桑丸→泰山丸→三笠丸

28①栃木②26③12・8・20④14・4・7⑤病院船興安丸→竜口丸

34①愛知②29③12・8・20④14・2・7⑤病院船笠置丸→波上丸→摩耶丸

36①静岡②27③12・8・20④14・2・8⑤病院船笠置丸

44①長野②29③12・8・20④14・2・10⑤病院船扶桑丸→泰山丸→三笠丸

66①島根②28③12・8・20④14・4・6⑤第5病院船→景山丸

78①香川②29③12・8・20④14・4・7⑤病院船三笠丸

80①愛媛②28③12・8・20④14・4・7⑤病院船三笠丸→波上丸→あめりか
　丸など

90①熊本②27③12・8・20④14・4・7⑤病院船景山丸

94①鹿児島②25③12・8・20④14・5・6⑤病院船景山丸

臨2①本部②31③12・8・20④14・5・8⑤病院船景山丸

【3】陸支密385（昭和12年8月19日）関東軍管下の陸軍病院幇助のため

臨3①関東州委員部（本部ほか15支部）②24③12・8・20③15・4・12⑤満
　州承徳陸軍病院

178①満州委員本部②24③12・8・23③15・4・12⑤満州奉天陸軍病院

179①満州委員本部②24③12・8・27③15・4・12⑤満州興城陸軍病院

【4】海軍官房4353（昭和12年8月22日）

16①長崎②24③12・8・26④20・10・15⑤佐世保海軍病院

17①長崎②23③12・8・26④20・10・15⑤佐世保海軍病院

【5】海軍官房4398（昭和12年8月25日）

12①神奈川②24③12・8・28④継続中⑤久里浜海軍病院

70①広島②24③12・8・28④20・11・30⑤呉海軍病院

【6】陸支密489（昭和12年8月26日）病院船勤務者必要のため

1①東京②24③12・8・30④14・4・28⑤病院船三笠丸→春晴丸→瑞穂丸

26①茨城②26③12・8・30④14・4・30⑤第11病院船→三笠丸→春晴丸→
　瑞穂丸

32①三重②29③12・8・30④14・8・14⑤第30病院船→はるぴん丸

40①滋賀②28③12・8・30④14・8・13⑤第30病院船→はるぴん丸

42①岐阜②24③12・8・30④15・4・11⑤第12病院船→おれごん丸

50①岩手②23③12・8・30④14・5・1⑤第11病院船→三笠丸→春晴丸→瑞穂丸

56①秋田②27③12・8・30④14・5・1⑤第11病院船→三笠丸→春晴丸→瑞穂丸

58①福井②26③12・8・30④15・4・19⑤第12病院船→おれごん丸

60①石川②23③12・8・30④15・4・12⑤第12病院船→おれごん丸

62①富山②27③12・8・30④15・4・12⑤第12病院船→おれごん丸

84①福岡②30③12・8・30④14・9・21⑤第29病院船→ばいかる丸→しかご丸

86①大分②27③12・8・30④14・9・21⑤第29病院船→ばいかる丸

【7】海軍官房 4411（昭和 12 年 8 月 26 日）

71①広島②24③12・8・31④20・12・7⑤佐世保海軍病院

【8】海軍官房 4464（昭和 12 年 8 月 29 日）

臨4①佐賀②24③12・8・31④継続中⑤嬉野海軍病院

【9】海軍官房 4465（昭和 12 年 8 月 29 日）

13①神奈川②24③12・8・31④20・12・1⑤久里浜海軍病院

105①神奈川②23③12・9・4④継続中⑤佐世保海軍病院、横須賀海軍病院

【10】海軍官房 4553（昭和 12 年 9 月 3 日）

臨5①大分②24③12・9・8④継続中⑤別府海軍病院

【11】陸支密 784（昭和 12 年 9 月 10 日）病院船勤務者必要のため

2①北海道②30③12・9・16④14・8・18⑤病院船三笠丸→千歳丸

18①新潟②30③12・9・16④14・8・22⑤病院船阿蘇丸→おはいお丸→巴洋丸

20①埼玉②27③12・9・16④14・8・17⑤病院船摩耶丸→波上丸

24①千葉②27③12・9・16④14・8・21⑤病院船阿蘇丸→巴洋丸→おはいお丸など

30①奈良②19③12・9・16④14・11・12⑤病院船おはいお丸→しあとる丸

38①山梨②19③12・9・16④14・11・8⑤病院船おはいお丸→しあとる丸

46①宮城②30③12・9・16④14・8・28⑤病院船筑波丸→竜興丸

48①福島②27③12・9・16④14・8・28⑤病院船筑波丸→竜興丸

52①青森②27③12・9・16④14・8・18⑤病院船三笠丸→千歳丸→ばいかる丸

54①山形②19③12・9・16④14・11・8⑤病院船おはいお丸→しあとる丸

74①和歌山②30③12・9・16④14・8・15⑤病院船摩耶丸

76①徳島②20③12・9・16④14・8・22⑤病院船うめ丸→六甲丸

82①高知②20③12・9・16④14・8・22⑤病院船うめ丸→六甲丸

92①宮崎②17③12・9・16④14・8・22⑤病院船うめ丸→六甲丸

【12】 海軍官房 4289（昭和 12 年 9 月 15 日）

本部特別①本部（本部、埼玉、富山、岐阜、山形、東京、徳島、高知）②32
　③12・9・4④15・4・17⑤海軍上海特別陸戦隊

【13】 陸支密 1035（昭和 12 年 9 月 22 日）

8①京都②24③12・9・26④15・4・10⑤上海陸軍病院

11①大阪②24③12・9・26④14・5・1⑤上海陸軍病院

15①兵庫②24③12・9・26④14・5・1⑤上海陸軍病院

33①三重②24③12・9・26④14・5・1⑤上海陸軍病院

35①愛知②24③12・9・26④15・4・10⑤上海陸軍病院

37①静岡②24③12・9・26④15・4・18⑤上海陸軍病院

41①滋賀②24③12・9・26④15・4・11⑤上海陸軍病院

43①岐阜②24③12・9・26④14・5・1⑤上海陸軍病院

59①福井②24③12・9・26④15・4・17⑤上海陸軍病院

61①石川②24③12・9・26④14・5・1⑤上海陸軍病院

63①富山②24③12・9・26④14・5・1⑤上海陸軍病院

67①島根②24③12・9・26④14・5・1⑤上海陸軍病院

69①岡山②24③12・9・26④14・5・1⑤上海陸軍病院

73①山口②24③12・9・26④14・5・1⑤上海陸軍病院

75①和歌山②24③12・9・26④14・5・1⑤上海陸軍病院

79①香川②24③12・9・26④14・5・1⑤上海陸軍病院

81①愛媛②24③12・9・26④14・5・1⑤上海陸軍病院

85①福岡②24③12・9・26④14・5・1⑤上海陸軍病院

87①大分②21③12・9・26④継続中⑤国立大分病院

106①兵庫②21③12・9・26④20・12・26⑤広島陸軍病院→病院船

108①愛知②24③12・9・26④14・5・1⑤上海陸軍病院

112①広島②21③12・9・26④20・12・25⑤広島陸軍病院

114①福岡②24③12・9・26④14・5・1⑤上海陸軍病院

132①岡山②21③12・9・26④20・12・26⑤広島陸軍病院

133①山口②21③12・9・26④20・12・25⑤広島陸軍病院

138①大阪②21③12・9・26④20・12・25⑤大阪陸軍病院

140①兵庫②21③12・9・26④20・11・30⑤大阪陸軍病院

161①福岡②22③12・9・26④20・12・4⑤小倉陸軍病院

4①東京②24③12・9・30④15・4・11⑤陸軍軍医学校

6①北海道②24③12・9・30④13・4・29⑤華北・天津陸軍病院

19①新潟②24③12・9・30④14・4・8⑤華北・三好陸軍病院

21①埼玉②24③12・9・30④14・4・13⑤華北・保定陸軍病院

23①群馬②24③12・9・30④14・4・10⑤華北・天津陸軍病院

25①千葉②24③12・9・30④14・5・7⑤華北・青島陸軍病院

27①茨城②24③12・9・30④14・4・8⑤華北・保定陸軍病院

29①栃木②24③12・9・30④14・4・10⑤華北・保定陸軍病院、石門陸軍病院

45①長野②24③12・9・30④14・5・2⑤華北・青島陸軍病院

47①宮城②24③12・9・30④14・4・9⑤華北・北京陸軍病院

49①福島②24③12・9・30④14・4・10⑤華北・北京陸軍病院

51①岩手②24③12・9・30④14・4・10⑤華北・北京陸軍病院

53①青森②24③12・9・30④15・4・10⑤華北・北京陸軍病院

55①山形②24③12・9・30④14・4・6⑤華北・北京陸軍病院

57①秋田②24③12・9・30④14・4・6⑤華北・天津陸軍病院

89①佐賀②21③12・9・30④継続中⑤小倉陸軍病院

91①熊本②24③12・9・30④15・4・10⑤華北・天津陸軍病院

99①新潟②24③12・9・30④14・4・9⑤華北・済南陸軍病院

104①大阪②21③12・9・30④20・10・2⑤大阪陸軍病院

126①長野②24③12・9・30④15・4・1⑤華北・青島陸軍病院

176①朝鮮本部②24③12・9・30④14・4・7⑤華北・天津陸軍病院

177①朝鮮本部②24③12・9・30④13・4・15⑤華北・天津陸軍病院

【14】陸支密 1242（昭和 12 年 10 月 6 日）

5①東京（東京、埼玉、茨城、北海道、栃木）②22③12・9・12④20・9・3⑤陸軍軍医学校

148①愛知②21③12・10・8④20・11・30⑤名古屋陸軍病院

170①愛知②21③12・10・8④20・11・30⑤名古屋陸軍病院

101①東京（東京、新潟、兵庫、秋田）②21③12・10・12④20・9・12⑤東京第一陸軍病院

117①埼玉（埼玉、静岡、岩手、茨城）②22③12・10・12④20・9・8⑤臨時東京第一陸軍病院

135①愛媛②22③12・10・12④20・12・31⑤善通寺陸軍病院

【15】陸支密 1351（昭和 12 年 10 月 12 日）

100①新潟②28③12・10・17④14・9・4⑤第 1 病院船→おはいお丸→阿蘇丸

151①長野②29③12・10・17④14・9・4⑤病院船巴洋丸→おはいお丸→阿蘇丸

65①鳥取②28③12・10・18④14・8・26⑤第 21 病院船→北辰丸

88①佐賀②29③12・10・18④14・8・26⑤第 21 病院船→北辰丸

【16】海軍官房 5732（昭和 12 年 11 月 12 日）

臨6①静岡②23③12・11・17④継続中⑤湊海軍病院

【17】海軍官房 5744（昭和 12 年 11 月 12 日）

107①長崎②22③12・12・20④20・10・15⑤佐世保海軍病院

【18】 陸支密 2347（昭和 12 年 12 月 10 日）内地陸軍病院勤務者必要のため

142①新潟（新潟、静岡）②22③12・12・11④継続中⑤東京第二陸軍病院

31①奈良②22③12・12・20④20・10・3⑤大阪陸軍病院

39①山梨（山梨、鹿児島）②22③12・12・20④20・9・17⑤東京第1陸軍病院

77①徳島②11③12・12・20④継続中⑤徳島陸軍病院

83①高知②11③12・12・20④20・11・30⑤高知陸軍病院

95①鹿児島（鹿児島、山口、佐賀）②22③12・12・20④継続中⑤鹿児島陸軍病院

111①石川②22③12・12・20④20・8・27⑤金沢陸軍病院

113①香川②22③12・12・20④継続中⑤善通寺陸軍病院

122①三重（三重、愛知、静岡）②22③12・12・20④20・4・5⑤豊橋陸軍病院

123①静岡②22③12・12・20④20・8・23⑤静岡陸軍病院と浜松陸軍病院

124①滋賀②22③12・12・20④20・10・12⑤名古屋陸軍病院

125①岐阜②11③12・12・20④20・10・3⑤岐阜陸軍病院

130①福井（福井、滋賀）②11③12・12・20④20・9・24⑤敦賀陸軍病院

131①富山②11③12・12・20④継続中⑤富山陸軍病院

145①千葉（千葉、広島、鳥取、熊本）②22③12・12・20④20・12・10⑤東京第一陸軍病院

152①長野②22③12・12・20④20・8・15⑤豊橋陸軍病院

153①福島②22③12・12・20④20・10・20⑤陸軍軍医学校

154①山形（山形、秋田、青森、岩手、静岡、山梨、山口）②23③12・12・20④20・9・23⑤陸軍軍医学校

155①石川②21③12・12・20④継続中⑤金沢陸軍病院

157①岡山②22③12・12・20④20・10・5⑤善通寺陸軍病院

158①山口（山口、広島、京都）②22③12・12・20④継続中⑤広島陸軍病院

159①和歌山②22③12・12・20④20・10・3⑤大阪陸軍病院

160①愛媛②11③12・12・20④継続中⑤松山陸軍病院

164①東京（東京、長野、群馬）②22③12・12・20④20・9・12⑤第1陸軍

病院

166①大阪（大阪、和歌山、佐賀、奈良）②22③12・12・20④継続中⑤大阪
陸軍病院

168①兵庫（兵庫、岡山、山梨、広島）②22③12・12・20④継続中⑤姫路陸
軍病院

171①愛知②22③12・12・20④20・11・30⑤名古屋陸軍病院

174①福岡②21③12・12・20④20・12・14⑤小倉陸軍病院

臨8①本部（本部、大阪、新潟、三重、長野、宮城、和歌山、北海道、秋田）
②37③14・2・1④20・5・20⑤広島陸軍病院

【19】陸支密4076（昭和13年10月24日）病院船勤務者必要のため

9①京都②27③13・10・26④15・4・18⑤病院船ありぞな丸→瑞穂丸

97①台湾②23③13・10・26④15・4・24⑤病院船ありぞな丸→瑞穂丸

147①三重（三重、本部、宮崎）②23③13・10・26④15・4・20⑤病院船あ
りぞな丸→瑞穂丸

150①滋賀②27③13・10・26④15・4・21⑤病院船ありぞな丸→瑞穂丸

102①北海道②27③13・10・30④15・4・17⑤病院船吉野丸

120①茨城②23③13・10・30④15・4・9⑤第13病院船→吉野丸

144①埼玉②23③13・10・30④15・4・15⑤第13病院船→吉野丸

臨7①長野②27③13・10・30④15・4・9⑤第13病院船→吉野丸

【20】陸支密614（昭和14年3月1日）長期派遣班交代のため

118①群馬②24③14・3・20④16・1・5⑤華北・天津陸軍病院

121①栃木②24③14・3・20④16・1・4⑤華北・石門陸軍病院

127①福島②24③14・3・20④16・1・6⑤華北・北京陸軍病院

128①岩手②24③14・3・20④16・1・7⑤華北・北京陸軍病院

129①秋田②24③14・3・20④16・1・7⑤華北・北京陸軍病院

143①新潟②24③14・3・20④16・1・7⑤華北・北京陸軍病院

156①富山②24③14・3・20④16・1・26⑤華中・上海陸軍病院

165①東京②24③14・3・20④16・1・27⑤華中・九江陸軍病院

167①大阪②24③14・3・20④16・1・27⑤華中・上海陸軍病院

169①兵庫②24③14・3・20④16・1・26⑤華中・上海陸軍病院

175①福岡②24③14・3・20④16・1・26⑤華中・九江陸軍病院

臨9①三重（三重、福井、静岡、愛知）②24③14・3・20④16・1・26⑤華中・嘉興陸軍病院

臨10①長野②24③14・3・20④16・1・27⑤華中・南京陸軍病院

臨11①石川②24③14・3・20④16・1・26⑤華中・蘇州陸軍病院

臨12①福井②24③14・3・20④16・1・26⑤華中・南京陸軍病院

臨13①岡山②24③14・3・20④16・1・26⑤華中・九江陸軍病院

臨14①山口②24③14・3・20④16・1・26⑤華中・無錫陸軍病院

臨15①本部（本部、東京）②24③14・3・20④16・1・27⑤華中・無錫陸軍病院

臨16①香川②24③14・3・20④16・1・26⑤華中・南京陸軍病院

臨17①愛媛②24③14・3・20④16・1・24⑤華中・蘇州陸軍病院

臨18①愛知②24③14・3・20④16・1・26⑤華中・武昌陸軍病院

臨19①神奈川②24③14・3・20④16・1・26⑤華中・漢口陸軍病院

臨20①長崎②24③14・3・20④16・1・27⑤華中・嘉興陸軍病院

臨21①埼玉②24③14・3・20④16・1・9⑤華北・石塚荘陸軍病院

臨22①山形②24③14・3・20④16・1・7⑤華北・青島陸軍病院

臨23①新潟②24③14・3・20④16・1・7⑤華北・天津陸軍病医院

臨24①朝鮮本部②24③14・3・20④15・12・26⑤華北・天津陸軍病院

【21】陸支密2456（昭和14年7月19日）病院船勤務者交代のため

臨25①群馬②27③14・8・3④16・6・28⑤病院船三笠丸など

臨31①石川②29③14・8・3④16・6・26⑤病院船あめりか丸

7①北海道②30③14・8・5④16・6・29⑤病院船三笠丸→波上丸

臨32①滋賀②28③14・8・6④16・6・26⑤病院船あめりか丸

臨26①愛媛②28③14・8・8④16・6・2⑤病院船波上丸→六甲丸

臨27①香川②29③14・8・8④16・6・2⑤病院船波上丸→六甲丸

146①茨城②30③14・8・9④16・8・5⑤第33病院船→千歳丸

119①千葉②27③14・8・11④16・7・5⑤第33病院船→千歳丸

134①徳島②20③14・8・12④16・7・2⑤第36病院船

臨37①高知②20③14・8・14④16・7・4⑤第36病院船

臨33①大阪②27③14・8・16④16・7・28⑤第32病院船→竜興丸→しかご
　丸など

103①京都②30③14・8・17④16・7・31⑤第32病院船→竜興丸→しかご丸など

臨34①鳥取②29③14・8・18④16・8・10⑤病院船北辰丸→しかご丸

臨35①島根②28③14・8・18④16・8・9⑤病院船北辰丸→しかご丸

臨36①長野②29③14・8・18④16・7・25⑤病院船景山丸→しかご丸

93①宮崎②17③14・8・19④16・7・5⑤第36病院船

149①静岡②28③14・8・24④16・7・3⑤病院船景山丸→しかご丸

136①大分②27③14・9・15④16・6・24⑤病院船しかご丸→景山丸→あめ
　りか丸

臨38①福岡②30③14・9・15④16・6・23⑤病院船しかご丸→景山丸→あめ
　りか丸

臨30①秋田②19③14・10・5④16・6・13⑤病院船瑞穂丸→しあとる丸

臨29①山梨②19③14・10・7③16・6・17⑤病院船瑞穂丸→しあとる丸

臨28①奈良②19③14・10・8④16・6・11⑤病院船瑞穂丸→しあとる丸

【22】陸支密3508（昭和14年8月30日）

98①台湾②24③14・9・5④16・5・27⑤華北・済南陸軍病院

110①青森②23③14・9・6④16・5・22⑤華北・石門陸軍病院

137①鹿児島②23③14・9・6④16・5・19⑤華北・包頭陸軍病院

臨41①岐阜②24③14・9・6③16・6・19⑤華北・太原陸軍病院

臨39①本部②23③14・9・7③16・5・20⑤華北・北京陸軍病院

臨40①京都②24③14・9・7④16・5・18⑤華北・青島陸軍病院

臨42①佐賀②24③14・9・7④16・5・23⑤華北・太原陸軍病院

【23】陸支密3203（昭和14年9月8日）

臨43①北海道②24③14・9・7④16・4・22⑤満州・奉天陸軍病院

臨44①愛知②24③14・9・12④16・4・23⑤満州・ハルビン陸軍病院

臨45①三重②24③14・9・13④16・4・18⑤満州・新京陸軍病院

【24】陸支密316（昭和15年1月31日）病院船勤務者増員のため

増1＝第21次派遣の増派①本部（本部、北海道、埼玉、群馬、千葉、茨城、山梨、長野、福島、山形）②21③15・2・26④16・8・14⑤第1病院船→しかご丸→吉野丸など

増2＝同①大阪（大阪、和歌山、石川、鳥取、京都、三重、奈良、滋賀、静岡、新潟）②21③15・2・27④16・8・20⑤第1病院船→しかご丸→吉野丸→三笠丸など

増3＝同①広島（広島、島根、徳島、香川、愛媛、高知、福岡、大分、宮崎）②21③15・2・28④16・8・19⑤第1病院船→しかご丸→吉野丸→三笠丸など

【25】陸支密768（昭和15年3月13日）長期派遣班の交代のため

225①静岡②24③15・4・1④16・8・9⑤第13病院船→吉野丸

223①北海道②27③15・4・2④16・8・13⑤第13病院船→吉野丸

226①福島②26③15・4・2④16・8・12⑤第13病院船→吉野丸

224①群馬②23③15・4・3④16・8・11⑤第13病院船→吉野丸

172①広島②22③15・4・8④15・12・6⑤東京第一陸軍病院

115①熊本②21③15・4・9④20・8・20⑤熊本陸軍病院

180①本部（岐阜）②38③15・4・10④20・10・25⑤東京第1→広東陸軍病院

201①福岡②23③15・4・10④20・9・12⑤東京第1陸軍病院

202①大阪②23③15・4・10④20・9・12⑤東京第1陸軍病院

203①兵庫②22③15・4・10④20・10・23⑤東京第1陸軍病院

204①三重②19③15・4・10④20・9・12⑤東京第1陸軍病院

205①宮城②21③15・4・10④20・9・12⑤東京第1陸軍病院

206①茨城②19③15・4・10④20・10・26⑤東京第1陸軍病院

207①富山②22③15・4・10④20・9・18⑤東京第1陸軍病院

208①山口②22③15・4・10④20・9・12⑤東京第1陸軍病院

209①東京②25③15・4・10④20・9・12⑤陸軍軍医学校

210①新潟②22③15・4・10④20・9・2⑤陸軍軍医学校

211①千葉②21③15・4・10④20・9・7⑤陸軍軍医学校

212①岡山②21③15・4・10④20・9・9⑤陸軍軍医学校

213①栃木②21③15・4・10④20・12・28⑤宇都宮陸軍病院

214①長野②21③15・4・10④20・11・30⑤松本陸軍病院

215①青森②21③15・4・10④20・10・31⑤青森陸軍病院

216①京都②21③15・4・10④20・9・25⑤京都陸軍病院

217①愛知②21③15・4・10④20・11・10⑤臨時名古屋第2陸軍病院

218①滋賀②21③15・4・10④20・10・13⑤宇都宮陸軍病院

219①福井②21③15・4・10④20・9・25⑤鯖江陸軍病院

220①関東州委員部②24③15・4・10④継続中⑤満州・牡丹江第1陸軍病院

221①関東州委員部②24③15・4・10④継続中⑤満州・牡丹江第1陸軍病院

222①関東州委員部②24③15・4・10④継続中⑤満州・満1522部隊

116①本部②23③15・7・4④16・8・26⑤第14病院船→瑞穂丸

227①高知②27③15・7・5④16・8・22⑤第14病院船→瑞穂丸

228①佐賀②23③15・7・6④16・8・26⑤第14病院船→瑞穂丸

229①和歌山②27③15・7・6④16・8・20⑤第14病院船→瑞穂丸

【26】 陸支密 1106（昭和 15 年 4 月 6 日）華南地方の看護力強化のため

230①大阪②22③15・4・15④17・9・28⑤華南・南寧陸軍病院

181①本部②22③15・4・18④17・10・4⑤華南・広東陸軍病院

【27】 海軍官房 3167（昭和 15 年 6 月 17 日）

231①岩手②12③15・6・26④20・12・25⑤横須賀海軍病院

【28】 陸支密 3633（昭和 15 年 11 月 9 日）長期派遣班の交代のため

260①群馬②22③15・12・1④20・9・12⑤東京第1陸軍病院

239①関東州委員部②24③15・12・2④18・5・19⑤華北・天津陸軍病院

237①和歌山②24③15・12・7④18・5・24⑤華北・天津陸軍病院

240①山形②24③15・12・9④18・5・24⑤華北・青島陸軍病院

233①福島②24③15・12・11④18・5・25⑤華北・北京陸軍病院

238①島根②24③15・12・11④18・5・21⑤華北・天津陸軍病院

232①宮城②24③15・12・12④18・5・30⑤華北・北京陸軍病院

236①新潟②24③15・12・12④18・5・23⑤華北・北京陸軍病院

242①埼玉②24③15・12・12④18・6・10⑤華北・開封陸軍病院

234①岩手②24③15・12・13④18・5・24⑤華北・北京陸軍病院

235①秋田②24③15・12・13④18・5・24⑤華北・北京陸軍病院

241①栃木②24③15・12・13④18・5・24⑤華北・石門陸軍病院

248①長崎②24③15・12・13④18・6・21⑤華中・武昌陸軍病院

251①福井②24③15・12・13④18・6・21⑤華中・南京陸軍病院

244①大阪②24③15・12・15④18・6・21⑤華中・上海陸軍病院

243①岐阜②24③15・12・16④18・6・26⑤華中・上海陸軍病院

245①兵庫②24③15・12・16④18・6・20⑤華中・上海陸軍病院

246①本部（本部、東京）②24③15・12・16④18・7・12⑤華中・上海陸軍病院

249①長野②24③15・12・16④18・6・22⑤華中・南京陸軍病院

250①熊本②24③15・12・16④18・8・26⑤華中・南京陸軍病院

252①香川②24③15・12・16④18・6・21⑤華中・南京陸軍病院

253①東京②24③15・12・16④18・6・22⑤華中・九江陸軍病院

255①愛知②24③15・12・16④18・6・21⑤華中・武昌陸軍病院

259①静岡②24③15・12・16④18・6・20⑤華中・漢口陸軍病院

247①三重②24③15・12・17④18・6・21⑤華中・武昌陸軍病院

254①福岡②24③15・12・17④18・6・21⑤華中・九江陸軍病院

256①岡山②24③15・12・17④18・6・20⑤華中・漢口陸軍病院

257①広島②24③15・12・18④18・6・27⑤華中・漢口陸軍病院

258①愛媛②24③15・12・18④18・6・21⑤華中・漢口陸軍病院

【29】陸支密 989（昭和 16 年 4 月 9 日）長期派遣班の交代のため

288①青森②24③16・4・14④18・5・24⑤華北・石門陸軍病院

290①鹿児島②24③16・4・14④18・5・28⑤華北・包頭陸軍病院

285①本部②24③16・4・15④18・5・24⑤華北・新郷陸軍病院

287①岐阜②24③16・4・15④18・5・24⑤華北・臨汾陸軍病院

289①佐賀②24③16・4・15④18・5・28⑤華北・太原陸軍病院

291①千葉②24③16・4・15④18・5・24⑤華北・済南陸軍病院

286①京都②24③16・4・25④18・5・22⑤華北・青島陸軍病院

【30】陸支密1501（昭和16年5月28日）長期病院船勤務者の交代のため

268①島根②28③16・6・12④継続中⑤病院船竜興丸→満州・チチハル陸軍病院

271①群馬②29③16・6・15④継続中⑤病院船波上丸→満州・奉天陸軍病院

267①石川②28③16・6・16④継続中⑤病院船竜興丸→満州・ハイラル陸軍病院

270①朝鮮本部②12③16・6・16④20・11・19⑤病院船波上丸→鉄嶺陸軍病院

265①福岡②28③16・6・17④20・9・1⑤病院船あめりか丸→亜丁丸→満州・柳樹屯陸軍病院

266①熊本②28③16・6・17④継続中⑤病院船あめりか丸→亜丁丸→満州・柳樹屯陸軍病院

269①岡山②15③16・6・17④継続中⑤病院船波上丸→満州・錦州陸軍病院

262①長野②29③16・6・19④継続中⑤病院船栄山丸→三笠丸→満州・興城第1陸軍病院

276①関東州委員部（関東州、台湾）②60③16・6・22④継続中⑤病院船千歳丸→満州・公主嶺陸軍病院

274①関東州委員部②12③16・6・24④20・2・23⑤病院船しかご丸→亜丁丸→満州・遼陽第2陸軍病院

283②高知②15③16・6・24④継続中⑤病院船しあとる丸→満州・新京第2陸軍病院

284②宮崎③15③16・6・25④20・2・23⑤病院船しあとる丸→満州・新京第2陸軍病院

261①山口②27③16・6・26④継続中⑤病院船栄山丸→三笠丸→満州・大連陸軍病院

282①徳島②26③16・6・27④継続中⑤病院船しあとる丸→満州・ハルビン
　陸軍病院

275①神奈川②25③16・7・1④継続中⑤病院船千歳丸→満州・興城第1陸軍病院

272①北海道②29③16・7・3④継続中⑤病院船しかご丸→亜丁丸→満州・
　遼陽第2陸軍病院

273①愛媛②15③16・7・3④継続中⑤病院船しかご丸→亜丁丸→満州・遼
　陽第2陸軍病院

278①香川②31③16・8・2④継続中⑤満州・旅順陸軍病院

279①宮城②14③16・8・2④継続中⑤満州・新京第2陸軍病院

280①岩手②14③16・8・2④継続中⑤満州・鉄嶺陸軍病院

281①秋田②28③16・8・2④19・3・18⑤満州・新京第2陸軍病院

263①三重②25③16・8・4④継続中⑤満州・興城第2陸軍病院

264①富山②31③16・8・4④継続中⑤病院船栄山丸→三笠丸→満州・興城
　第2陸軍病院

277①滋賀②25③16・8・2④継続中⑤満州・旅順陸軍病院

【31】 海軍官房 4327 （昭和 16 年 8 月 14 日）

292①千葉②22③16・8・25④20・9・6⑤野比海軍病院

293①茨城②23③16・8・25④20・9・15⑤霞ケ浦海軍病院

【32】 海軍官房 5168 （昭和 16 年 10 月 2 日）

294①和歌山②23③16・10・6④20・11・7⑤呉海軍病院

【33】 陸支密 3490 （昭和 16 年 10 月 9 日） 新編成した病院船の要員として

303①本部（山口、佐賀、宮崎、鹿児島）②88③16・10・13④20・12・5
　⑤病院船ばいかる丸→吉野丸→広島陸軍病院と小倉陸軍病院

300①本部（本部、東京、千葉、山梨）②92③16・10・14④継続中⑤病院船
　ぶえのすあいれす丸→瑞穂丸→ぶえのすあいれす丸→台南陸軍病院

301①本部（神奈川、埼玉、静岡、福島）②92③16・10・14④継続中⑤病院
　船まにら丸→ばいかる丸→瑞穂丸→南方第12陸軍病院（ケソン）

304①本部（新潟、秋田、山梨、香川、三重、愛知、長野）②88③16・10・

14④継続中⑤第18病院船→ぶえのすあいれす丸→あめりか丸

305①本部（北海道、岩手、青森）②52③16・10・14④継続中⑤第2病院船
→竜興丸→湖北丸→さいべりあ丸→台北陸軍病院

308①本部（群馬、茨城、栃木）③48③16・10・14④継続中⑤華北・甲1829部隊

310①本部（宮城、山形、秋田）②52③16・10・14④継続中⑤第7病院船→
あめりか丸→第8病院船→湖北丸→台北陸軍病院

314①本部（愛媛、高知）②48③16・10・14④20・10・3⑤病院船ばいかる
丸→しあとる丸→三笠丸など

302①本部（大阪、長崎、福岡、大分）②92③16・10・15④20・11・30⑤病
院船→南方第12陸軍病院（ケソン）

307①本部（兵庫、島根、熊本）②48③16・10・15④継続中⑤南京第156兵
站病院→台湾・屏東陸軍病院

311①本部（石川、富山、鳥取）②48③16・10・15④継続中⑤香港第200兵
站病院

312①本部（岡山、広島、朝鮮）②52③16・10・15④19・7・9⑤第9病院船
→さいべりあ丸→三笠丸→しかご丸→フィリピン第63兵站病院

313①本部（徳島、香川）②52③16・10・15④継続中⑤病院船→天津第153
兵站病院

306①本部（京都、奈良、和歌山）②48③16・10・16④継続中⑤第3病院船
→さいべりあ丸→朝鮮・元山陸軍病院

309①本部（滋賀、岐阜、福井）②48③16・10・16④継続中⑤第6病院船→
しあとる丸→三笠丸→済南陸軍病院

【34】海軍官房6329（昭和16年12月6日）

295①静岡②23③16・12・17④継続中⑤湊海軍病院

297①長崎②23③16・12・18④20・10・15⑤佐世保海軍病院

298①京都②23③16・12・18④継続中⑤舞鶴海軍病院

296①大分②21③16・12・19④継続中⑤別府海軍病院

【35】海軍官房94（昭和17年1月10日）要員増加派遣

299①佐賀②22③17・1・20④継続中⑤嬉野海軍病院

【36】陸亜密103（昭和17年1月14日）太平洋戦争開始にともなう南方要員増加

344①関東州委員部②24③17・1・17④20・9・1⑤台北陸軍病院

322①群馬②24③17・1・19④継続中⑤台北陸軍病院

343①朝鮮本部②24③17・1・19③19・9・19⑤比・バギオ第74兵站病院

316①青森（青森、北海道）②24③17・1・20③20・10・30⑤台北陸軍病院

324①栃木②24③17・1・20③20・10・29⑤南方第12陸軍病院（フィリピン・ケソン）

331①長野②24③17・1・20④継続中⑤台湾・台南陸軍病院

320①新潟（新潟、宮城）②24③17・1・21④20・12・25⑤台湾・台北陸軍病院→小倉陸軍病院

332①山形（山形、岩手、秋田）②24③17・1・21④継続中⑤台湾・高雄陸軍病院

341①台湾②24③17・1・26④19・8・25⑤比・バギオ第74兵站病院

342①台湾②24③17・1・26④19・6・30⑤台湾・高雄陸軍病院

318①大阪（大阪、福岡）②24③17・2・8④20・12・19⑤フィリピン第4方面軍第137兵站病院

323①茨城②24③17・2・8④継続中⑤南方第3陸軍病院（ジョホールバル）

327①愛知②24③17・2・8④継続中⑤南方第5陸軍病院（蘭印・ジャワ）

315①本部②24③17・2・9④19・7・10⑤フィリピン第139兵站病院

317①神奈川（神奈川、東京）②24③17・2・9③20・12・19⑤威7196部隊（フィリピン）

319①熊本（熊本、兵庫）②24③17・2・9④19・7・9⑤フィリピン第139兵站病院

321①埼玉（埼玉、千葉）②24③17・2・9④継続中⑤南方第10陸軍病院（スマトラ）

325①奈良②23③12・7・9③継続中⑤南方第1陸軍病院（シンガポール）

329①滋賀②24③17・2・9④継続中⑤南方第7陸軍病院（スマトラ）

330①岐阜（岐阜、福井）②24③17・2・9④継続中⑤南方第2陸軍病院（サイゴン）→第105兵站病院（ラングーン）

334①島根（島根、鳥取）②24③17・2・9④継続中⑤南方第1陸軍病院（シンガポール）

335①岡山（岡山、広島）②24③17・2・9④継続中⑤南方第1陸軍病院（シンガポール）

336①山口（山口、佐賀）②24③17・2・9④継続中⑤南方第17陸軍病院（スマトラ）

337①香川（香川、徳島）②24③17・2・9④継続中⑤第105兵站病院（ラングーン）

338①愛媛②24③17・2・9④継続中⑤南方第2陸軍病院（サイゴン）

339①高知②24③17・2・9④継続中⑤第107兵站病院（メイミョウ）

340①宮崎（宮崎、鹿児島）②24③17・2・9④継続中⑤南方第16陸軍病院（タイ）

326①三重（三重、和歌山）②24③17・2・10④継続中⑤南方第5陸軍病院（ジャカルタ）

328①福島（福島、山梨）②24③17・2・10④継続中⑤南方第5陸軍病院（ジャカルタ）

333①富山（富山、石川）②24③17・2・10④継続中⑤南方第2陸軍病院（サイゴン）

【37】海軍官房723（昭和17年2月10日）内地病院の要員増加

345①福岡②23③17・2・23④20・4・10⑤諫早海軍病院

346①熊本②23③17・2・23④20・9・10⑤諫早海軍病院

【38】海軍官房822（昭和17年2月16日）

348①埼玉②21③17・2・24④20・9・10⑤野比海軍病院

【39】海軍官房1453（昭和17年3月18日）

347①佐賀②23③17・2・23④継続中⑤嬉野海軍病院

【40】海軍官房2028（昭和17年4月2日）

349①山口②23③17・4・14④継続中⑤岩国海軍病院

【41】海軍官房 2525（昭和 17 年 4 月 24 日）

350①群馬②23③17・5・3④20・11・30⑤久里浜海軍病院

【42】海軍官房 2526（昭和 17 年 4 月 24 日）

351①富山②23③17・5・2④継続中⑤舞鶴海軍病院

【43】海軍官房 2571（昭和 17 年 4 月 27 日）

354①栃木②23③17・5・9④20・10・22⑤海軍軍医学校

【44】海軍官房 2586（昭和 17 年 4 月 28 日）

352①石川②23③17・5・13④20・8・31⑤山中海軍病院

【45】海軍官房 2587（昭和 17 年 4 月 28 日）

353①鹿児島②23③17・5・10④20・9・15⑤舞鶴海軍病院

【46】海軍官房 3031（昭和 17 年 5 月 19 日）

355①福島②22③17・6・1④20・9・15⑤霞ケ浦海軍病院

【47】海軍官房 3093（昭和 17 年 5 月 21 日）

357①長野②22③17・6・2④20・10・22⑤海軍軍医学校

【48】海軍官房 3140（昭和 17 年 5 月 23 日）

356①愛知②23③17・6・3④20・12・7⑤横須賀海軍病院

【49】海軍官房 3371（昭和 17 年 6 月 2 日）

360①本部②24③17・6・12④継続中⑤昭南島第101海軍病院（シンガポール）

【50】陸支密 2181（昭和 17 年 6 月 23 日）長期派遣班の交代

359①大阪②24③17・7・4④継続中⑤広東第一陸軍病院

358①大分②24③17・7・9④継続中⑤広東第一陸軍病院

【51】海軍官房 4181（昭和 17 年 7 月 8 日）

361①岐阜②22③17・7・15④20・9・2⑤岩国海軍病院

【52】海軍官房 4368（昭和 17 年 7 月 16 日）

363①香川②22③17・7・21④20・11・29⑤大村海軍病院

362①長崎②22③17・7・24④20・11・30⑤大村海軍病院

【53】陸亜密 3621（昭和 17 年 9 月 22 日）南方勤務班の増加配置

324

365①長野②23③17・10・5④継続中⑤第118兵站病院（ラングーン→？）

364①群馬②23③17・10・6④継続中⑤第106兵站病院（ラングーン→タウンジー）

366①和歌山②23③17・10・6④継続中⑤第106兵站病院（ラングーン→モールメン）

367①愛媛②23③17・10・10④継続中⑤第106兵站病院（ラングーン→モールメン）

368①福岡②23③17・10・10④継続中⑤第106兵站病院（ラングーン→モールメン）

【54】海軍官房 5987（昭和 17 年 10 月 9 日）

373①島根②22③17・11・4④20・11・30⑤岩国海軍病院

369①北海道②22③17・11・5④20・9・17⑤横須賀海軍病院

370①新潟②23③17・11・5④20・9・2⑤野比海軍病院

371①秋田②23③17・11・5④20・9・15⑤霞ケ浦海軍病院

372①京都②22③17・11・5④20・10・15⑤呉海軍病院

374①高知②22③17・11・5④20・9・15⑤舞鶴海軍病院

【55】海軍官房 7723（昭和 17 年 12 月 23 日）

375①本部（山形、兵庫）②23③17・12・27④20・9・11⑤第8海軍病院（ラバウル）

【56】陸亜密 856（昭和 18 年 2 月 16 日）南方勤務者の増加配置

381①台湾②24③18・2・26④継続中⑤南方第14陸軍病院（セブ）

376①兵庫②24③18・3・5④継続中⑤南方第13陸軍病院（ダバオ）

377①新潟②24③18・3・5④継続中⑤南方第13陸軍病院（ダバオ）

378①茨城②24③18・3・5④継続中⑤第74兵站病院（バギオ）

379①静岡②24③18・3・6④20・12・20⑤南方第12陸軍病院（ケソン）

380①滋賀②24③18・3・6④継続中⑤南方第12陸軍病院（ケソン）

【57】海軍官房 17（昭和 18 年 2 月 20 日）

382①本部（奈良、栃木）②23③18・3・1④20・9・15⑤第8海軍病院

【58】海軍官房医 35（昭和 18 年 4 月 6 日）

395①大阪②22③18・4・2④20・12・8⑤岩国海軍病院

385①群馬②22③18・4・23④20・8・15⑤戸塚海軍病院

390①福島22③18・4・23④20・8・31⑤横須賀海軍病院

391①栃木②11③18・4・23④20・10・22⑤海軍軍医学校

393①岐阜②22③18・4・23④20・11・10⑤呉海軍病院

394①愛媛②22③18・4・23④20・10・1⑤呉海軍病院

399①山口②22③18・4・23④20・9・10⑤佐世保海軍病院

386①茨城②22③18・4・24④20・9・15⑤第一郡山航空隊

392①滋賀②23③18・4・24④20・11・10⑤呉海軍病院

396①兵庫②22③18・4・24④20・12・11⑤岩国海軍病院

400①高知②22③18・4・23④20・10・11⑤佐世保海軍病院

109①宮城②24③18・4・25④20・10・15⑤別府海軍病院

383①東京②21③18・4・25④20・9・15⑤病院船

387①愛知②23③18・4・25④19・7・12⑤湊海軍病院

388①青森②23③18・4・25④20・10・10⑤大湊海軍病院

389①神奈川②21③18・4・25④継続中⑤久里浜海軍病院

397①香川②23③18・4・25④20・10・5⑤別府海軍病院

398①福岡②22③18・4・25④20・9・3⑤別府海軍病院

401①宮崎②22③18・4・25④継続中⑤諫早海軍病院

402①鹿児島②23③18・4・25④継続中⑤嬉野海軍病院

403①京都②22③18・4・25④20・11・30⑤舞鶴海軍病院

404①鳥取②22③18・4・25④20・11・30⑤舞鶴海軍病院

405①富山②22③18・4・25④継続中⑤山中海軍病院

384①長野②22③18・4・26④20・10・20⑤野比海軍病院

409①本部②23③18・4・26④20・9・7⑤第102海軍病院

406①徳島②23③18・4・28④継続中⑤高雄海軍病院

407①大阪②23③18・4・15④継続中⑤上海海軍病院

408①和歌山②23③18・4・14④20・11・15⑤南方第4海軍病院

【59】陸亜密1921（昭和18年4月8日）長期勤務班の交代

414①群馬②24③18・4・10④継続中⑤華北・第152兵站病院（天津？）

416①福岡②24③18・4・10④継続中⑤華北・甲1832部隊

410①福井②24③18・4・12④継続中⑤華北・第151兵站病院（北平）

417①朝鮮本部②24③18・4・13④継続中⑤華北・第162兵站病院

420①朝鮮本部②24③18・4・13④継続中⑤華北・甲1827部隊

412①静岡②24③18・4・14④20・11・7⑤華北・第151兵站病院（北平）

413①香川②24③18・4・14④20・11・14⑤華北・第153兵站病院（天津）

419①愛知②24③18・4・14④継続中⑤華北・第164兵站病院（運城）

415①愛媛②24③18・4・15④継続中⑤華北・第152兵站病院（天津？）

418①石川②24③18・4・15④継続中⑤華北・甲1400部隊

421①東京②24③18・4・15④20・12・16⑤華北・第153兵站病院（天津）

423①滋賀②24③18・4・15④継続中⑤華北・第1841部隊

426①岡山②24③18・4・15④継続中⑤華北・仁1840部隊

427①三重②24③18・4・15④継続中⑤華北・仁1840部隊

428①山形②24③18・4・15④継続中⑤華中・第157兵站病院（上海）

429①新潟②24③18・4・15④継続中④華中・第157兵站病院（上海）

430①埼玉②24③18・4・15④継続中⑤華中・第157兵站病院（上海）

431①北海道②24③18・4・15④継続中⑤華中・第157兵站病院（上海）

434①秋田②24③18・4・15④継続中⑤華中・第156兵站病院（南京）

436①本部②24③18・4・15④継続中⑤華中・第156兵站病院（南京）

439①宮城②24③18・4・15④継続中⑤華中・第156兵站病院（南京）

443①鹿児島②24③18・4・15④継続中⑤華中・第178兵站病院（漢口？）

444①岩手②24③18・4・15④継続中⑤華中・第178兵站病院（漢口？）

411①広島②24③18・4・16④20・11・7⑤華北・第151兵站病院（北平）

422①大阪②24③18・4・16④20・12・16⑤華北・第153兵站病院（天津）

424①関東州委員部②24③18・4・16④継続中⑤華北・第168兵站病院（新

郷）

425①熊本②24③18・4・16④継続中⑤華北・第152兵站病院（北京？）

433①山梨②24③18・4・16④20・3・4⑤華中・呂武1640部隊

435①和歌山②24③18・4・16④継続中⑤華中・第156兵站病院（南京）

437①鳥取②24③18・4・16④継続中⑤華中・呂武部隊本部

438①京都②24③18・4・16④継続中⑤華中・第177兵站病院（九江）

440①島根②24③18・4・16④継続中⑤華中・第159兵站病院（武昌）

441①大分②24③18・4・16④継続中⑤華中・第178兵站病院

442①佐賀②24③18・4・16④継続中⑤華中・第158病院

432①岐阜②24③18・4・17④継続中⑤華中・第159兵站病院（武昌）

【60】陸亜密2858（昭和18年5月16日）南方増派

448①福井②23③18・5・19④継続中⑤南方第6陸軍病院（ジャワ）

445①本部②23③18・5・25④継続中⑤南方第18陸軍病院（ボルネオ）

449①熊本②23③18・5・28④継続中⑤南方第6陸軍病院（ジャワ）

450①山形②23③18・5・28④継続中⑤台湾・台北陸軍病院

446①神奈川②23③18・5・29④継続中⑤南方第7陸軍病院（スラバヤ）

447①福島②23③18・5・27④継続中⑤南方第3陸軍病院（ジョホールバル）

【61】海軍官房医77（昭和18年6月19日）

451①愛知②22③18・6・28④20・10・22⑤海軍軍医学校

452①佐賀②22③18・6・28④継続中⑤大村海軍病院

【62】陸亜密4673（昭和18年7月27日）関東軍の衛生幇助

453①北海道（北海道、岩手）②22③18・7・12④継続中⑤満州・東安第1陸軍病院

454①京都②22③18・7・12④継続中⑤満州・錦州陸軍病院

455①大阪②21③18・7・22④20・6・20⑤満州・林口陸軍病院

456①島根（島根、新潟）②21③18・7・12④継続中⑤満州・白城子陸軍病院

457①群馬②22③18・7・12④継続中⑤満州・チチハル陸軍病院

458①山形（山形、栃木）②22③18・7・12④継続中⑤満州・黒河陸軍病院

459①奈良②22③18・7・12④継続中⑤満州・錦州陸軍病院

460①三重②21③18・7・12④継続中⑤満州・柳樹屯陸軍病院

461①静岡（静岡、愛知）②22③18・7・12④継続中⑤満州・満5517部隊

462①山梨②22③18・7・12④継続中⑤満州・孫呉第1陸軍病院

463①岐阜②21③18・7・12④継続中⑤満・満21077部隊

494①長野②21③18・7・12④継続中⑤満州・琿春陸軍病院

465①宮城②21③18・7・12④継続中⑤満州・綏陽陸軍病院

466①秋田②22③18・7・12④継続中⑤満州・延吉陸軍病院

467①岡山（岡山、広島）②21③18・7・12④継続中⑤満州・チャムス陸軍病院

468①和歌山②22③18・7・12④継続中⑤満州・熊岳陸軍病院

469①徳島②22③18・7・12④継続中⑤満州・満1551部隊

470①高知（高知、香川、愛媛）②22③18・7・12④20・10・19⑤満州・虎林陸軍病院

471①大分（大分、福岡）②21③18・7・12④20・9・1⑤満州・満475部隊

472①熊本（熊本、宮崎）②21③18・7・12④継続中⑤満州・興城第1陸軍病院

【63】海軍官房医100（昭和18年8月13日）南方勤務の増加配置

479①鹿児島②23③18・6・6④継続中⑤南方第103海軍病院（マニラ）

477①佐賀②22③18・6・7④20・10・10⑤南方第101海軍病院（シンガポール）

478①朝鮮本部②22③18・6・7④20・10・31⑤南方第102海軍病院（蘭印）

473①大阪②22③18・8・23④20・10・14⑤南方第4海軍病院（トラック島）

474①本部②23③18・8・23④20・9・15⑤南方第8海軍病院（ラバウル）

475①埼玉②22③18・8・23④20・11・30⑤南方第8陸軍病院（ラバウル）

476①千葉②22③18・8・23④20・11・30⑤南方第8海軍病院（ラバウル）

【64】海軍官房医108（昭和18年9月15日）

480①静岡（静岡、山梨）②21③18・9・28④20・10・31⑤佐世保海軍病院と霧島海軍病院

481①長野（長野、福島）②21③18・9・28④20・10・31⑤佐世保海軍病院と霧島海軍病院

482①愛媛（愛媛、福岡）②21③18・9・28④20・12・3⑤大村海軍病院

483①宮城（宮城、岩手）②21③18・9・28④20・12・7⑤大湊海軍病院

【65】海軍官房医 117（昭和 18 年 10 月 11 日）戦争峻烈化に伴う増加配置

504①福井②22③18・11・6④20・8・25⑤舞鶴海軍病院

505①富山②22③18・11・6④20・8・3⑤山中海軍病院

506①北海道②22③18・11・6④20・8・15⑤戸塚海軍病院

507①台湾②22③18・11・6④継続中⑤台湾・高雄海軍病院

508①本部②23③18・11・7④20・8・31⑤病院船天応丸

494①山形②22③18・11・8④20・11・1⑤霞ケ浦海軍病院

495①栃木②22③18・11・8④20・11・30⑤久里浜海軍病院

496①岡山②21③18・11・8④20・10・31⑤岩国海軍病院

497①大分②22③18・11・8④20・7・19⑤霧島海軍病院

498①宮崎②22③18・11・8④20・10・31⑤霧島海軍病院

499①島根②22③18・11・8④20・11・22⑤大村海軍病院

500①徳島②22③18・11・8④20・11・3⑤大村海軍病院

501①三重②22③18・11・8④継続中⑤嬉野海軍病院

502①山口②22③18・11・8④継続中⑤嬉野海軍病院

503①新潟②22③18・11・8④20・11・30⑤舞鶴海軍病院

509①京都②22③18・11・10④継続中⑤華中・上海第1海軍病院

510①東京②23③18・11・10④20・10・22⑤南方第4海軍病院（トラック島）

511①奈良②22③18・11・10④20・10・27⑤南方第4海軍病院（トラック島）

【66】陸亜密 6723（昭和 18 年 10 月 13 日）戦域拡大に伴う増派

484①兵庫②23③18・11・11④継続中⑤南方第9陸軍病院（スマトラ）

486①静岡②23③18・11・11④継続中⑤南方・第118兵站病院（ビルマ・カロー）

485①千葉②23③18・11・3④継続中⑤南方第16陸軍病院（バンコク）

487①岐阜②23③18・11・3④継続中⑤第121兵站病院（メイミョウ）

489①広島②23③18・11・3④継続中⑤南方・第118兵站病院（モールメン）

490①和歌山②23③18・11・3④継続中⑤第106兵站病院（ラングーン→バ

ウンデー）

491①愛媛②23③18・11・3④継続中⑤第121兵站病院（メイミョウ）

492①佐賀②23③18・11・3④継続中⑤第121兵站病院（メイミョウ）

493①熊本②23③18・11・3④継続中⑤第106兵站病院（ラングーン→メイクテーラ）

488①石川②23③18・11・4④継続中⑤第121兵站病院（メイミョウ）

【67】陸亜密7588（昭和18年11月13日）戦病者増加による

512①本部（本部、埼玉、神奈川、山梨、福島）②21③18・11・26④20・91⑤東京第1陸軍病院

513①本部（本部、神奈川、山梨、埼玉、福島）②21③18・11・26④20・9・12⑤東京第1陸軍病院

【68】海軍官房医127（昭和18年12月2日）

515①山梨②21③18・12・13④20・10・25⑤戸塚海軍病院

516①福岡②22③18・12・13④20・11・13⑤呉海軍病院

517①鹿児島②22③18・12・13④20・11・13⑤呉海軍病院

518①大分②22③18・12・13④20・9・6⑤朝鮮・鎮海海軍病院

514①本部②21③18・12・14④20・9・16⑤戸塚海軍病院

【69】海軍官房医2（昭和19年1月16日）

519①兵庫②22③19・1・22④20・12・9⑤南方第101海軍病院（シンガポール）

520①愛知②22③19・1・22④20・10・31⑤南方第102海軍病院（蘭印）

521①広島②22③19・1・22④20・11・17⑤南方第103海軍病院（マニラ）

522①和歌山②22③19・1・22④20・11・20⑤南方第103海軍病院（マニラ）

【70】海軍官房医13（昭和19年1月19日）内地病院幇助

523①福島②21③19・1・30④20・9・13⑤横須賀海軍病院

524①埼玉②21③19・1・30④20・11・7⑤海軍兵学校

525①群馬②21③19・1・30④20・10・15⑤海軍兵学校

526①茨城②21③19・1・30④20・10・15⑤海軍兵学校

527①大阪②21③19・1・30④20・10・10⑤大竹海軍潜水学校

528①鳥取②21③19・1・30④20・11・30⑤防府海軍通信学校
529①京都②21③19・1・30④20・9・15⑤舞鶴海軍病院

【71】陸亜密964（昭和19年2月9日）

551①福井②22③19・2・19④継続中⑤華中・呂武1639部隊
532①群馬②23③19・2・21④継続中⑤華北・仁1832部隊
543①栃木②22③19・2・21④継続中⑤華中・呂武1640部隊
553①香川（香川、徳島）②22③19・2・21④継続中⑤華中・呂武1641部隊
554①香川②23③19・2・21④継続中⑤華中・呂武1641部隊
530①東京②23③19・2・22④継続中⑤華北・第168兵站病院（新郷？）
533①静岡②23③19・2・22④継続中⑤華北・仁1400部隊
548①福島②23③19・2・22④継続中⑤華中・呂武1639部隊
549①青森②23③19・2・22④継続中⑤華中・蘇州陸軍病院
550①山形②22③19・2・22④継続中⑤華中・呂武1639部隊
559①関東州委員部②22③19・2・22④継続中⑤華中・呂武1639部隊
531①大阪②23③19・2・23④継続中⑤華北・天津陸軍病院
535①本部②21③19・2・23④継続中⑤華中・第156兵站病院（南京？）
536①本部②22③19・2・23④継続中⑤華中・第156兵站病院（南京？）
540①新潟②22③19・2・23④継続中⑤華中・武昌陸軍病院
541①埼玉②23③19・2・23④継続中⑤華中・呂武1641部隊
542①茨城②23③19・2・23④継続中⑤華中・登1631部隊
544①滋賀（滋賀、奈良）②23③19・2・23④継続中⑤華中・登1638部隊
546①岐阜②23③19・2・23④継続中⑤華中・呂武1641部隊
547①宮城②23③19・2・23④継続中⑤華中・登1631部隊
552①島根②22③19・2・23④継続中⑤華中・呂武1639部隊
555①佐賀②22③19・2・23④継続中⑤華中・呂武1639部隊
557①鹿児島②22③19・2・23④継続中⑤華中・呂武1641部隊
534①愛知②22③19・2・24④継続中⑤華北・第152兵站病院（天津？）
537①京都②22③19・2・24④継続中⑤華中・呂武1641部隊

538①京都②22③19・2・24④継続中⑤華中・呂武1642部隊

539①長崎②22③19・2・24④継続中⑤華中・呂武1641部隊

545①滋賀②22③19・2・23④継続中・華中・呂武1641部隊

558①朝鮮本部②22③19・2・24④継続中⑤華中・呂武1641部隊

556①熊本②22③19・2・25④継続中⑤華中・呂武1641部隊

【72】海軍官房医38（昭和19年3月18日）

560①長野②21③19・3・25④20・11・30⑤久里浜海軍病院

561①山形②21③19・3・25④20・9・24⑤久里浜海軍病院

562①神奈川②21③19・4・1④20・9・15⑤横須賀海軍病院

563①千葉②20③19・4・13④20・9・5⑤第1郡山航空隊

564①本部②21③19・4・17④20・8・30⑤浜名海兵団

565①北海道②21③19・4・17④20・9・22⑤大湊海軍病院

566①京都②21③19・4・17④20・8・31⑤横須賀海軍病院

567①愛知②21③19・4・17④継続中⑤海軍工作学校

568①静岡②21③19・4・17④20・9・29⑤戸塚海軍病院

569①岐阜②21③19・4・17④20・9・8⑤武山海兵団

570①宮城②21③19・4・17④20・9・11⑤野比海軍病院

571①兵庫②21③19・4・17④20・11・20⑤別府海軍病院

572①福井②21③19・4・17④20・10・31⑤別府海軍病院

573①徳島②21③19・4・17④20・10・14⑤相浦海兵団

574①高知②21③19・4・17④20・9・24⑤相浦海兵団

575①福岡②21③19・4・17③20・9・29⑤相浦海兵団

576①新潟②21③19・4・17④20・10・10⑤横須賀海軍病院

577①埼玉②21③19・4・17④20・10・1⑤横須賀海軍病院

578①群馬②21③19・4・17④20・8・19⑤横須賀海軍病院

579①秋田②21③19・4・17④20・9・7⑤海軍工機学校

580①茨城②21③19・4・17④20・9・15⑤霞ケ浦海軍病院

581①奈良②21③20・4・17④20・9・18⑤横須賀海軍病院

582①三重②21③19・4・17④20・10・4⑤横須賀海軍病院

583①山梨②21③19・4・17④20・11・28⑤野比海軍病院

584①福島②21③19・4・17④20・9・8⑤野比海軍病院

585①岩手②21③19・4・17④20・8・30⑤野比海軍病院

586①青森②21③19・4・17④20・10・1⑤戸塚海軍病院

587①岡山②21③19・4・17④20・7・3⑤呉海軍病院

588①愛媛②21③19・4・17④20・10・1⑤呉海軍病院

589①和歌山②21③19・4・17④20・10・15⑤呉海軍病院

590①石川②21③19・4・17④20・10・31⑤別府海軍病院

591①大分②21③19・4・17④継続中⑤別府海軍病院

592①山口②21③19・4・17④継続中⑤岩国海軍病院

593①宮崎②21③19・4・17④20・11・30⑤嬉野海軍病院

594①佐賀②21③19・4・17④継続中⑤大村海軍病院

595①朝鮮本部②21③19・4・17④20・9・7⑤朝鮮・鎮海海軍病院

596①台湾②21③19・4・17④継続中⑤台湾・高雄海軍病院

597①東京②21③19・4・28④20・8・30⑤海軍軍医学校

【73】陸亜密 2554（昭和 19 年 3 月 31 日）

598①神奈川②21③19・4・28④20・9・13⑤陸軍軍医学校

599①大阪③21③19・4・28④20・11・30⑤大阪陸軍病院

600①大阪②21③19・4・28④20・12・1⑤大阪陸軍病院

601①大阪②21③19・4・28④20・11・30⑤大阪第2陸軍病院

【74】陸亜密 4973（昭和 19 年 6 月 6 日）

639①和歌山②21③19・7・3④継続中⑤満州・牡丹江第1陸軍病院

641①高知②21③19・7・3④継続中⑤満州・興城第1陸軍病院

644①長野②21③19・7・3④継続中⑤華中・呂武1639部隊

607①新潟②21③19・7・4④20・11・30⑤小倉陸軍病院

608①新潟②21③19・7・4④20・11・2⑤札幌陸軍病院

636①福井②21③19・7・4④継続中⑤満州・関東軍第886部隊

640①香川②21③19・7・4④継続中⑤満州・関東軍第987部隊

646①島根②21③19・7・4④継続中⑤華中・第156兵站病院（南京）

602①北海道③21③19・7・5④20・10・9⑤樺太・上敷香陸軍病院

603①東京②21③19・7・5④継続中⑤東京第4陸軍病院

609①埼玉②21③19・7・5④20・10・15⑤福岡臨時第2陸軍病院

614①福島②21③19・7・5④20・12・7⑤若松陸軍病院

615①岩手②21③19・7・5④20・10・30⑤旭川陸軍病院

616①山形②21③19・7・5④20・9・17⑤旭川陸軍病院

619①岡山③21③19・7・5④継続中⑤岡山陸軍病院

620①山口③21③19・7・5④20・12・9⑤福岡臨時第2病院

621①愛媛②21③19・7・5④20・10・8⑤福岡第2陸軍病院

624①佐賀②21③19・7・5④継続中⑤福岡第2陸軍病院

625①熊本②21③19・7・5④20・8・20⑤熊本陸軍病院

626①宮崎②21③19・7・5④20・12・6⑤福岡臨時第2陸軍病院

629①朝鮮本部②21③19・7・5④20・9・1⑤朝鮮・会寧陸軍病院

630①朝鮮本部②21③19・7・5④20・8・1⑤朝鮮・会寧陸軍病院

631①朝鮮本部②21③19・7・5④20・8・1⑤朝鮮・京城陸軍病院

632①群馬②21③19・7・5④20・10・8⑤朝鮮・京城陸軍病院

647①山口②21③19・7・5④継続中⑤華中・鵄1634部隊

649①愛媛②21③19・7・5④継続中⑤華中・登1631部隊

604①京都②21③19・7・6④20・9・25⑤京都第1陸軍病院

605①神奈川②21③19・7・6④継続中⑤国立横須賀病院？

606①兵庫②21③19・7・6④継続中⑤姫路陸軍病院

612①愛知②21③19・7・6④20・11・30⑤豊橋陸軍病院

613①宮城②21③19・7・6④20・12・7⑤仙台第1陸軍病院

633①本部②21③19・7・6④継続中⑤満州・関東軍2685部隊

634①兵庫②21③19・7・6④継続中⑤関東州・旅順陸軍病院

635①滋賀②21③19・7・6④継続中⑤関東州・大連陸軍病院

648①徳島②21③19・7・6④継続中⑤華北・第152兵站病院（天津？）

650①大分②21③19・7・6④継続中⑤華北・第142兵站病院（天津？）

610①千葉②21③19・7・7④継続中⑤相武台陸軍病院

611①栃木②21③19・7・7④継続中⑤宇都宮陸軍病院

617①秋田②21③19・7・7④20・10・11⑤弘前陸軍病院

618①秋田②21③19・7・7④20・10・11⑤弘前陸軍病院

622①福岡②21③19・7・7④継続中⑤福岡臨時第2陸軍病院

623①福岡②21③19・7・7④20・12・10⑤福岡臨時第2陸軍病院

627①鹿児島②21③19・7・7④20・1・26⑤久留米陸軍病院

628①北海道②21③19・7・7④20・10・31⑤樺太・上敷香陸軍病院

637①石川②21③19・7・7④継続中⑤満州・奉天陸軍病院

638①鳥取②21③19・7・7④継続中⑤満州・孫呉第1陸軍病院

645①富山②21③19・7・7④継続中⑤華中・南京第1陸軍病院

651①鹿児島②21③19・7・7④継続中⑤華北・甲1930部隊

642①埼玉②21③19・7・9④継続中⑤満州・広東第一陸軍病院

643①岐阜②21③19・7・9④20・10・12⑤満州・広東第一陸軍病院

【75】海軍官房医117（昭和19年6月13日）

670①福井②22③19・7・4④20・12・8⑤舞鶴海軍病院

652①神奈川②21③19・7・6④20・8・30⑤横須賀海軍砲術学校

653①岩手②21③19・7・6④20・8・30⑤横須賀海軍航海学校

654①本部②22③19・7・6④継続中⑤国立戸塚病院

655①福島②21③19・7・6④継続中⑤戸塚海軍病院

656①宮城②23③19・7・6④20・12・7⑤大湊海軍病院

657①青森②21③19・7・6④継続中⑤大湊海軍病院

658①島根②23③19・7・6④継続中⑤呉海軍病院

659①広島②23③19・7・6④継続中⑤呉海軍病院

660①静岡②23③19・7・6④継続中⑤別府海軍病院

661①大分②21③19・7・6④継続中⑤別府海軍病院

662①岐阜②21③19・7・6④20・10・10⑤大竹海兵団

663①岡山②22③19・7・6④20・10・10⑤大竹海兵団

664①和歌山②21③19・7・6④20・9・9⑤大阪海軍病院

665①栃木②22③19・7・6④20・10・22⑤大阪海軍病院

666①長野②22③19・7・6④20・10・22⑤大阪海軍病院

668①熊本②23③19・7・6④継続中⑤嬉野海軍病院

669①滋賀②21③19・7・6④20・8・22⑤舞鶴海軍病院

671①香川②22③19・7・6④20・9・15⑤舞鶴海兵団

667①長崎②23③19・7・7④20・10・12⑤大村海軍病院

【76】海軍官房医149（昭和19年8月15日）

637①山梨②21③19・7・6④20・11・30⑤横須賀海軍病院

674①三重②21③19・7・6④継続中⑥戸塚海軍病院

675①奈良②21③19・7・6④20・10・15⑤大竹海兵団

672①茨城②21③19・9・1④20・9・1⑤横須賀海軍病院

【77】海軍官房医155（昭和19年8月28日）

676①新潟②21③19・9・15④20・11・30⑤平海兵団

677①香川②22③19・9・15④20・10・15⑤安浦海兵団

678①山口②22③19・9・15④20・10・22⑤大阪海兵団

679①茨城②21③19・9・15④20・11・1⑤大湊海兵団

【78】陸亜密9249（昭和19年9月12日）

697①福井②21③19・10・12④20・9・2⑤金沢第1陸軍病院

680①長野②21③19・10・13④20・12・1⑤東京第3陸軍病院

681①本部②21③19・10・13④20・12・1⑤名古屋第2陸軍病院

682①滋賀②21③19・10・13④20・10・22⑤名古屋第2陸軍病院

683①本部②21③19・10・13④継続中⑤相武台陸軍病院

684①新潟②21③19・10・13④継続中⑤世田谷陸軍病院

685①岩手②21③19・10・13④継続中⑤振武台陸軍病院

686①秋田②21③19・10・13④継続中⑤振武台陸軍病院

687①群馬②21③19・10・13④20・12・18⑤習志野陸軍病院

688①千葉②21③19・10・13④継続中⑤千葉陸軍病院

689①島根②21③19・10・13④継続中⑤千葉陸軍病院

690①東京②21③19・10・13④継続中⑤所沢陸軍病院

691①埼玉②21③19・10・13④継続中⑤東京第2陸軍病院

692①岩手②21③19・10・13④20・9・24⑤東京第4陸軍病院

693①宮城②21③19・10・13④20・12・7⑤仙台第1陸軍病院

694①福島②21③19・10・13④20・12・10⑤宇都宮陸軍病院

695①山形②21③19・10・13④20・9・29⑤宇都宮陸軍病院

696①鳥取②11③19・10・13④20・8・23⑤水戸陸軍病院

698①石川②21③19・10・13④継続中⑤国立金沢病院

699①富山②21③19・10・13④継続中⑤金沢第2陸軍病院

700①長野②11③19・10・13④20・11・30⑤松本陸軍病院

701①青森②21③19・10・13④20・10・31⑤弘前陸軍病院

702①愛知②21③19・10・13④20・11・30⑤名古屋陸軍病院

703①静岡②21③19・10・13④20・10・31⑤豊橋陸軍病院

704①大阪②21③19・10・13④20・12・19⑤大阪第2陸軍病院

705①大阪②21③19・10・13④20・12・8⑤大阪第2陸軍病院

706①京都②21③19・10・13④20・10・17⑤京都陸軍病院

707①兵庫②21③19・10・13④継続中⑤姫路陸軍病院

708①和歌山②21③19・10・13④20・10・15⑤善通寺陸軍病院

709①香川②21③19・10・13④継続中⑤善通寺陸軍病院

710①高知②21③19・10・13④20・10・25⑤善通寺陸軍病院

711①長崎②21③19・10・13④継続中⑤熊本第2陸軍病院

712①大分②21③19・10・13④継続中⑤熊本第2陸軍病院

713①佐賀②21③19・10・13④継続中⑤佐賀陸軍病院

714①広島②21③19・10・13④20・12・25⑤広島第2陸軍病院

715①山口②21③19・10・13④20・12・25⑤広島第2陸軍病院

716①徳島②21③19・10・13④20・12・25⑤広島第1陸軍病院

718①佐賀②21③19・10・13④20・9・8⑤熊本第1陸軍病院

719①熊本②21③19・10・13④20・8・20⑤熊本陸軍病院

720①鹿児島②21③19・10・13④継続中⑤熊本陸軍病院

721①福岡②21③19・10・13④継続中⑤久留米陸軍病院

722①福岡②21③19・10・13④継続中⑤久留米陸軍病院

723①福岡②11③19・10・13④継続中⑤福岡第1陸軍病院

724①北海道②21③19・10・13④20・10・31⑤旭川陸軍病院

725①静岡②11③19・10・13④継続中⑤浜松陸軍病院

726①岐阜②21③19・10・13④20・10・13⑤各務原陸軍病院

717①愛知②21③19・10・23④20・12・25⑤広島第2陸軍病院

【79】海軍官房医 162（昭和 19 年 9 月 29 日）

727①熊本②22③19・10・27④継続中⑤台湾・高雄海軍病院

【80】海軍官房医 174（昭和 19 年 11 月 8 日）

728①岡山②22③19・11・30④20・12・6⑤別府海軍病院

729①山口②22③19・11・30④20・12・6⑤別府海軍病院

730①本部②21③19・11・30④20・10・30⑤大阪海軍病院

731①和歌山②21③19・11・30④20・9・15⑤佐世保海軍病院

【81】海軍官房医 180（昭和 19 年 11 月 27 日）

734①石川②21③19・12・18④20・9・15⑤大阪海軍病院

732①栃木②21③19・12・23④20・9・20⑤大湊海軍病院

733①長野②22③19・12・23④20・9・15⑤野比海軍病院

735①徳島②21③19・12・23④20・10・10⑤岩国海軍病院

736①長崎22③19・12・23④20・10・10⑤別府海軍病院

737①高知②21③19・12・23④継続中⑤嬉野海軍病院

738①佐賀②21③19・12・23④継続中⑤霧島海軍病院

【82】陸亜密 12699（昭和 19 年 12 月 16 日）

739①本部②21③20・1・15④継続中⑤華中・鵄1634部隊

740①東京②21③20・1・15④継続中⑤華中・第156兵站病院

741①京都②23③20・1・15④継続中⑤華中・第156兵站病院

742①大阪②22③20・1・15④継続中⑤華中・登1481部隊

743①神奈川②21③20・1・15④継続中⑤華中・登1481部隊

744①兵庫②21③20・1・15④継続中⑤華中・登1631部隊

745①埼玉②21③20・1・15④継続中⑤華中・杭州陸軍病院嘉興分院

746①群馬②23③20・1・15④継続中⑤華中・登1651部隊

747①千葉②21③20・1・15④継続中⑤華中・登1651部隊

748①三重②22③20・1・15④継続中⑤華中・登1636部隊

749①静岡②22③20・1・15④継続中⑤華北・第151兵站病院

750①滋賀②22③20・1・15④継続中⑤華北・第152兵站病院

751①長野②22③20・1・15④20・5・2⑤華北・第152兵站病院（天津）

752①福島②21③20・1・15④継続中⑤華北・第152兵站病院（天津）

753①山形②22③20・1・15④継続中⑤華北・第152兵站病院（天津）

754①秋田②21③20・1・15④継続中⑤華北・第152兵站病院（天津）

755①福井②22③20・1・15④継続中⑤華北・仁1841部隊

756①富山②21③20・1・15④継続中⑤華北・第152兵站病院（天津）

757①岡山②20③20・1・15④継続中⑤華北・仁1840部隊

758①広島②23③20・1・15④継続中⑤華北・第152兵站病院（天津）

759①山口②22③20・1・15④継続中⑤華北・第153兵站病院（天津）

760①和歌山②21③20・1・15④継続中⑤華北・第153兵站病院（天津）

761①愛媛②21③20・1・15④継続中⑤華北・第153兵站病院（華北）

762①高知②21③20・1・15④継続中⑤華北・第153兵站病院（天津）

763①福岡②22③20・1・15④継続中⑤華北・第153兵站病院（天津）

764①佐賀②22③20・1・15④継続中⑤華北・北支那方面軍第188兵站病院

765①鹿児島②22③20・1・5④継続中⑤華北・1830部隊

766①朝鮮本部②22③20・1・5④継続中⑤華北・北支那方面軍直轄第188兵
　站病院

767①朝鮮本部②22③20・1・5④継続中⑤華北・北支那方面軍直轄第188兵
站病院

768①関東州委員部②22③20・1・5④継続中⑤華北・第166兵站病院

【83】**海軍官房医186**（昭和19年12月19日）

769①茨城②21③20・1・15④20・10・6⑤戸塚海軍病院

770①鳥取②22③20・1・15④20・11・30⑤呉海軍病院

771①島根②22③20・1・15④20・11・30⑤呉海軍病院

772①愛媛②21③20・1・15④20・10・27⑤諌早海軍病院

【84】**陸亜密269**（昭和20年1月11日）

773①本部②21③20・1・20④継続中⑤台湾・嘉義陸軍病院

774①香川②23③20・1・20④継続中⑤台湾・屏東陸軍病院

775①大分②21③20・1・20③継続中⑤台湾・高雄陸軍病院

776①宮崎②21③20・1・20④継続中⑤台湾・基隆陸軍病院

777①台湾②23③20・2・22④20・7・15⑤台湾・台中陸軍病院

300①東京＝同番号の改編②21③20・2・28④継続中⑤台湾・台南陸軍病院

【85】**海軍官房医13**（昭和20年1月17日）

779①栃木②21③20・2・14④20・9・20⑤大湊海軍病院

780①神奈川②21③20・2・14④20・12・1⑤防府海軍通信学校

781①徳島②22③20・2・14④20・10・23⑤諌早海軍病院

782①熊本②21③20・2・14④20・10・31⑤霧島海軍病院

778①大阪②21③20・2・24④20・9・30⑤横須賀海軍病院

【86】**海軍官房医25**（昭和20年2月21日）

783①兵庫②21③20・3・14④20・12・11⑤呉海軍病院

784①岩手②21③20・3・14④20・10・10⑤呉海軍病院

785①長崎②22③20・3・14④20・9・10⑤針尾海軍兵学校

786①鹿児島②22③20・3・14④継続中⑤針尾海軍兵学校

【87】**海軍官房医39**（昭和20年3月20日）

787①宮城②22③20・4・10④継続中⑤大湊海軍病院

788①山形②21③20・4・10④20・9・20⑤大湊海軍病院

789①北海道②21③20・4・10④20・9・20⑤大湊海軍病院

790①東京②21③20・4・10④継続中⑤大湊海軍病院

791①茨城②21③20・4・10④継続中⑤国立久里浜病院

792①本部②21③20・4・10④20・11・15⑤呉海軍病院

793①新潟②21③20・4・10④20・9・4⑤呉海軍病院

794①愛知②21③20・4・10④20・11・15⑤呉海軍病院

795①山梨②21③20・4・10④20・11・15⑤呉海軍病院

796①広島②22③20・4・10④継続中⑤呉海軍病院

797①千葉②21③20・4・10④20・10・20⑤賀茂海軍病院

798①岡山②21③20・4・10④20・7・7⑤舞鶴海軍病院

799①山口②21③20・4・10④20・9・6⑤舞鶴海軍病院

800①滋賀②21③20・4・10④20・9・21⑤舞鶴海軍病院

801①岐阜②22③20・4・10④20・9・23⑤舞鶴海軍病院

802①京都②21③20・4・10④継続中⑤嬉野海軍病院

803①熊本②22③20・4・10④継続中⑤嬉野海軍病院

804①石川②21③20・4・10④20・8・31⑤山中海軍病院

805①長野②21③20・4・10④20・8・7⑤山中海軍病院

806①埼玉②21③20・4・10④20・11・8⑤山中海軍病院

807①栃木②21③20・4・10④20・11・15⑤大阪海軍病院

808①群馬②21③20・4・10④継続中⑤鳴尾海軍病院

809①朝鮮本部②21③20・4・10④20・9・10⑤朝鮮・鎮海海軍病院

【88】海軍官房医43（昭和20年3月31日）

810①神奈川②21③20・4・20④20・11・1⑤霞ケ浦海軍病院

811①福岡②22③20・4・20④20・10・31⑤霧島海軍病院

812①鹿児島②21③20・4・20④20・10・31⑤霧島海軍病院

【89】海軍官房医60（昭和20年4月26日）

813①新潟②21③20・5・25④継続中⑤野比海軍病院

814①群馬②21③20・5・25④20・11・30⑤国立久里浜病院

815①山形②21③20・5・25④20・9・17⑤国立久里浜病院

816①秋田②21③20・5・25④20・8・29⑤国立久里浜病院

817①広島②21③20・5・25④20・11・30⑤呉海軍病院

818①佐賀②22③20・5・25④継続中⑤霧島海軍病院

819①熊本②21③20・5・25④継続中⑤霧島海軍病院

820①大阪②21③20・5・25④20・11・30⑤舞鶴海軍病院

821①茨城②21③20・5・25④20・12・8⑤舞鶴海軍病院

822①香川②22③20・5・25④20・9・15⑤舞鶴海軍病院

823①愛媛②21③20・5・25④20・9・15⑤舞鶴海軍病院

824①和歌山②21③20・5・25④20・9・2⑤山中海軍病院

【90】陸亜密2168（昭和20年4月27日）戦争峻烈化による増派

833①岩手②21③20・6・16④継続中⑤盛岡陸軍病院

834①山形②21③20・6・16④継続中⑤山形陸軍病院

835①東京②21③20・6・16④20・11・30⑤国立横須賀病院

836①茨城②21③20・6・16④継続中⑤習志野陸軍病院

837①千葉②21③20・6・16④継続中⑤千葉陸軍病院

838①神奈川②21③20・8・16④継続中⑤横須賀陸軍病院

840①埼玉②21③20・8・16④継続中⑤振武台陸軍病院

841①群馬②21③20・8・16④継続中⑤沼田陸軍病院

842①東京②21③20・8・16④継続中⑤東京第2陸軍病院

843①福井②22③20・6・16④20・12・1⑤下志津陸軍病院

855①愛知②21③20・6・16④20・10・31⑤豊橋陸軍病院

856①愛知②21③20・6・16④20・11・30⑤豊橋陸軍病院

861①静岡②22③20・6・16④20・9・12⑤大宮陸軍病院

865①兵庫②21③20・6・16④20・10・4⑤岡山陸軍病院

866①奈良②22③20・6・16④20・10・3⑤大阪第1陸軍病院

867①香川②23③20・6・16④20・12・12⑤大阪第1陸軍病院

869①和歌山②21③20・6・16④20・12・25⑤京都陸軍病院

872①高知②21③20・6・16④20・10・25⑤善通寺陸軍病院

873①徳島②22③20・6・16④20・10・25⑤高知陸軍病院

890①新潟②11③20・6・16④継続中⑤陸軍第1航空軍

891①大阪②10③20・6・16④20・11・30⑤篠山陸軍病院

893①大阪②21③20・6・16④20・9・6⑤八日市陸軍病院

895①静岡②11③20・6・16④継続中⑤浜松陸軍病院

896①愛媛②11③20・6・16④20・12・16⑤松山陸軍病院

825①岩手②21③20・6・20④20・10・30⑤札幌陸軍病院

826①宮城②21③20・6・20④20・11・8⑤旭川陸軍病院

827①北海道②21③20・6・20④20・12・4⑤帯広陸軍病院

828①福島②21③20・6・20④20・10・22⑤湯川陸軍病院

839①京都②21③20・6・20④継続中⑤国立村山病院

844①和歌山②21③20・6・20④継続中⑤柏陸軍病院

846①大阪②21③20・6・20④継続中⑤小倉陸軍病院

847①滋賀②22③20・6・20④20・9・24⑤立川陸軍病院

858①富山②21③20・6・20④20・9・5⑤名古屋第2陸軍病院

859①岐阜②21③20・6・20④20・10・7⑤名古屋第2陸軍病院

829①宮城②21③20・6・25④20・12・7⑤仙台第1陸軍病院

830①福島②21③20・6・25④20・12・7⑤仙台第1陸軍病院

831①青森②21③20・6・25④20・10・30⑤弘前陸軍病院

832①秋田②22③20・6・25④20・11・30⑤国立横須賀病院

845①山梨②21③20・6・25④継続中⑤甲府陸軍病院

860①石川②21③20・6・25④20・12・6⑤金沢陸軍病院

868①福井②21③20・6・25④継続中⑤姫路陸軍病院

870①鳥取②21③20・6・25④20・9・8⑤鯖江陸軍病院

871①島根②21③20・6・25④20・9・18⑤敦賀陸軍病院

876①鹿児島②21③20・6・25④継続中⑤小倉陸軍病院

877①香川②21③20・6・25④継続中⑤小倉陸軍病院

878①愛媛②23③20・6・25④継続中⑤小倉陸軍病院

879①岡山②21③20・6・25④継続中⑤小倉陸軍病院

887①山口②21③20・6・25④継続中⑤久留米陸軍病院

888①三重②21③20・6・25④継続中⑤久留米陸軍病院

889①島根②21③20・6・25④継続中⑤亀山陸軍病院

894①大分②21③20・6・25④20・10・19⑤松江陸軍病院

880①大分②21③20・7・1④継続中⑤熊本陸軍病院

881①鹿児島②21③20・7・1④20・7・15⑤熊本陸軍病院

885①長崎②23③20・7・1④20・10・6⑤熊本陸軍病院

886①福岡②23③20・7・1④継続中⑤熊本陸軍病院

882①福岡②23③20・7・2④継続中⑤熊本陸軍病院

883①佐賀②23③20・7・2④継続中⑤熊本陸軍病院

884①栃木②23③20・7・2④継続中⑤熊本陸軍病院

848①本部②21③20・7・3④継続中⑤病院船

849①兵庫②21③20・7・3④継続中⑤宇都宮陸軍病院

850①宮崎②21③20・7・3④20・10・5⑤宇都宮陸軍病院

874①佐賀②21③20・7・5④継続中⑤福岡第2陸軍病院

875①新潟②21③20・7・5④継続中⑤福岡第2陸軍病院

853①長野②21③20・7・6④20・12・22⑤新発田陸軍病院

854①三重②21③20・7・6④20・12・2⑤新発田陸軍病院

857①広島②21③20・7・12④20・12・6⑤名古屋陸軍病院

864①長野②21③20・7・14④20・11・11⑤福山陸軍病院

852①本部②21③20・7・15④継続中⑤国立横須賀病院

851①岐阜②21③20・7・17④継続中⑤宮崎陸軍病院

892①山口②21③20・7・20④20・10・15⑤各務原陸軍病院

862①台湾②21③20・7・23④20・11・30⑤広島第2陸軍病院

863①岡山②21③20・7・30④20・12・26⑤広島第2陸軍病院

【91】海軍官房医 73 （昭和 20 年 6 月 7 日）戦傷病者増加に伴う

897①宮城②21③20・7・28④継続中⑤戸塚海軍病院

898①静岡②21③20・7・28④20・10・1⑤戸塚海軍病院

899①群馬②21③20・7・28④20・11・30⑤戸塚海軍病院

900①群馬②21③20・7・28④継続中⑤戸塚海軍病院

901①栃木②21③20・7・28④継続中⑤国立久里浜病院

902①熊本②21③20・7・28④継続中⑤国立久里浜病院

903①青森②21③20・7・28⑤継続中⑤国立久里浜病院

904①山口②21③20・7・28④20・9・16⑤戸塚海軍病院

905①東京②21③20・7・28④継続中⑤湊海軍病院

906①神奈川②21③20・7・28④20・11・24⑤湊海軍病院

907①長野②21③20・7・28④20・10・20⑤湊海軍病院

908①新潟②21③20・7・28④20・10・20⑤湊海軍病院

909①本部②21③20・7・28④20・11・1⑤霞ケ浦海軍病院

910①北海道②21③20・7・28④継続中⑤霞ケ浦陸軍病院

911①千葉②21③20・7・28④20・11・1⑤霞ケ浦陸軍病院

912①埼玉②21③20・7・28④20・11・1⑤霞ケ浦海軍病院

913①鹿児島②21③20・7・28④継続中⑤霧島海軍病院

914①長崎②21③20・7・28④20・10・12⑤佐世保海軍病院

915①朝鮮本部②21③20・7・28④20・10・12⑤佐世保海軍病院

916①富山②21③20・7・28④継続中⑤舞鶴海軍病院

917①石川②21③20・7・28④20・8・31⑤山中海軍病院

918①愛知②21③20・7・28④20・9・15⑤舞鶴海軍病院

919①関東州委員部②21③20・7・28④20・8・25⑤舞鶴海軍病院

920①京都②21③20・7・28④20・11・20⑤舞鶴海軍病院

921①熊本②21③20・7・28④20・9・15⑤舞鶴陸軍病院

922①滋賀②21③20・7・28④20・8・31⑤舞鶴海軍病院

923①岐阜②21③20・7・28④20・9・25⑤舞鶴海軍病院

924①大阪②21③20・7・28④20・11・30⑤大阪海軍病院

925①鳥取②21③20・7・28④20・11・30⑤大阪海軍病院

926①三重②21③20・7・28④20・11・30⑤大阪海軍病院

927①岡山②21③20・7・28④20・5・16⑤大阪海軍病院

928①福岡②21③20・7・28④20・10・22⑤大阪海軍病院

929①朝鮮本部②21③20・7・28④継続中⑤大阪海軍病院

930①福岡②21③20・7・28④20・12・7⑤大阪海軍病院

931①和歌山②21③20・7・28④20・12・7⑤田辺海兵団

931①山口②21③20・7・28④20・8・31⑤海軍兵学校大原分院

【92】陸密4557（昭和20年7月2日）

933①長野②21③20・8・1④継続中⑤松山陸軍病院

【派遣中止】海軍官房医85（昭和20年7月19日）

内地海軍病院へ派遣予定であったが、本土の空襲や交通事情の悪化などで派遣不能となり、編成後に中止が決定。

936①岡山②23

937①愛媛②23

938①徳島②23

939①高知②23

940①広島②23

941①東京②23

942①和歌山②23

943①大分②23

944①熊本②23

945①鹿児島②23

946①佐賀②23

947①本部②23

948①京都②23

949①兵庫②23

950①奈良②23

【93】陸密 5400（昭和 20 年 8 月 1 日）

934①台湾②21③20・7・24④不明⑤台湾・台中陸軍病院

935①福島②21③20・7・24④不明⑤台湾・台中陸軍病院

戦後に派遣された救護班

本部第1③20・12・1④継続中⑤国立霞ケ浦病院

山形第1③20・12・12④継続中⑤国立久里浜病院

福島第1③20・12・1④継続中⑤国立霞ケ浦病院

茨城第1③20・12・1④継続中⑤国立霞ケ浦病院

茨城第2③20・12・1④継続中⑤国立霞ケ浦病院

埼玉第1③20・12・1④継続中⑤国立久里浜病院

神奈川第1③20・12・10④継続中⑤引揚船氷川丸

神奈川第4③20・12・10④継続中⑤浦賀検疫所

長野第1③20・12・1④継続中⑤国立久里浜病院

岐阜第1③20・12・24④継続中⑤国立久里浜病院

大阪第1③20・12・1④継続中⑤国立久里浜病院

山口特別第1③20・8・11④継続中⑤広島第2陸軍病院

山口特別第2③20・8・11④継続中⑤広島第2陸軍病院

山口特別第3③20・8・11④継続中⑤広島第2陸軍病院

山口特別第4③20・8・11④継続中⑤広島第2陸軍病院

山口特別第5③20・8・21④継続中⑤山口陸軍病院

長崎第1③20・12・25④継続中⑤佐世保検疫所針尾病舎

　以上、960個班のうち、戦争中に交代などで帰郷、解散した班が216個、終戦により昭和20年内に帰郷、解散した班が397個となる。同年内に解散していない「継続中」の347個班は、海外では勤務地に進駐してきた連合軍の指揮下におかれ収容施設内などで救護活動を続けていたほか、拉致されて中共

軍で働かされていた班も。内地では引き続き軍病院で傷病兵の救護にあたっており、そのまま国立病院へ移行しても勤務を続けた班もあった。

　また、特に海軍でだが、同じ病院にたくさんの班が派遣されているのが目立つ。これは病院船勤務や海外勤務の要員で、事前にいったん内地の病院へ配属させたケースが多いためだと思われる。

〈参考文献・資料〉

日本赤十字中央女子短期大学 90 年史（昭和 55 年刊）
日本赤十字社女子救護員の服装（日本赤十字社看護課）
ナースキャップについて（EXPECT NURSE 学生版 Vol.3）
日本赤十字社社史稿
日本赤十字社社史続稿　上・下
日本赤十字社社史稿第 4 ～ 9 巻
従軍看護婦記録写真集　ほづつのあとに（アンリー・デュナン教育研究所・編）
従軍看護婦追悼文集　ほづつのあとに（アンリー・デュナン教育研究所）
従軍看護婦追悼文集　続・ほづつのあとに（アンリー・デュナン教育研究所）
陸軍衛生制度史　昭和編（陸上自衛隊衛生学校修親会編集／平成 2 年、原書房）
大臣官房／関係機関控書類綴／日本赤十字社服制（陸軍省医事課）
近代日本看護史Ⅰ（亀山美知子／ 1983 年、ドメス出版）
近代日本看護史Ⅱ（亀山美知子／ 1984 年、ドメス出版）
私たちと戦争 4―戦争体験文集―（戦争体験を記録する会／ 1979 年、あゆみ出版）
第二次世界大戦下における日本赤十字社の看護教育（舟越五百子／ 2005 年、東北大大学院教
　　育学研究科研究年報第 54 集）
太平洋戦争下における日本赤十字社の看護教育（舟越五百子／ 2009 年、東北大学大学院教育
　　研究科研究年報第 57 集）
第二次世界大戦における日本赤十字社の衛生支援（日本赤十字社看護大　川原由佳里／平成
　　27 年、日本医史学雑誌第 61 巻）
ビルマ敗退戦と赤十字の看護（日本赤十字社看護大　川原由佳里／平成 27 年、日本医史学雑
　　誌第 61 巻）
赤十字百年（佐藤信一／ 1963 年、朝日出版）
日本赤十字社例規類集（昭和 19 年ごろ）
赤十字のしくみ活動　平成 27 年度版（日本赤十字社）
海軍制度沿革　巻 6（海軍大臣官房／昭和 18 年）
海軍ジョンベラ軍制物語（雨倉孝之／ 1989 年、光人社）
従軍看護婦痛哭のドキュメント白夜の天使（千田夏光／ 1975 年、双葉社）
大東亜戦争と台湾（台湾総督官房情報課／昭和 18 年）
陸軍共済会規則
日本赤十字社救護員殉職者（日本赤十字社）
旧軍属身分表（総理府大臣官房管理室）
一億人の昭和史 10 不許可写真史（1977 年、毎日新聞社）
朝日新聞（昭和 20 年 3 月 24 日付）
ひめゆりの塔―学徒隊長の手記―第三版（西平秀夫、平成 27 年、雄山閣）
日本赤十字社第 327 救護班業務総報告書
日本赤十字社第 419 救護班業務総報告書
日本赤十字社第 420 救護班業務総報告書
最新衛生兵主知全（昭和 16 年、武揚社書店）
軍属読法（昭和 15 年、陸軍省）
朝鮮満州駐箚陸軍部隊給与令細則

350

陸軍病院令・陸軍病院服務細則
戦時給与規則（昭和 13 年）
陸軍大東亜戦争給与規則（昭和 19 年）
軍隊礼式（昭和 8 年）
軍隊内務令（昭和 10 年）
新兵入隊定則（明治 20 年）
陸軍刑法・陸軍懲罰令（昭和 17 年）
看護婦長以下貸与品（海軍省／昭和 4 年）
海軍会計法規類集中巻 11、12 類（大正 15 〜昭和 15 年）
海軍会計法規類集 2 巻 11 類（昭和 18 年）
動員概史　昭和十二〜二十年（防衛省）
雇員傭人給料支給規則（明治 32 年）
雑仕婦傭給額規則（第二師団／昭和 8 年）
支那事変ニ於ケル陸軍ノ戦時衛生勤務ニ服スル日本赤十字社救護員ノ給与ニ関スル件付属新旧
　　対照表
戦時救護〜日赤看護婦たちの軌跡〜（埼玉県平和資料館　平成 19 年度テーマ展Ⅱ）
国府台陸軍病院人員一覧表（国府台陸軍病院／昭和 14 年）
鎮海海軍診療所付属看護婦養成所規則（大正 12 年）
日本赤十字社救護員交代要領（陸軍省／昭和 14 年）
雇員傭人人事取扱内規（陸軍運輸部船舶司令部／昭和 20 年）
陸軍成規類聚（昭和 19 〜 20 年ごろ）＝第 2 類、第 3 類、第 4 類、第 6 類、第 7 類、
第 10 類、第 12 類、第 16 類
日本赤十字社救護看護婦（長）名簿（日本赤十字社）
陸海軍の官報類＝成規類聚と一部重複。電報含む。番号など判明分、順不同。
（明治 22）陸達 29、陸達 65（明治 37）陸達 37、海軍官房 34（明治 39）陸乙 958（明治
40）陸達 28（明治 41）陸達 62、陸達 28、陸普 2079（明治 43）陸普 1103（大正 4）
内務省令 9（大正 8）海軍省軍務 644（大正 10）陸達 55（大正 12）陸普 6054、陸普
6312、陸普 4427、陸普 4034（大正 13）陸普 2075、陸達 22（大正 14）陸普 2085
（昭和 2）海軍官房 1971、海軍呉人甲 224、呉鎮電機課 152（昭和 4）佐鎮 282（昭和
6）陸満普 259、陸満普 953、陸満普 452、陸満普 727、陸支密 3104、海軍官房 3400
（昭和 7）陸満 579、陸満普 1535、一六経 197、陸満普 3576、陸満普 1666、一六経
計 197、臨名二院庶 246、日赤救 166、陸満普 453、陸普 3784（昭和 8）陸満普 989、
三医人乙 62、陸満普 990、九師医人乙 48（昭和 9）陸普 5785、近医人 328、陸満普
24、陸満普 512、陸満普 864、医人普 49（昭和 10）陸満 377（昭和 11）勅令 387（昭
和 12）内閣官房会送 390、海軍官房 502、三師参動 543、三師参動 615（昭和 13）陸
支普 2558、陸普 2649、陸普 4512、陸満普 200、関経主 718、陸満普 247、関経主
917、七師医甲 45（昭和 14）陸支普 2811、陸支普 239、陸支普 1766、陸普 250、陸
支普 1992、陸経用 328、陸経用 239、陸経用 330、陸支普 380、陸支密 316、輸密
805、陸普 4438、陸普 8001、臨大津院経 70、留四師参動 1353、南支医 954、方軍
参三密 981、陸支密 509（昭和 15 年）陸支普 3002、陸支密 768、一医庶 69、陸支普
2560、陸支普 4521、陸支密 293、陸支密 892、陸支密 293、陸支密 370、波集医人
24、五医 602、陸普 7240、東近医甲 296、陸支密 4079、医審 501、参議 229 － 1、
波集参甲 520、陸密 2925、陸密 1697、陸亜密 2891、臨大津院人 76、関作令丙 641、

陸支密 4099、陸普 2249、陸普 7467（昭和 16）厚生省令 46、総経生 15、陸支普 689、陸支密 4011、参動 1323、救 855、陸支普 2346、東近医甲 87（昭和 17）陸亜密 1517、陸亜 82、陸亜普 82、陸支密 2325、臨名二院経 274、中軍参動 630、西軍参動 1922（昭和 18）陸支密 73、陸亜密 6997、陸達 67、陸達 100、陸普 3716、陸達 59、勅令 625、海軍官房医 111、陸亜密 1297、陸支普 475（昭和 19）厚生省令 10、陸普 41、陸亜密 1082、陸亜普 19、陸軍省令 1、緬憲経 84、陸亜普 1082、陸密 4327、森 7900 経衣 1234、陸軍省告示 45、陸連 52、陸普 2581、陸軍省令 42（昭和 20）陸密 1059、陸軍省告示 12、陸密 1059、第三二軍司令部参謀部五月二日会報（昭和 21 年以降）連合国海軍引渡目録、北支那方面軍第 188 兵站病院部隊略歴、南方第 2 陸軍病院部隊略歴、第 216 兵站病院部隊略歴、第 319 兵站病院部隊略歴、斐徳陸軍病院部隊略歴

〈使用写真〉

28、60 上、61、103、104 上、141 上、160、169、181、202、211、215、221、226、239 上、243 上左、246 上左　の各ジ　「アンリー・デュナン」教育研究所編：ほづつのあとに；従軍看護婦記録写真集、メヂカルフレンド社、1981

16、19、104 下左、146、205、229 上右、239 下、267　の各ジ　朝日新聞社

245ジは AP ／アフロ

105ジは「別冊一億人の昭和史　日本の戦史・別巻 1　日本陸軍史」（毎日新聞社）287ジ下は「一億人の昭和史⑩不許可写真史」毎日新聞社

60ジ下 2 枚は「アサヒグラフ昭和 16 年 5 月 7 日号」（朝日新聞社）

他は筆者所蔵（口絵 1ジ目、141ジ下、160ジ、179ジ、200ジ、219ジの写真は日本赤十字社の所蔵品を撮影）

本書を書き終わったいま、やはり研究に取り組む出発点となった日本赤十字社朝鮮本部救護班の元救護看護婦長さん（日本人）を思い出さずにはいられない。

　彼女には部下に何人もの朝鮮人救護看護婦がいて、戦後、日本国内にとどまったのか、朝鮮半島へ戻ったのか、日本名だけを残して行方のわからなくなった彼女たちの安否を突き止めることに、残る人生をかけておられた。また「国家間の補償は済んでいる」という国や行政に対して、「彼女たちの戦争を終わらせてあげたい」と、朝鮮人元救護看護婦たちへの補償も訴え続けていた。

　朝鮮人救護看護婦たちの行方が不明になっていたのは、救護班は出身支部本部へ戻って召集解除手続きしなければならない制度になっていたのに、戦後、正規の手続きをしようにも朝鮮本部病院のあった朝鮮半島へ渡ることが出来ず「流れ解散」になってしまっていた影響もあろう。さらに戦後の韓国では、もし「日本の協力者」といったレッテルを貼られてしまうと差別や攻撃に遭う恐れがあり、日本側の調査に名乗り出ることが難しい状況だったのも想像できる。

　戦後43年たった昭和63年、元婦長さんは、居場所が分かった朝鮮人元救護看護婦たちを日本へ招いた。別れ際、新幹線の駅のホームで、日本名「桂子」さんだった元看護婦は、「もう昔のことは吹っ切れました」と笑顔を浮かべて元婦長さんに告げたという。「もっと言いたいことがあったはずなのに」と、元婦長さんは心を痛め続けておられた。

　ここでこうした話を長々と書いたのは、たとえ国や政治が違い、海を越えても同じ使命感で結ばれていた彼女たちの連帯意識の強さに感銘を受けたからである。取材当時、元婦長さんは、当時の制服姿となって元兵士たちが入る老人ホームを転々と訪れ、ハーモニカ演奏するなどの慰問活動もしておられた。戦後何十年もたち、ご高齢になられてもなお元兵士たちを気遣う姿に、私は心を動かされた。こうしたことも研究に取り組む原動力になったのかもしれない。

　しかし史料収集などに長い年月をかけるうち、正直、当初の熱意も薄れがちであった。そんな停滞状態を吹き飛ばしたのは、TRさんの荷物一式の入手である。これで、彼女を主人公に執筆を進めようと道が見えた。朝鮮本部の看護婦養成所出身者との出会いがきっかけで調査研究が始まり、その同窓

あとがき

生の荷物のおかげでV字回復できたのだから、偶然にしても驚くべきことだと思っている。さらに新紀元社様に原稿を拾っていただけたのも、おば様が元日赤救護看護婦だった代表取締役の宮田一登志様が関心を持って下さったからである。私は不信心者ではあるが、日赤救護看護婦だった方々の魂のようなものに背中を押していただき続けたような気がしてならない。

　本書は、こうした彼女たちの考え方や運命、日常を形づくった諸制度を総合的にまとめてみることに挑戦した。養成教育については、戦時中はカリキュラム過多で詰め込み式になっており、寮生活は軍隊式で、この厳しさが彼女たちの連帯意識を育むことになったのではと感じ取れる。赤十字がもともと戦時軍隊救護を目的に設立されただけに、常に戦時に向けた要員育成に務めており、その準備には資材の調達や備蓄もあったが、この点は被服や装具の章で垣間見ることが出来よう。非武装の女性たちなのに軍隊と運命を共にせざるを得なかったのは、派遣先で軍属となり軍組織へ組み込まれたため、一方的に軍側の論理を押しつけられることになったからだ。派遣や派遣先での制度からは、日赤や救護班が独自のロジスティックシステムを持っていなかったため、全面的に軍へ依存するほかなかった様子も明らかになる。
　謎の多かった陸軍看護婦についても、衛生兵の補欠を起源とする定員の正規軍属であり、軍との個人的な雇用契約関係でなりたっていたことを解き明かした。看護婦導入のために、陸軍がこれほど綿密な例規類を準備していたとは驚きだった。戦争後期に陸軍が女子を集めて看護婦を養成していたことも、つまびらかにできたのではないかと思う。

　そもそも定年退職後にでも仕上げるつもりでノンビリ作業を進めていたのが、「やるなら早いほうがいい」と背中を押して下さった方々、私的な取材にご理解とご協力を下さった関係者の方々、史料の閲覧や担当者紹介などに協力して下さった赤十字情報プラザの横山瑞史様、新紀元社の宮田様はもちろん、編集長・田村環様、校正段階で多くの直しを出したにもかかわらず根気よく編集して下さった編集部の内山慎太郎様に心から感謝申し上げます。ゲラの点検を手伝ってくれた妻にも感謝。

2019（令和元）年11月20日　　西堀岳路

日本の従軍看護婦
養成・派遣制度から制服・靴下まで

2019 年 12 月 21 日　初版発行
2022 年　3 月 30 日　2 刷発行

著　者　西堀岳路

編　集　新紀元社編集部／内山慎太郎

発行者　福本皇祐

発行所　株式会社新紀元社
　　　　〒 101-0054
　　　　東京都千代田区神田錦町 1-7　錦町一丁目ビル 2F
　　　　TEL：03-3219-0921　FAX：03-3219-0922
　　　　http://www.shinkigensha.co.jp/
　　　　郵便振替　00110-4-27618

デザイン　クリエイティブ・コンセプト

印刷・製本　中央精版印刷株式会社

ISBN978-4-7753-1765-5
価格はカバーに表示してあります。
Printed in Japan